Die nutzbaren Mineralien, Gesteine und Erden Bayerns

I. Band:

Frankenwald, Fichtelgebirge und Bayerischer Wald.

Herausgegeben mit Unterstützung des Bayer. Staatsministeriums
für Handel, Industrie und Gewerbe

vom

Bayer. Oberbergamt,
Geologische Landesuntersuchung.

München 1924

Verlag von R. Oldenbourg und Piloty & Loehle.

Bearbeiter des I. Bandes:

Dr. Arndt, Bergdirektor Haf=Sargans, Prof. Henrich=Erlangen,
Dr. Laubmann, Dipl.=Ing. Dr. Munkert, Geh. Rat Prof. Oebbeke,
Dr. Pfaff, Dr. Reis, Dr. Schuster, Dr. Wurm.

Vorwort

Das hiemit der Öffentlichkeit übergebene Werk ist der erste Band einer über ganz Bayern sich erstreckenden Veröffentlichung, welche Gebiete möglichst einheitlicher geologischer Zusammensetzung für sich behandeln soll. Die Begrenzung des im vorliegenden Bande gegebenen Landesteils enthält daher Abschnitte verschiedener Regierungsbezirke Bayerns: Oberfranken, Oberpfalz und Niederbayern; die Bearbeitung verbreitet sich auch über große Teile der alten jetzt vergriffenen geologischen Blätter 1:100000. Kronach, Münchberg, Erbendorf, Cham, Waidhaus, Regensburg, Passau; sie soll in praktischer Hinsicht diese zusammenfassen und in gewisser Weise ersetzen. Die Abhandlung umfaßt von der nordöstlichen und östlichen Landesgrenze das Gebiet bis zur Linie Burggrub, Steinach, Goldkronach, Kulmain, Erbendorf, Weiden, Luhe, die Urgebirgszunge bei Nabburg, Schwarzenfeld, Regensburg, Donaustauf, Deggendorf, Vilshofen, Passau, Schärding.

Man mußte sich bei der Behandlung der größten Kürze befleißigen, besonders mußte bei der Auswahl und der Festsetzung der Größe der Abbildungen die größte Beschränkung obwalten. Das Werk sollte zugleich wissenschaftlichen wie· volkstümlichen Ansprüchen genügen. — Die Anordnung ist alphabetisch.

Die Generaldirektion der Bayer. Berg-, Hütten- und Salzwerke gestattete, aus einer Ausarbeitung von Bergrat HAF (jetzt Sargans) über ihre Schürfungsergebnisse im Nordosten Bayerns die wichtigsten Tatsachen auszuziehen. Die Herren Prof. Dr. OEBBEKE und Dr. MUNKERT steuerten über die Heilquellen und Prof. HENRICH (Erlangen) über den Stand der Untersuchung der radioaktiven Stoffe bei.

Als zu Rate zu ziehende geologische Übersichtsblätter sind zu empfehlen die ursprünglich der Gümbels Geologie von Bayern beigegebene geologische Übersichtskarte von Bayern und den angrenzenden Ländern 1:1000000 (Verlag Piloty & Loehle, München) und die eben im Druck vollendete Übersichtskarte von Bayern rechts des Rheins 1:250000 von Landesgeologen Dr. MATTH. SCHUSTER, Blatt Würzburg VI, Blatt Münchberg V (die Nordsüdgrenze beider Blätter geht westlich von Naila, Stammbach, Kirchenthumbach), Blatt Regensburg III (die Westgrenze verläuft westlich der Nordsüdlinie Parsberg, Neustadt a. D., Freising). (Verlag R. Oldenbourg und Piloty & Loehle, München).

Als mit den Vorbereitungen zum Druck des Werks im Juni 1922 begonnen wurde, haben eine Anzahl von einschlägigen Industrien Beträge zum Druck gestiftet, welche leider schon durch den Währungssturz im August des gleichen Jahres, der auch den Beginn des Drucks eine Zeit lang gelähmt hat, stark entwertet wurden. Sie seien mit dem Ausdruck des Dankes genannt.

Es waren dies: Kohlenwerk Stockheim; Serpentinwerk Wurlitz; **Porzellan-**
fabrik Bauscher (Weiden); Granitwerk Popp (Steinwiesen); Mineralmahlwerk **Schmidt,**
Retsch & Co., Wunsiedel; Frank & Henne, Hof; A. Küffner & Co., Bayreuth; **Wiener**
Putzkalkwerke, Pegnitz; Verband Deutscher Granitwerke, Bezirk Bayern (**Schwarzen-**
bach a. Saale) mit seinen 28 Mitgliedern*); die Deutsche Glas- und Spiegelfabrik A.-G.
in Fichtelberg und Dr. O. Lindner in Fichtelberg. — Die Aktiengesellschaft **Fichtel-**
gold in Bayreuth hat unsere Ausführungen in dankenswerter Weise mit zwei
Tafelbeilagen über die Ausdehnung der alten Baue unterstützt.

Dr. REIS.

---

*) Adam Bruchner, Granit- und Syenitwerke, Wunsiedel; Granit- und Syenitwerke Roth, Hans
Raithel, Roth bei Nürnberg; Gläsel & Weber, Granitwerk Kronach; Granitwerk Coburg, Ehr-
hardt & Co., Nachf., Coburg; Granit- und Syenitwerk M. Bergmann, Weißenstadt; Granit- und
Syenitwerke in Friedenfels (Oberpfalz); Hermann Jahn, Granit- und Syenitwerk, Berneck, Granit-
werke Künzel & Schedler, G m. b. H, Schwarzenbach a. d. Saale: G. Adam Müller, Granitwerke,
Wirsberg; Neuper & Schörner, Granitwerk, Weißenstadt (Ofr.); Wilhelm Netzsch, Granit- und
Syenitwerke, Selb, Heinrich Panzer, Granitwerk, Wunsiedel, Granitwerk Eisenhammer, Ferdinand
Popp, Steinwiesen bei Kronach, Wilhelm Raab, Granitwerk, Kaiserhammer bei Marktleuthen;
Steinindustrie Kirchenlamitz-Bhf. Andreas Reul sen. Kirchenlamitz-Bhf., Granitwerk Sparneck,
Seifert & Rozyczka, Sparneck, Gebr. Schiller, Granitwerk, Weidenberg; Vereinigte Fichtelgebirgs-
Granit-, Syenit- und Marmorwerke A.-G. Wunsiedel; Hans Wieser, Granit- und Syenitwerk, Martin-
lamitz, Adolf Weiß, Granitwerk, Hof, Wölfel & Herold, Granit- und Syenitwerke, Bayreuth;
Zürner & Reichel, Granitwerk, Marktleuthen; Bayerische Syenit- und Marmorindustrie Augsburg-
Nordendorf A.-G., Nordendorf (Schwaben), Johann Rösner, Marmor-, Granit- und Syenitindustrie,
Bruckmühl (Oberbayern); Otto Pezold, Granit- und Syenitwerk, Wirsberg; Gebrüder Fraenkel,
Erste Bayer. Hartsteinwalzenfabrik, Fürth in Bayern, A. Vates & Co., Granitwerke, Höchstädt bei
Wunsiedel; Steinindustrie, Sparneck, Inhaber Hans Reul, Sparneck.

Achat.

In den Verwitterungssanden der Keuper- und Rotliegendgegenden der Erbendorf-Luher (Weidener) geologischen „Bucht" finden sich nicht selten Achatgerölle von mehr und weniger schöner Ausbildung, deren Herkunft an zweiter Lagerstätte zweifellos ist; ein Teil stammt jedenfalls von dem Porphyr mit Pechstein- und Mandelsteinentwicklung vom Kornberg nördlich von Erbendorf-Schadenreut, wofür in der Flurl'schen Sammlung im Oberbergamt in München schöne Belege enthalten sind. Dr. H. Laubmann hat darüber in seinem Werkchen „Mathias von Flurl", München 1919 (Bayer. Akad. der Wiss.) S. 14 berichtet und mitgeteilt, daß Flurl seinerzeit das Vorkommen zur technischen Ausbeutung empfohlen habe. Neuere Besichtigungen ohne Zuhilfenahme von künstlichen Aufschlüssen durch Dr. Laubmann und Dr. Wurm haben die alte Fundstätte der schöneren Achatstücke, deren Struktureinzelheiten in Geogn. Jahreshefte 1916/17 S. 240, Fig. 42, 1918/19 S. 74, Taf. II, Fig. 10 von Dr. O. M. Reis behandelt wurden, dortselbst nicht mehr nachweisen können. In der letztgenannten Schrift sind in bewußtem Hinweis auf die neuerdings nahegelegte künstliche Nachahmung achatartiger Strukturen besonders durch Liesegang die natürlichen Entstehungsbedingungen in allen bisher eigentlich noch wenig bekannt gewordenen Einzelheiten klargelegt und gedeutet worden. Dr. O. Reis.

Alaunschiefer.

Im Frankenwald kommen Alaunschiefer im Mittel- und Obersilur (untere und obere Graptolithenschiefer) vor. (Graptolithen sind laubsägeförmige Versteinerungen, in dünnen Überzügen auf den Schichtflächen.)

Die Graptolithenschiefer sind manchmal sehr reich an Schwefeleisen (Pyrit und Markasit), z. B. Vogelherd bei Hof. Sie unterliegen deshalb sehr leicht der Verwitterung, bleichen aus und zeigen in leicht löslichen eisenhaltigen Salzausblühungen schon oberflächlich den Schwefeleisengehalt. In früheren Zeiten wurden diese Schiefer häufig zur Darstellung von Vitriol und Alaun abgebaut (Alaunschiefer). Ein solches Alaunwerk bestand westlich Ludwigstadt an der bayerischen Grenze bei Katzenwich. Am Gabe-Gottes-Gang bei Unterkemlas wurden eben diese Vitriolschiefer in großen Massen abgebaut und auf der Hütte zur Hölle bei Steben verarbeitet. Auch an der Silbernen Rose, der Antimonzeche bei Goldkronach, wurde früher ein solches Alaunbergwerk, Unerhofft Segen Gottes, im Graptolithenschiefer betrieben.

Bei Berneck wurden alaunschieferähnliche schwarze Tonschiefer, die Schwefelkiesputzen enthielten, aber wahrscheinlich der Oberdevonstufe angehören, ebenfalls auf Alaun abgebaut. Dr. A. Wurm.

Asbest.

Mit den Diabasen (s. unten) räumlich verknüpft sind Gesteine von schwarz-
grüner bis schwarzer Farbe, die aus Augit, Olivin und Eisenerz bestehen, die sog.
Paläopikrite. Sie treten häufig in Felsen hervor, und haben nach ihrer dunklen
Farbe bezeichnende Namen erhalten (Schwarzenstein nordöstlich Trogen etc.).
Infolge ihrer Zähigkeit werden diese Gesteine nur selten ausgebeutet (Geiersberg
bei Eisenbühl). Bemerkenswert ist aber in ihnen das fast regelmäßige Vorkommen
von Asbest. Es ist ein spröder hellgrüner, verwittert schneeweißer Serpentin-
asbest, der sich auf Klüften und Gleitflächen der häufigen Quetschzonen gebildet
hat. Schon früher sind Abbauversuche darauf in Thüringen gemacht und vor
einigen Jahren ist auch in Bayern im Muschwitztal an der Krötenmühle ein
Tagebau eröffnet worden. Die Asbestschnüre, die dort in dem kugelig verwitterten
Paläopikrit aufsetzen, sind meist nur 2—3 cm dick. Die ungenügende Menge und
dann wohl auch der kostspielige Abbau von großen Mengen des schwer spreng-
baren Nebengesteins haben zur Einstellung der Arbeiten geführt.

Ebenso wie an den Paläopikrit findet sich Asbest häufig an Serpentin gebunden.
Neuerdings wird in den Topfsteingruben von Schwarzenbach a. S. solcher Asbest
gewonnen. Dr. A. Wurm.

Basalte.[1]

Die große mit jungen Vulkanausbrüchen, hauptsächlich Basalten besetzte, NO—
SW streichende Senke am Südrand des Erzgebirges setzt sich gegen Westen von
Karlsbad über Eger nach Bayern fort. An das mit Braunkohlen erfüllte Einbruchs-
becken von Eger schließen sich die Wondreb-, Naab- und die Röslauniederung an.
Zwischen beiden erhebt sich die große Vulkanruine des Reichsforstes, in dem die
Basaltergüsse verschiedener Eruptionszentren mit einander verwachsen sind. Gegen
SO. nach dem Wondrebtal zu löst sich diese geschlossene Basaltkuppe in einzelne
Basaltschlote auf, welche das granitische Grundgebirge durchbrechen (Rehberg,
Gulgberg, Gommelberg, Netzstahl u. a.). Nach Süden zu schließt sich an den
Reichsforst ein zweites größeres zusammenhängendes Vulkangebiet an, das des
Großen und Kleinen Teuchelberges, und noch weiter im Süden taucht am Ost-
rand des Steinwaldgranitmassivs das nord-süd verlaufende Basaltgebiet des Lang-
holzes auf.

Im Norden ist das große Granitgebiet des Selberwaldes an mehreren Stellen,
so bei Hohenberg (Großer Steinberg), bei Thierstein und östlich von Selb (Steinberg, Wartberg), von basaltischen Eruptionen durchbrochen.

Nach Westen lassen sich basaltische Durchbrüche über Schindelloh bis in die
Gegend von Kulmain (Aigner Kuppen, Steinwitzhügel, Armannsberg), Kemnath
(Anzenberg) und Waldeck (Schloßberg) verfolgen. Kleinere Ausbrüche bei Kastl
und Atzmannsberg führen uns zu den äußersten Vorposten im Westen, Rauher
Culm, Kleiner Culm etc., welche im zweiten Bande behandelt werden.

Der Zeitpunkt dieser basaltischen Ausbrüche fällt wahrscheinlich ins Miozän.

---

[1] Bearbeitet von Dr. A. Wurm.

Dem höheren Alter entsprechend befinden sich alle diese Vulkane in fortgeschrittener Abtragung, welche sie als Vulkanruinen kennzeichnet.

Ihre heutige Gestalt als steile Kegel verdanken die Basaltberge ihrem größeren Widerstande gegen die Abtragungsvorgänge (Härtlinge) und deshalb beherrschen sie meist als weithin sichtbare Wahrzeichen die Landschaft.

Makroskopisch sind die Basalte der Oberpfalz und Oberfrankens dichte dunkelblaugraue Gesteine; der Olivin ist häufig schon mit bloßem Auge in kleinen Putzen sichtbar, in einigen Vorkommen (Brand bei Marktredwitz und Steinwitzhügel) reichert er sich außerordentlich an und erfüllt das Gestein in faust- bis kopfgroßen Kugeln, die zu einer grünen oder rostigen Masse verwittern. Manchmal beeinträchtigen sie die technische Verwendung des Gesteins. Abgesehen von diesen örtlichen Einschlüssen sind die Gesteine von durchweg dichter Beschaffenheit. Körnige (Dolerite) oder porphyrische Ausbildungen fehlen fast ganz.

Hirschwald[1]) hat gefunden, daß den Basalten die größte Wetterfestigkeit zukommt, die von gleichartigem feinkristallinen Gefüge sind und Augit in der Grundmasse in zusammenhängendem Kristallmaschenwerk (in sogen. symplexer Ausbildung) enthalten. Eine Durchsicht der Originalschliffe von Richarz[2]) in Bezug auf die Strukturverhältnisse ergab, daß bei den meisten Vorkommen der Oberpfälzer und oberfränkischen Basalte das mikrokristalline Gefüge ziemlich gleichmäßig entwickelt ist und die Grundmasse vorherrschend aus einem zusammenhängenden Skelett von Augitmikrolithen besteht. Da im allgemeinen auch Glassubstanz, welche die Qualität des Basaltes meistens ungünstig beeinflußt, entweder fehlt, oder doch nie sehr reichlich auftritt, kann man die Oberpfälzer und Oberfränkischen Basalte als sehr wetterfeste Gesteine bezeichnen.

Das Gestein der Oberpfälzer- und Fichtelgebirgsbasalte ist gesund und unterliegt nur wenig jener eigentümlichen rasch verlaufenden Verwitterung, die man als Sonnenbrand bezeichnet hat. Nur an einigen Stellen im Reichsforst, am Steinwitzhügel, am Armannsberg und am Waldecker Schloßberg ist Sonnenbrand verbreitet, in Triebendorf, Steinmühle, am Weidersberg, am Teuchelberg habe ich ihn nicht beobachtet; am Teuchelberg, soll er nach Richarz[3]) nur äußerst selten auftreten.

Die hohe Druckfestigkeit, die meist 3000 kg/qcm erreicht oder auch überschreitet, die geringe Abnutzbarkeit, die Härte, aber gleichzeitig auch die geringere Schärfe (im Vergleich zu quarzigen Gesteinen!) bedingen die hohe Wertschätzung des Basaltes als Schottermaterial. Mit Basalt geschotterte Straßen verschlämmen nicht und neigen ebenso wenig zur Staubbildung. Auch für Geleisschotter eignen sich die Basalte vorzüglich. Der in den Schotterwerken abfallende Grus wird als Zuschlag für Beton verwendet. Zu Pflasterstein läßt sich der Oberpfälzer Basalt nur schlecht verarbeiten. Auch nützt sich das Gestein bei seiner dichten Struktur sehr gleichmäßig ab, was leicht ein Glattwerden des Pflasters zur Folge hat. Die blühende

---

[1]). Handbuch der bautechnischen Gesteinsprüfung. S. 736.

[2]) Die Basalte der Oberpfalz. Zeitschr. d. Deutsch. geol. Ges. Bd. 72. Jahrg. 1920; Abhandl. Nr. 1/2.

[3]) loc. cit.

Basaltindustrie der Oberpfalz und Oberfrankens hält sich naturgemäß an die Hauptverkehrslinien Wiesau—Waldsassen und Wiesau—Marktredwitz.

Südwestlich von Waldsassen liegt der kleine Basaltschlot von Netzstahl, der heute größtenteils ausgebeutet sein dürfte. Durch die Säulenabsonderung berühmt ist der alte Basaltbruch am Gommelberg; hier erfüllen den Schlot auch Tuffe. Ein ausgedehnter Betrieb knüpft sich an das Basaltvorkommen von Steinmühle, das die erste bayerische Basaltaktiengesellschaft Werk Steinmühle bei Waldsassen in zwei großen Brüchen abbaut. Im alten Bruch, einer kesselartigen Vertiefung von mehreren hundert Metern Durchmesser, ist das Gestein (Feldspatbasalt) in Säulen abgesondert und enthält viel tuffiges Material. Der neue Bruch nördlich davon hat ein sehr hartes unregelmäßig abgesondertes Gestein angetroffen. Die mittlere Druckfestigkeit beträgt nach den Prüfungszeugnissen 3050 kg/qcm. Auch

Abbildung 1.   phot. Wurm
Basaltbruch Triebendorf.

am Nordende von Mitterteich, unmittelbar an der Bahn wird Basalt in einem kleinen Steinbruch abgebaut. Schon mehrere Jahrzehnte reicht der Betrieb der Triebendorfer Basaltgewerkschaft Maurer & Co. bei Wiesau zurück. Der Basalt bildet hier nach Richarz einen ostwestlich streichenden Gang von etwa 500 m Länge und wechselnder bis 200 m reichender Breite, der in Tuffen aufsetzt. Östlich gegen Schönfeld zu kommt er nochmals in einem verlassenen Bruch zutage. Das graulich schwarze Gestein (Feldspatbasalt) hat eine mittlere Abnützbarkeit nach Gewicht von 9 g und eine mittlere Druckfestigkeit von 3180 kg/qcm; es ist sehr dicht und frei von größeren Olivinputzen. Im östlichen Teil des Bruches ist es in wohl ausgebildete senkrechte Säulen gegliedert (Abb. 1), im westlichen erhebt sich ein nicht abgebauter Tuffpfeiler mit Einschlüssen von Granitbrocken und verkieseltem Holz. Auf der Nordseite des Großen Teuchelberges dicht unter dem Gipfel liegt der sich in fünf Stockwerken aufbauende Steinbruch der Gewerkschaft staatlicher Basaltbrüche Staudt & Co. Nach Richarz

4

liegt hier eine bis 45 m mächtige Decke von Nephelinbasalt Tuffen auf. Das durch seine Zeolithdrusen bekannte Gestein ist in meist fünfeckigen Säulen abgesondert. die in sich noch kugelig verwittert sind. Diese weitgehende Gliederung des Gesteins erleichtert den Abbau in hohem Maße. Die mittlere Druckfestigkeit beträgt 3150 kg/qcm, die mittlere Abnutzbarkeit nach Gewicht 7,95 g. Das Schotterwerk liegt an der Station Groschlattengrün. — Im Tal der Kössain am Nordrand des Reichsforstes am Weidersberg bei Brand baut die Bayerische Hartsteinindustrie Würzburg Basalt ab. Das Gestein (ein Feldspatbasalt), in meist steil einfallenden Säulen abgesondert, ist am Südende des Bruches von Tuff umhüllt; massenhafte faust- bis kopfgroße Einschlüsse von Olivin erfüllen es. Schotterwerk beim Bruche, Schwebebahn nach der Station Seussen.

An der Grenze von altem Gebirge und dem Keupervorland gerade gegenüber dem von einer Wallfahrtskirche gekrönten Basaltkegel des Armannsberges liegt der Steinwitzer Basaltdurchbruch bei Oberwappenöst, der von dem Basaltwerk Immenreuth ausgebeutet wird. Das Gestein, ein nephelinführender Feldspatbasalt, ist ebenso wie das Weidersberger reich an Urausscheidungen von leicht verwitterndem Olivinfels. Als mineralogische Besonderheit tritt in Klüften des Basalts Hyalit (Opal) in Überzügen auf, auch Phosphorit kommt teils als Ausfüllung zwischen den Säulen, teils in Gängen vor.

Bleierzgänge im Frankenwald.[1]

Im westlichen Frankenwald streichen an mehreren Stellen Bleierzgänge aus. Trotz gewisser Unterschiede untereinander weisen sie doch in ihrer Gesamterscheinung so viele Ähnlichkeiten auf, daß sie unschwer als Vertreter einer Ganggruppe der barytisch quarzigen Bleierzgänge erkannt werden.

Sie haben ihre Hauptverbreitung in der Kulmformation, setzen aber an einzelnen Stellen auch in den obersten Devonschichten auf. Das Streichen der Gänge ist schwankend, jedoch scheint die NW.—SO.-Richtung bevorzugt zu sein. Die Mächtigkeit der Gänge ist meist nur sehr gering, einige Zentimeter bis 1 dm, nur selten werden sie mächtiger (Wallenfels 0,75 m).

Das allein abgebaute Erz dieser Gänge, der Bleiglanz, tritt meist putzen- oder nesterartig verteilt in grobkristalliner großblättriger Struktur auf. Bemerkenswert ist sein Silbergehalt, der allerdings nur für drei Vorkommen quantitativ bekannt ist. Er beträgt am Silberberg bei Wallenfels nach Gümbel 30—50 g auf 100 kg Erz, am Schwarzen Mohr bei Dürrenwaid 66 g und bei einem Gang im Lamitztal 17,5 g. Die Bleierzgänge des Rheinischen Schiefergebirges führen mittlere Gehalte von 30—80 g Silber.

Mit dem Bleiglanz treten als charakteristische Begleiterze Schwefelkies und Kupferkies auf; namentlich Schwefelkies ist (z. B. bei Wallenfels) recht verbreitet. Meist fehlt auch nicht großblättrige braune Zinkblende. Seltener ist die lichte honiggelbe Blende, welche manchmal gangartig die dunkle durchtrümert. (Schmölz Köstenbachtal.)

---

[1] Bearbeitet von Dr. A. Wurm.

Die Gangart ist vorherrschend Quarz; auf einzelnen Gängen bricht als weiteres Gangmineral Schwerspat ein (Wallenfels, Remschlitzgrund). Er kann beim Zurücktreten der Erze so überhand nehmen, daß reine Schwerspatgänge entstehen. (Rothenkirchen Posseck.) In untergeordneter Menge beteiligen sich auch Kalkspat und Braunspat, selten Flußspat an der Gangfüllung.

Ein sehr bezeichnendes Merkmal dieser Bleierzgänge ist die Häufigkeit von Nebengesteinsbruchstücken, hauptsächlich schwarzem Tonschiefer, in der Gangmasse.

Das Alter der Gänge ist zum mindesten postkulmisch, da sie ja größtenteils in kulmischen Tonschiefern aufsetzen. Über ihr Altersverhältnis zu den Spateisengängen läßt sich nichts Bestimmtes aussagen. Ähnlich wie im Siegerland mag es sich vielleicht um eine etwas jüngere Ganggruppe handeln. Einer gleichzeitigen Entstehung mit den Spatgängen widersprechen die scharfgeschiedene Gangfüllung und das Fehlen von Übergängen zwischen den beiden Ganggruppen.

Der bedeutendste Bergbau auf dieser Ganggruppe liegt am Silberberg bei Wallenfels. Seine Anfänge reichen bis ins Jahr 1400 zurück[1]), seine Blütezeit fällt ins Ende des 15. Jahrhunderts. Nach dem dreißigjährigen Krieg scheint der Bergbau sich nie wieder ganz erholt zu haben. In der Mitte des 19. Jahrhunderts wurde er wieder aufgenommen (Neue Hoffnung, Erfüllte Hoffnung), kam aber erneut zum Erliegen, um im Weltkrieg nochmals auf kurze Zeit zu neuem Leben zu erwachen.

Das Nebengestein sind kulmische Tonschiefer und Grauwacken, die eine schmale Scholle von oberdevonischen Cypridinenschiefern und Kalken einschließen. Der alte Stollen auf den Erzgang liegt gegenüber der Stumpfmühle im Wallenfelser Tal. Der Gang streicht fast N.—O. in Stunde 11.2 und fällt mit 68° nach Osten ein; in verschiedenen Gangschnüren läßt er sich bis Steinwiesen verfolgen. In der Gangfüllung wie in der Erzführung ist er großen Schwankungen unterworfen; der Gang verdrückt sich stellenweise ganz, um dann wieder bis zu ³/₄ m anzuschwellen, es brachen gute Erznester ein, um ebenso rasch wieder abzusetzen. Das Hauptgangerz ist silberhaltiger großblättriger Bleiglanz, daneben erscheinen manchmal in dicken Schnüren Schwefelkies, außerdem Kupferkies und Zinkblende. Hauptgangart ist Quarz neben Kalkspat, Schwerspat und Braunspat.

Außer diesem Gang werden noch zwei andere erwähnt, der eine streicht in St. 2.3 und fällt 62° nach O., hat eine Mächtigkeit von 0,3 m, der andere streicht abweichend St. 5 und fällt mit 85° nach S. ein, ist 0,08—0,1 m mächtig; er setzt in oberdevonischen Cypridinenschiefern und Kalken auf. Im Winter 1917/1918 unternommene Arbeiten (Carlszeche) sind bald wegen Wasserschwierigkeiten eingestellt worden. Nach einem Bericht von Oberbergrat Nothaas wurde in einem Gesenk und einer Versuchsstrecke ein NW.—SO. streichender und mit 75° nach NO. fallender Gang angetroffen. Er war 6—38 cm mächtig und führte spärlich Schnüre und Putzen von Bleiglanz. In einem anderen 18 m davon entfernten

---

[1]) Haupt, Materialien zur Geschichte des Bergbaus im ehemaligen Hochstift Bamberg. Schriften des histor. Vereins Bamberg 1868, S. 235.

Gesenke ist ein 7 cm starker reiner Bleiglanzgang angefahren worden. Außerdem wird noch ein 2—12 cm starker zur Häfte mit Quarz durchwachsener Schwefelkiesgang erwähnt.

Alt ist auch der Bergbau im Remschlitzgrund bei Neufang. Hier stand um 1650 die Bergmännische Hoffnungszeche in Betrieb. Um 1887 wurde der alte Stollen aufgewältigt und ein weiterer erfolgloser Versuch wurde im Weltkrieg gemacht. Der Gang setzt in kulmischen Tonschiefern auf und streicht nach den Pingen zu schließen N. 25 W. Er führt silberhaltigen Bleiglanz mit wenig Kupferkies, Schwefelkies, Roteisen, als Gangart hauptsächlich Schwerspat, daneben Quarz, Braunspat und Kalkspat.

Ein Bergbau auf ähnliche Gänge fand im Köstenbachtal bei der sogen Schmölz statt. (Alte Gruben: Johannes der Täufer, St. Andreas, Neuer Segen des Herrn.) Der eine Gang unterhalb der Schmölz ist am Steilhang im Walde in zwei Pingen aufgeschlossen. Die Mächtigkeit des Ganges ist 25—30 cm; er führte Einsprengungen von Bleiglanz und Kupferkies mit Manganmulm in quarziger, mitunter auch kalkiger Gangart. Das Nebengestein sind kulmische Tonschiefer. Nach dem Verlauf der Pingen streicht der Gang N. 80 W. und fällt 65° nach N. ein. (Nach Gümbel streicht er h. 9 = N. 45° W.) Das Stollenmundloch des zweiten Ganges, der hauptsächlich Zinkblende und Schwefelkies führte, liegt oberhalb der Schmölz hinter dem früheren Zechenhaus. Weiter oberhalb im Talgrund am großen Köstenschrot baute früher die „Thomaszeche" auf einem ähnlichen Gang. (Vergl. die Angabe Flurls[1]) über einen nicht unbedeutenden Bergbau auf Bleiglanz, Blende, Kupfer- und Schwefelkies am Dienetsberg bei Kunreuth?)

Noch an anderen Stellen des Frankenwaldes streichen ähnliche Gänge zutage aus.

Am meisten bekannt ist das Vorkommen im Lamitzgrund, östlich Wolfersgrün. Hier führt ein N.—S. streichender Quarzgang Bleiglanz, Kupferkies, Zinkblende und Schwefelkies. Der Gang ist nur 3—5 cm mächtig und stark mit Nebengestein durchtrümert; der Silbergehalt des Bleiglanzes soll nach Gümbel 0,0175% betragen. Ein zweiter Gang wenig unterhalb im Tal führt Schwefelkies mit Spuren anderer Erze. Ein ähnlicher Versuchsbau liegt westlich Wellesberg in einem Seitentälchen des Wellesbachtales. Auf den Halden findet man Bleiglanz, Kupferkies, Schwefelkies in Quarz, seltener treten Kalkspat und Braunspat als Gangart auf. Der Gang streicht nach dem Einschnitt zu schließen N. W.

Weiter sind hier zu nennen die Zechen im Wilden Rodachtal Rollnhirsch und Hühnergrund. Die Hirschsteinzeche baute 1730—39 auf einem h. 11 streichenden Gang, der Kupferkies, silberhaltigen Bleiglanz und Zinkblende in gelbem Mulm führte. Im Hühnergrund trifft man unterhalb der alten Eisensteinzeche „Morgenstern" alte Schürfe, die auf einem Kupferkies und Zinkblende führenden Quarzgang angesetzt waren. Von Leupoldsberg bei der Unterschmölz erwähnt Gümbel ein fast verschollenes Kupferbergwerk „Katzenschwanz" und „Siebenstern" mit Bleiglanz neben Kupfererzen und Spateisen.

---

[1]) Nach Goldfuss und Bischof, Beschreibung des Fichtelgebirges II. Teil, S. 255, zitiert.

Ein früher berühmtes Werk, das auf einem Bleierzgang dieser Art baute, ist der „Schwarze Mohr" bei Dürrenwaid. Auf den mächtigen Pingen und Halden dicht oberhalb des Dorfes ist keine Spur des geförderten Erzes mehr zu finden. Auch die Angaben über den alten Bergbau sind recht dürftig. Der schwarze Mohr war von 1477 fast ein Jahrhundert lang im Betrieb. Der Gang führte nesterweise einbrechenden Bleiglanz mit Quarz — auch Brauneisen kam vor — wahrscheinlich in einer besonderen Lagerstätte. Der Bleierzgang war durch den sogen. Dreifaltigkeitsstollen aufgeschlossen, der am Eisenhammer in Dürrenwaid seinen Anfang nahm. Der Silbergehalt des Bleiglanzes betrug nach Gümbel in 100 kg besserem Erz 66—166 g, im Schlich 66 g. In Bayreuth liegt ein großer Silberpokal vom Jahre 1538, der aus Dürrenwaider Silber hergestellt wurde.

Die meisten der Bleierzgänge des Frankenwaldes besitzen nur geringe Mächtigkeit und die spärliche Erzführung schließt jede Möglichkeit praktischer Ausbeute von vornherein aus. Eine Ausnahme hievon machen vielleicht nur zwei Lagerstätten: der schwarze Mohr bei Dürrenwaid und der Silberberg bei Wallenfels. Über den schwarzen Mohren siehe oben. Der Wallenfelser Gang zeigte mitunter gute Erzanbrüche, wenn ihm auch jene Stetigkeit der Erzführung zu fehlen scheint, die für einen planmäßigen Abbau Voraussetzung ist.

<h2 style="text-align:center">Bleiglanzgänge von Erbendorf.[1]</h2>

<h3 style="text-align:center">1. Gänge im Gneis.</h3>

Der Bergbau auf dem sogen. Silberrangen bei Erbendorf reicht bis ins 14. Jahrhundert zurück. Die Hauptbetriebsperiode fällt wohl ins 16. Jahrhundert, dann wurde das Werk auflässig und erst im Jahre 1853—1865 begannen neue Arbeiten.

Die Erzgänge. Das Nebengestein der Erzgänge ist ein heller Glimmergneis. Das Streichen der Gänge ist ungefähr N.—S.; das Einfallen ist meist steil nach O. oder W. gerichtet. Die Mächtigkeit der Gänge ist sehr schwankend, im Mittel 30—60 cm; sie kann aber bis 2,60 m ansteigen. Verdrückungen der Gänge bis auf taube Lettenklüfte sind außerordentlich häufig.

Das Erz besteht aus großblättrigen bis feinkörnigem Bleiglanz mit einem mittleren Silbergehalt. Dieser beträgt nach Gümbel 63—80 g auf 100 kg Erz. Daneben ist Zinkblende auf zwei Gängen fast in gleicher Menge vertreten, während Kupferkies meist nur einen kleinen Bruchteil der Gesamterze ausmacht. Auch silberhaltige Fahlerze sollen auf einem Gang einbrechen. Die Gangart ist zum Teil quarzig, zum Teil kalkig, häufig erscheint Braunspat, seltener Schwerspat. Das Auftreten von Schwerspat lehrt, daß es sich hier um „barytische Bleierzgänge" handelt (vergl. Frankenwald). Die Erbendorfer Gänge stimmen in ihrem Gesamtverhalten durchaus mit den Wallenfelser überein. Die Erze scheinen putzen- und nesterweise angereichert, vereinzelt hat man reiche Erze, dann wieder auf weite Strecken nur taube oder erzarme Gangmassen angetroffen.

Von den Alten sind zwei Ganggruppen, eine östliche und eine westliche abgebaut worden (vergl. Gangskizze). Nur der östliche Gangzug ist bei den Versuchs-

---

[1] Bearbeitet von Dr. A. Wurm.

arbeiten (1853—65) neu untersucht worden. Auf dem östlichen Gangzug kommen
für bergmännische Ausbeute nur drei Gänge in Frage, die man als Gang II, Gang V
und Gang VI bezeichnet hat. Gang I, III und IV waren nur taube Quarztrümmer.

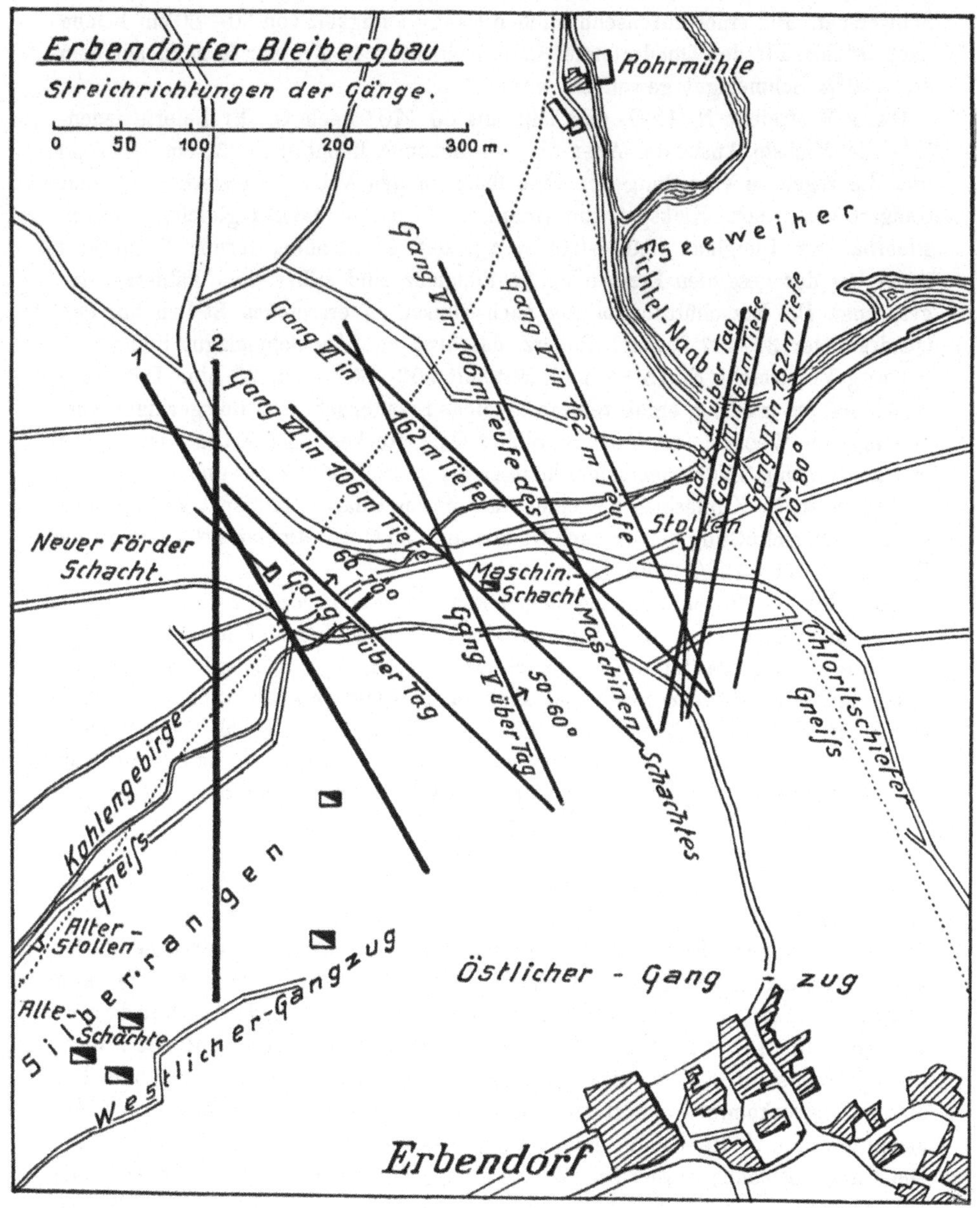

Gang II streicht etwa N.—S. und fällt mit 65—70°, stellenweise auch mit
20—30° nach Osten ein. Er besteht aus einem System von Gangtrümern, die

9

meist nur kurze Erstreckung haben. Sie setzen an einer Stelle auf, um ebenso
rasch wieder auszukeilen und sind häufig in der Streichrichtung im Liegenden
oder Hangenden verschoben. Gangerze sind silberhaltiger Bleiglanz (0,063 % Ag)
und Kupferkies (letzterer nur $^1/_6$—$^1/_5$ der Gesamterze). Gangart ist Quarz und
Schwerspat. Bei einer durchschnittlichen Gangmächtigkeit von 30—60 cm kamen
nach Gümbel auf den Quadratmeter Gangfläche etwa 15 Zentner Roherz, aus dem
etwa 10 % Schmelzgut gewonnen wurden.

Gang V streicht N. 15 O. und fällt mit 60—70° nach O. Er lieferte jedenfalls die reichste Ausbeute. Aber die schwankende Mächtigkeit (30 cm—2,60 m)
und die regellose Verteilung der Erze machten den Abbau schwierig. In einer
Gangart von Quarz, Kalkspat und Braunspat liegen in nahezu gleichen Mengen
silberhaltiger Bleiglanz (0,07—0,08 % Ag) und Zinkblende, ferner Kupferkies
($^1/_{10}$—$^1/_{12}$ der gesamten Erzmenge). Im Bleiglanz sind silberreiche Fahlerze eingesprengt. Die Erzschüttung betrug nach Gümbel an erzreichen Stellen auf den
Quadratmeter 30—37 Zentner Roherz, das etwa zu 8 % Schmelzgut lieferte.

Gang VI streicht N. 15 W. und fällt mit 55°—60° nach W. ein. Der Gang
ist 30—60 cm mächtig, ergab vereinzelt reiche Erzanbrüche von nur geringer Ausdehnung im Wechsel mit unbauwürdigen Gangstrecken. An Erzen führt er zu
gleichen Teilen großblättrigen silberhaltigen Bleiglanz (0,063 % Ag) und Zinkblende,
außerdem zu $^1/_5$ Kupferkies bei einer Gangart von Quarz, Braunspat und Schwerspat. Die Erzschüttung betrug nach Gümbel auf den Quadratmeter zirka 17 Zentner
Roherz mit 11—12 % Schmelzgut.

Über den westlichen Gangzug liegen keinerlei Nachrichten vor.

Von den Alten sind die Gänge im Gneis in den oberen Teufen fast restlos
abgebaut worden. Das ist durch Versuchsarbeiten (1853) für den östlichen Gangzug
sicher erwiesen, für den westlichen kann man es mit einiger Wahrscheinlichkeit
annehmen. Die Alten bauten wahrscheinlich die im Metallgehalt angereicherte
Zementationszone ab. Eine Neuaufschließung würde unverritzte Gangteile auf dem
östlichen Gangzug erst unter der 160 m Sohle auffinden können.

2. Gänge im Kohlengebirge.[1]

Gelegentlich der Erschließung des Erbendorfer Kohlenflözes in der Steinkohlengrube Hanns durch einen tonnlägigen Schacht und die von diesem vorgetriebenen
Strecken sind neue Erzgänge im Kohlengebirge vom Charakter der Erbendorfer
Bleizinkerzgänge angefahren worden. Daraus ergibt sich die theoretisch
und praktisch gleich bedeutsame Feststellung, daß die Erbendorfer
Gänge räumlich nicht auf den Gneis beschränkt sind, sondern darüber hinaus nach NW. ins Kohlengebirge weiterstreichen. Der größte Teil
dieser Gangvorkommen gehört zwei wohl ziemlich steilstehenden Gängen an, von
denen der eine N. 40 W., der andere etwa N.—S. streicht (1 und 2 der Gangskizze).
Die Gänge bestehen vorherrschend aus Bleiglanz, zurücktretend aus Zinkblende

---

[1] Vergl. A. Wurm, Über die neuaufgedeckten Erbendorfer Bleizinkerzgänge und ihre Bedeutung
für die Altersstellung der oberpfälzer und oberfränkischen Erzgänge. Geogn. Jahresh. 34. Jahrg.
1921, S. 103—112.

und Kupferkies. Gangart ist Quarz, der häufig Bruchstücke des Nebengesteins umschließt. Stellenweise sind reiche Derberzanbrüche von durchschnittlich 30—50 cm Mächtigkeit aufgeschlossen. Nach der brekzienartigen Zerdrückung der Gangmasse und den das Erz durchsetzenden spiegelglatten Harnischen sind die Gänge von Störungen betroffen worden. Gemäß der bisherigen Aufschlüsse wenigstens, konnten die Gänge, mit wenigen Ausnahmen nur im Liegenden des Kohlenflözes festgestellt werden. Man beobachtet Gangstümpfe, die an der Kohle abstoßen, manchmal in sie ohne Fortsetzung hineinreichen. Es liegt nahe, an eine tektonische Abscherung der Gänge an oder in der Ebene des Kohlenflözes zu denken, Bewegungen, wie sie im kleinen sicher auch an der Grenze der Gang-

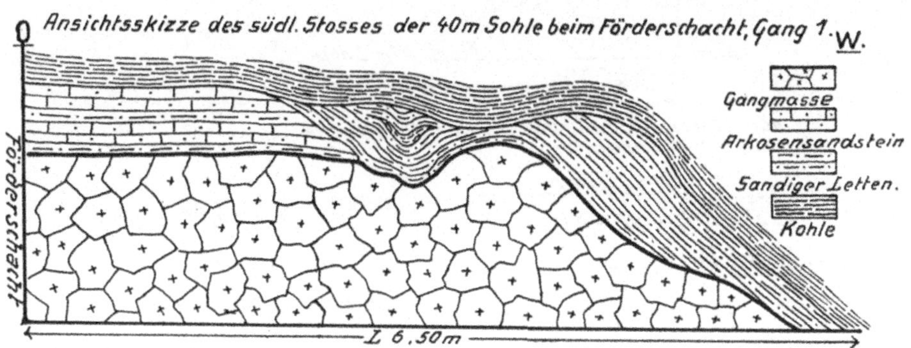

stümpfe gegen die Kohle stattgefunden haben (vergl. Abb. S. 11). Aber im großen und ganzen muß man doch annehmen, daß die Erzgänge an oder im Kohlenflöz normal ihre Endigung finden. Das Flöz und vielleicht auch die darüber liegenden sandigen Letten scheinen ein weiteres Aufreißen der Gangspalten ins Hangende verhindert und damit auch dem Vordringen der Erzlösungen Halt geboten haben. Auffallend ist die starke Zersplitterung der Gänge im Liegenden der Kohle. Es fehlen scharf begrenzte Salbänder; quarzige Gangart mit Erzfüllung wechselt unregelmäßig mit Brekzien aus Quarz und Sandsteinbruchstücken, es sind breite Störungszonen vorhanden (zusammengesetzte Gänge im Sinne von COTTA). An vielen Stellen ziehen sich vom Kohlenflöz langgezogene Kohlensäcke ins Liegende, in die Gangspalten herein. Es scheint sich hier nicht um nachträgliche tektonische Vorgänge zu handeln, es macht vielmehr den Eindruck, als ob diese Kohlen-massen gleich beim Aufreißen der Spalten vom Hauptflöz sich loslösten, und die zum Teil klaffenden Spalten ausfüllten (vergl. Abb. S. 12). Auch für die Erzführung scheint das Kohlenflöz nicht ohne Einfluß gewesen zu sein. Die reichsten Derberzanbrüche liegen unmittelbar im Liegenden der Kohle. Die Kohle hatte auf die emporsteigenden gestauten Erzlösungen wohl eine stark ausfällende Wirkung.

Die Kohlenablagerung von Erbendorf gehört nach ihren pflanzlichen Einschlüssen den höchsten Schichten des Karbons, vielleicht schon dem Rotliegenden an. Den Erbendorfer Erzgängen muß demnach ein postkarbones Alter zukommen.

Die örtliche Lage (vergl. Gangskizze) und die Beschaffenheit der Erze lassen keinen Zweifel, daß man die neuerschlossenen Gänge als die Fortsetzung der

Gänge des westlichen Erbendorfer Gangreviers aufzufassen hat. Aller Wahrscheinlichkeit nach liegt hier noch völlig unverritztes Ganggebiet vor. Auch hat man hier noch Aussicht, Erze der Zementationszone anzutreffen. Wahrscheinlich ent-

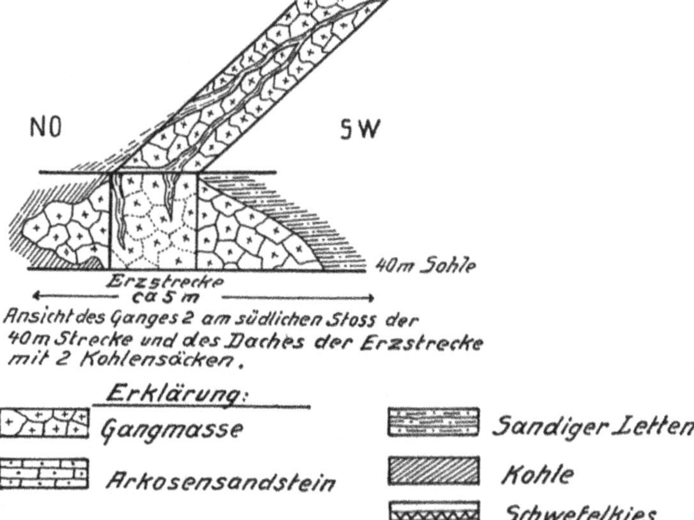

sendet auch der östliche Gangzug Fortsetzungen ins Kohlengebirge. Eine Versuchsstrecke vom tonnlägigen Schacht nach NO. könnte diese Frage entscheiden. Wie weit sich die Gänge im Liegenden des Kohlenflözes nach Norden hinziehen, darüber lassen sich kaum Vermutungen aussprechen.

Bleierzgänge von Schwarzenfeld und Altfalter.[1]

Nach FLURL[2] waren die Bergwerke bei Altfalter schon im Anfang des 16. Jahrhunderts in Betrieb, im Anfang des 18. Jahrhunderts wurde der Bergbau von neuem aufgenommen.

Es handelt sich vermutlich um mehrere Gangzüge, die sich auf drei Richtungen N.—S., O.—W., NW.—SO. verteilen. Es scheinen auch Scharungen mit größerem Erzreichtum vorzukommen. Die Mächtigkeit der Gänge ist wohl nur gering, genauere Angaben fehlen aber fast ganz. Das Nebengestein der Gänge ist stark injizierter Gneis und Granit. Die Erzführung scheint hauptsächlich auf die Gänge im Gneis beschränkt zu sein, während die Gänge im Granit erzarm (Kulchberg) oder fast taub sind (Wölsenberg).

Das Haupterz ist großblättriger oder feinkörniger Bleiglanz mit wechselndem Gehalt an Silber. Der Zentner rein geschiedenes Bleierz aus dem Gang am Kulchberg lieferte nach GÜMBEL angeblich 61 Pfd. Blei und 207,5 g Silber (415 g auf 100 kg). Eine andere Probe hatte nur 35 g auf 100 kg. Selten gesellt sich dem

---

[1] Bearbeitet von Dr. A. WURM.

[2] Beschreibung der Gebirge von Bayern S. 362.

Bleiglanz in kleinen Nestern verteilt gelbe Zinkblende zu. Die Gangart ist vorherrschend quarzig, häufig bricht Flußspat ein.

Die Bleierzgänge gehören derselben Gangformation wie die Wölsenberger Flußspatgänge an. Dafür spricht die reichliche Flußspatführung der Bleierzgänge einerseits und das gelegentliche Vorkommen von Bleiglanz auf den Flußspatgängen andererseits (Marienschacht Wölsendorf).

Über die einzelnen Gänge ist sehr wenig bekannt. Die Baue von Altfalter waren vermutlich an die Kreuzungsstellen verschieden streichender Gänge geknüpft. Nördlich von Weiding läßt ein Pingenzug im Geisgraben auf einen NW.—SO. streichenden Gang schließen. Ein anderer Gang verlief nordöstlich Krandorf in NW.—SO.-Richtung. Bei Schwarzenfeld östlich der Naab streichen am Kulch in O.—W.-Richtung mehrere parallele Gänge durch. Der nördliche am sogen. Bleiloch war nach Versuchsarbeiten in den Jahren 1815—1819 40 cm mächtig und fiel bei O.—W.-Streichen mit 75—80° gegen S. ein. Er führte aber nur spärliche Erzmittel. Der südliche Gang, der in O.W.-Richtung über den Kulchberg hinwegstreicht, war noch erzärmer. Auch westlich der Naab setzen schwache Quarztrümer mit Flußspat und Erzspuren bei geringer Mächtigkeit der Gänge und spärlicher unregelmäßiger Erzführung auf.

In jüngster Zeit sind auf den Altfalter Bleierzgängen neue Arbeiten in Angriff genommen worden. Der Gang im Geisgraben nördlich Weiding wurde aufgewältigt, ebenso ein Gang im Butzenwinkel bei Krandorf; hier traf man auf dem NW.—SO. streichenden Gang Bleiglanznester und häufige Einsprengungen von Grünbleierz. Dieses Mineral wird auch auf den Schürfungen im Langholz nordöstlich Krandorf häufig gefunden. Hier ist durch einen Quergraben ein alter abgebauter Gang von ca. $^1/_2$ m Mächtigkeit und einem Streichen von N. 35 W. freigelegt worden. Auf den Gängen im Langholz bricht auch Flußspat (vergl. daselbst) in derben Massen ein.

Bleierzgänge von Hunding, Voitsberg, Pleystein.

Kurz erwähnt sei der alte Bleibergbau bei Hunding im Lallinger Winkel unfern Hengersberg, den schon FLURL eingehend beschrieb. Im 18. Jahrhundert wurde dort mit Unterbrechungen gearbeitet; im Jahre 1815 wurden größere Versuchsarbeiten vorgenommen und ein 65 cm starker Quarzgang aufgeschlossen, der N. 45 W. streicht und und 80—82° SW. einfällt. Die Erzmittel waren recht spärlich, Bleiglanz mit einem Silbergehalt von 50—58 g im Zentner (nach FLURL) war in kleinen Nestern eingesprengt, daneben fanden sich Spateisen, Zinkblende, Schwefelkies, Grün- und Weißbleierz in einer Gangart von Braunspat und Kalkspat.

Über den alten Bleibergbau bei Voitsberg südsüdwestlich Vohenstrauß und am Lamerberg bei Pleystein fehlen alle Nachrichten.   Dr. A. WURM.

Braunkohlenvorkommen im ostbayrischen Grenzgebirge und im Fichtelgebirge.[1])

Die jüngeren Braunkohlen Bayerns sind kürzlich in einer vom Bayrischen Oberbergamt veröffentlichten Abhandlung: „Die mineralischen Rohstoffe Bayerns

---

[1]) Bearbeitet von Dr. H. ARNDT.

und ihre Wirtschaft". I. Band: „Die jüngeren Braunkohlen"; München-Berlin 1922, Verlag R. Oldenbourg, ausführlich beschrieben worden. Es sei hier auf L. von Ammons: „Bayrische Braunkohlen und ihre Verwertung", München 1911, hingewiesen.

A. Ostbayrisches Grenzgebirge.

Die Braunkohlenvorkommen liegen hier sämtlich am Südrand des Bayrischen Waldes in der nach der Donau zu abfallenden Hügellandschaft, in welcher über Gneis und Granit, meist unter diluvialer Bedeckung, Inseln tertiärer (obermiozäner) Ablagerungen sich erhalten konnten. Sie erstrecken sich von Bogen bei Straubing bis gegen Passau hin.

Das bedeutendste dieser Vorkommen ist jenes von Hengersberg-Schwanenkirchen, östlich von Deggendorf, wo sich braunkohlenführende Tertiärschichten auf Gneis und Granit in einer SW—NO-Erstreckung auf eine Länge von 6 bis 8 km hinziehen. Im Schachte der „Josephs"-Zeche bei Schwanenkirchen, in der Talsohle zwischen Hütting und Hub gelegen, wurde ein Kohlenflöz von 7 m Mächtigkeit unter 30 m sandig-toniger Überdeckung angefahren. Die Kohle ist teils lignitisch, teils erdig ausgebildet und ziemlich fest. Plastische hochfeuerfeste Tone bilden Hangendes und Liegendes der Kohle. Bei den Ortschaften Lapferding, zwischen Poppenberg und Dingstetten und in Hengersberg selbst wurde das Vorhandensein von Braunkohle festgestellt.

Bei Straubing, im Felde der Braunkohlenmutung „Hadwiga I" wurde durch eine Bohrung in einer Tiefe zwischen 82,15—100,5 m teils lignitische, teils mulmige Braunkohle in mehreren Flözen nachgewiesen. Ihre Zwischenmittel und Hangendes und Liegendes bestanden aus Ton. Die Gesamtmächtigkeit der durchfahrenen Flöze betrug etwa 15 m. Ein Abbau hat dort bisher nicht stattgefunden.

Etwa 8 km nordwestlich des Marktes Bogen wurde in einem Garten bei Wolferszell in 2,15 m Tiefe ein 1,11 m mächtiges, stark durch Ton verunreinigtes, horizontal abgelagertes Braunkohlenflöz angetroffen.

In der Nähe von Vilshofen liegen die Grubenfelder „Rathsmannsdorf" und „Rathsmannsdorf I". In letzterem wurde ein etwa 1,5 m mächtiges Flöz unter einer Überdeckung von 10,5 m zeitenweise abgebaut. Die Kohlenablagerung verläuft im allgemeinen horizontal und ungestört. Die lignitische Braunkohle zerfällt beim Trocknen. Tone, zum Teil Kaolintone, sind hier die Begleiter des Kohlenflözes. In dem Grubenfelde „Rathsmannsdorf" und den weiter östlich gegen Passau zu gelegenen Grubenfeldern „Tiefenbach" und „Franzenszeche" ist die Kohle durch Bohrungen nachgewiesen.

In dem südlich mit dem Grubenfeld „Tiefenbach" markscheidenden Grubenfeld „Passau" wurde beim Weiler „Jägerreuth" früher schon Braunkohle gewonnen und in benachbarter Ziegelei verwertet. In den letzten Jahren wurde der Grubenbetrieb dort wieder aufgenommen, hatte aber infolge der sehr mächtigen diluvialen Überlagerung und der darin eingeschlossenen Schwimmsandlagen mit Schwierigkeiten zu kämpfen. Im Schacht wurde Kohle zwischen 24,5 m und 31,15 m angefahren, wovon 2,65 m auf tonige Zwischenmittel zu rechnen sind, so daß auf Braunkohle einschließlich der mit auftretenden Moorkohle (erdige Braunkohle) eine Mächtigkeit von etwa 4 m zu rechnen wäre.

Auch innerhalb der obermiozänen Tone von Rittsteig bei Passau haben sich Braunkohlenspuren gefunden.

B. Fichtelgebirge.

Die im Fichtelgebirge und am Rand desselben auftretenden Braunkohlenvorkommen gehören sämtlich dem Obermiozän an. Die tertiären Ablagerungen des Egerer Beckens gabeln sich bei Eger in zwei nach Westen vordringende Äste, von denen der nördliche, braunkohleführende, über Eger-Schirnding-Marktredwitz bis gegen Neusorg zieht, während der südliche, braunkohlefreie, das Naab-Wondreb-Becken erfüllt.

Im Egerer Becken lassen sich zwei Braunkohlenablagerungen unterscheiden, die durch das Empordringen zahlreicher Basaltmassen zeitlich von einander getrennt sind. Auf bayrischer Seite, sowie in den Kohlenablagerungen in der Umgebung von Eger selbst treten nur die jüngeren Braunkohlen auf.

Bei diesen Tertiärvorkommen handelt es sich in der Regel nur um kleinere Becken, deren Zusammenhang durch die diluviale Abtragung gestört und deren Ausdehnung und Mächtigkeit vermindert worden ist.

Zeche „Hindenburg“ bei Schirnding.

Im Schirndinger Vorkommen ist der Südflügel der Kohlenmulde, die sich zwischen Mühlbach—Schirnding—Hohenberg hinzieht und im S und W den Phylliten des Mühlberges aufgelagert ist, erschlossen worden.

Dicht an der Landesgrenze bei Schirnding wurde an der Egerer Straße im Frühjahr 1920 ein Tagebau begonnen, in dem die Braunkohle in einer Mächtigkeit von durchschnittlich 6 m angetroffen wurde. Die Überlagerung, die im Mittel 1,5—2 m beträgt, besteht aus Sanden und Tonen. Tonige Zwischenmittel liegen auch in der Kohle. Das Flöz, das ein langsames Ansteigen nach SW erkennen läßt, zeigt stellenweise eine wellige Oberfläche. Die Braunkohle tritt teils in lignitischer, teils in erdiger Form auf und führt zahlreich eingelagerte Gypskristalle. Neben dem Tagebau fand auch ein Untertagebetrieb statt.

„Carolus“-Zeche bei Hohenberg.

Im Felde der „Carolus“-Zeche bei Hohenberg wurde schon zu Beginn des 18. Jahrhunderts bei der Suche nach Eisenerzen die Braunkohle angetroffen. Im Jahre 1732 wurde in der damaligen Zeche „Freundschaft“ die Kohlengewinnung aufgenommen. Nach alten Berichten sollen zwei Flöze von 1 m und 3 m Mächtigkeit in einem 27 m tiefen Schacht dort angefahren worden sein. Die Kohle war erdig und sehr reich an Schwefelkies. Neuere Bohrungen innerhalb des Feldes der „Carolus“-Zeche verliefen ergebnislos, aber wohl nur deshalb, weil die Bohrungen nicht tief genug niedergebracht wurden.

Im benachbarten Mühlbach in Böhmen wurde Ende des 18. Jahrhunderts ein 5 m mächtiges Flöz erdiger und mooriger Kohle unter 20 m starker Überdeckung erschlossen. Während des Krieges ist der Betrieb in Mühlbach wieder aufgenommen worden.

Kothigenbiebersbach-Bergnersreuth.

Die im Süden des Steinberges bei Kothigenbiebersbach vor einigen Jahren unternommenen Schürfversuche auf Braunkohle sind ergebnislos verlaufen. Der Hauptgrund des Mißerfolges liegt wohl darin, daß die Schurfarbeiten zu nahe am Rande der tertiären Ablagerungen angesetzt worden sind.

Über das bei Gümbel (Fichtelgebirge, S. 609) erwähnte Kohlenvorkommen von Bergnersreuth liegen nähere Angaben nicht vor.

Zeche „Eduard“-Klausen bei Seußen.

Dieses Vorkommen, das in einer Seitenbucht des von Eger herüberziehenden Tertiärbeckens abgelagert ist, wurde als Zeche „Treue Freundschaft“ 1762 in Betrieb genommen. Die stark schwefelkieshaltige, bituminöse Braunkohle lieferte das Rohmaterial für das dort befindliche Alaunwerk. Die Alaunfabrikation und der Bergbau sind dort schon seit langer Zeit eingestellt.

Neuere Bohrungen, die im Felde der jetzigen „Eduard“-Zeche unternommen worden sind, haben zu keinen günstigen Ergebnissen geführt, wohl aus dem gleichen Grunde wie die Bohrungen im Felde der „Carolus“-Zeche bei Hohenberg.

Bei Gümbel (Fichtelgebirge, S. 601/603) finden wir die Angaben, daß unter einer Überdeckung von etwa 8 m, bestehend aus Basaltschutt und Basalttuff, ein Braunkohlenlager bis zu einer Mächtigkeit von 42 m durchbohrt worden sei. Offenbar handelt es sich hier um einen am Basalt sehr steil aufgerichteten Muldenflügel der Kohlenablagerung, in welcher die Bohrung im Einfallen angesetzt wurde.

Preisdorf, Oberteich, Steinmühle.

Diese Vorkommen liegen in der östlichen Fortsetzung der Klausener Ablagerung und stellen die Verbindung mit dem Tertiär des Naab-Wondreb-Beckens dar. Bei der Tongewinnung stieß man dort auf nicht abbauwürdige Braunkohle. In Steinmühle, zwischen Mitterteich und Waldsassen, soll Braunkohle unter dem Basalt erbohrt worden sein.

„Rudolf“-Zeche auf der Sattlerin bei Fuchsmühle.

Am „Kleinen Teichelberg“, in der Nähe der Ortschaften Schafbruck und Herzogöd, hat sich ein kleiner Tertiärrest erhalten, in welchen man beim Abbau der dort auftretenden Eisenerze auch auf Braunkohle stieß. Durch planmäßige, im Jahre 1891 unternommene Abbohrungen ergab sich eine von SO nach NW streichende Kohlenmulde, deren durchschnittliche Mächtigkeit 6—7 m betrug. Im Muldentiefsten wurde die Kohle 11 m mächtig festgestellt. Eine Gewinnung dieser Braunkohle hat in letzter Zeit nicht mehr stattgefunden. Während des Krieges wurde auf der „Sattlerin“ ein im Basalttuff auftretender Phosphorit gewonnen.

Zottenwies-Rehbühl-Waldershof.

Von Marktredwitz erstrecken sich die tertiären Ablagerungen nach SW zu über Waldershof—Pilgramsreuth bis Pullenreuth—Dechantsees. Bei dem in früherer

Zeit dort ausgedehnten Abbau von tertiären Eisenerzen stieß man bei Zottenwies auf Braunkohle. Hier wurde die lignitische Kohle unter 7 m Überdeckung in einer mittleren Mächtigkeit von 1,7 m angetroffen. Die Braunkohlenablagerung erstreckt sich, wie durch Bohrungen festgestellt, in dem Gebiete, das begrenzt ist durch die Linien Pilgramsreuth—Zottenwies—Rehbühl—Pullenreuth und durch die Straße Pullenreuth—Marktredwitz. Die Gewinnung der Braunkohle bei Zottenwies fand hauptsächlich in den Jahren 1842—1849 statt, wurde jedoch dann eingestellt.

Am Rehbühl 1 km südlich von Zottenwies, wurden 1849 und dann späterhin noch verschiedentlich Bohrungen auf Braunkohle niedergebracht, die zum Teil fündig geworden sind. So sollen dort neben geringer mächtigen auch Kohlenflöze von 17—19 m Mächtigkeit erbohrt worden sein. Diese am Rande des Tertiärbeckens auffallende Kohlenmächtigkeit legt auch hier die Vermutung nahe, daß die tertiären kohlenführenden Ablagerungen am Basalt des Rehbühls steil aufgerichtet sind und die Bohrungen deshalb nicht die wahre Mächtigkeit der Braunkohle, die wesentlich geringer sein dürfte, ergeben haben, ähnlich, wie dies bei dem erwähnten Vorkommen von Klausen der Fall ist.

Bei Waldershof wurde seinerzeit beim Bahnbau der Linie Marktredwitz—Schnabelwaid unter 8 m Überdeckung ein 4 m mächtiges Braunkohlenflöz erschlossen.

„Thumsen“-Zeche bei Thumsenreuth.

Am Baiershof (Bayrischhof) bei Thumsenreuth, am Nordostende des Erbendorfer Serpentinstockes, hat sich in einer flachen Granitmulde ein kleines Braunkohleführendes Tertiärvorkommen erhalten. Die Gewinnung der Thumsenreuther Kohle geht bis zum Jahre 1838 zurück und dauerte bis 1877.

Die Braunkohle, deren schwankende Mächtigkeit 0,5—2,3 m betrug, war in der Hauptsache lignitisch. 1920 wurde bei den Abteufarbeiten eines neuen Schachtes dort unter geringer sandiglettiger Überdeckung ein 1,5 m starkes Flöz erdiger Braunkohle mit Lignitlagen untermischt, angefahren. Das Liegende der Braunkohle war ein grünlicher, stark bituminöser Ton. Nach GÜMBEL (ostbayr. Grenzgebirge S. 795) fand sich im Hangenden der Braunkohle zwischen bituminösen Tonlagen eine erdige, wohlriechende Harzmasse, die er Euosmit benannte.

Dach- und Griffelschiefer.[1]

1. Dachschiefer.

Tiefsilurische Dachschiefer.

Die mächtige cambrisch-silurische Schichtenfolge, die von Rehau aus nach SW. sich keilförmig zwischen das Münchberger Gneismassiv und das Fichtelgebirge einschiebt, schließt einzelne Dachschieferhorizonte ein. Das Material ist aber meistens geringwertig, dickspaltend, fleckig; die Versuche, diese Schiefer auszubeuten, sind fast durchweg fehlgeschlagen (Frauenberg bei Rehau, in der Hardt und im Bärenholz südwestlich Rehau, am Gulsch südlich der Lamitzmühle).

---

[1] Bearbeitet von Dr. A. WURM.

Das Untersilur in Thüringen und im Frankenwald besteht zum Teil aus milden, seiden- bis atlasglänzenden blauschwarzen Tonschiefern. Nur an einzelnen Stellen nehmen diese Schiefer wohl infolge stärkerer Beeinflussung durch gebirgsbildende Kräfte mehr phyllitische Beschaffenheit und größere Härte an und zeigen dann, sofern sie außerdem noch gute Spaltbarkeit besitzen, die Eigenschaften eines brauchbaren Dachschiefers. An mehreren Stellen waren früher versuchsweise Brüche in silurischem Dachschiefer in Angriff genommen worden; das Material steht dem kulmischen Dachschiefer an Güte nach, es besitzt meist etwas schülfrige, oft zu dicke Spaltbarkeit, enthält Lagen von zu großer Weichheit und ist auch

Abbildung 2.　　　　　　　　　　　　phot. Wurm

Dachschieferbruch bei Tiefengrün.

von Schnitten und Quarztrümern durchzogen. Zur Zeit ist nur der große Tiefengrüner Schieferbruch im Saaletal in schwachem Betrieb (vergl. Abb. 2). Bei einem anderen großen Bruch am Gehänge des Loquitztales, westlich der Fischbachmühle, zeugen die mächtigen Halden von dem früheren sehr regen Abbau. Auch auf der Höhe des Leuchtholzes wurde untersilurischer Dachschiefer gewonnen.

Devonische Dachschiefer.

Auch innerhalb der devonischen Schichtenfolge treten dachschieferartige Lagen auf. Namentlich haben zu Abbauversuchen Anlaß gegeben die sogen. Tentakulitenschiefer, das sind blaugraue weiche Tonschiefer mit sogen. Tentakuliten, hohlen nadelspitzähnlichen Molluskenschälchen. An einzelnen Orten im westlichen Frankenwald scheint der Abbau solcher Dachschiefer früher recht bedeutend gewesen zu sein, wie z. B. die gewaltigen Halden des großen Bruches östlich der Fischbachmühle bei Lauenstein bezeugen. Hier führt der gut spaltende Schiefer nicht allzu selten eigentümliche Kriechspuren, die sogen. Nereiten. Auch auf dem Gipfel und Ostabhang des Winterberges bei Ottendorf unweit Ludwigstadt und auf der gegenüberliegenden Talseite am Mühlberg liegen größere jetzt verlassene Dachschieferbrüche. Die Dachschiefer von Walpenreuth (zwischen Gefrees und Zell) gehören wohl demselben Horizonte an. Im allgemeinen steht der mitteldevonische Dachschiefer ebenso wie der untersilurische dem kulmischen an Güte nach, namentlich in Bezug auf Härte und Verwitterbarkeit. Er gibt beim Anschlagen nicht den klingenden Ton wie der kulmische Schiefer. Die Weichheit des Gesteins, die „schnittige" (klüftige) Beschaffenheit, die Häufigkeit dünner quarzitischer Einlagerungen sind daran schuld gewesen, daß alle diese Abbaue wieder zum Erliegen gekommen sind.

Auch aus den Tonschiefern des oberen Devons hat man Dachschiefer zu gewinnen versucht (nach Zimmermann Stollen bei den Örtelsbrüchen bei Ludwigstadt). Dieser Dachschiefer zeichnet sich durch dünne ebenflächige Spaltbarkeit aus und unterscheidet sich von den kulmischen und mitteldevonischen Dachschiefern durch seine schöne hellgrüne Farbe und seinen matten Ton.

Kulmische Dachschiefer.

Eine so große Verbreitung die Kulmformation im Frankenwalde besitzt und einen so großen Anteil an ihrem Aufbau Tonschiefer haben, so ist es doch bis jetzt trotz vielfältiger kostspieliger Versuche nicht gelungen ein dem thüringischen gleichwertiges Dachschiefermaterial auf bayerischem Boden aufzufinden. Die technisch wertvollste Eigenschaft der Thüringer Schiefer, ihre ausgezeichnete Dünnspaltigkeit und Ebenflächigkeit geht den bayerischen Vorkommen ab. Die Schieferbrüche am Eisenberg liegen kaum 10 km von den berühmten bis ins 13. Jahrhundert zurückreichenden Lehestener Brüchen entfernt und doch ist die Beschaffenheit des Materials an beiden Orten verschieden. Während nämlich der Ludwigstadter Schiefer nicht nur nach der Schieferung, sondern oft auch in spitzem Winkel dazu nach der Schichtung und manchmal dick und ungleichförmig spaltet, erhält der Lehestener Schiefer seine vollkommene Spaltbarkeit allein durch eine Schieferungsfläche. Dieser technisch so bedeutsame Unterschied findet seine Erklärung darin, daß in Lehesten lokale, aber sehr starke tektonische Pressungsvorgänge wirksam waren und einen viel höheren Grad der Schieferung erzeugten als bei Ludwigstadt. So ist die geringere Wertigkeit des bayerischen Dachschiefermaterials geologisch bedingt.

Gegenüber den thüringischen Steinbruchbetrieben, die vorzügliches Material liefern, ist der Stand der bayerischen Dachschieferindustrie ein schwieriger. Um Ludwigstadt liegen die gewaltigen Brüche am Eisenberg am nördlichen Gehänge des Trogenbachtales größtenteils verödet da. Nur noch ein schwacher Stollenbetrieb wird aufrecht erhalten. (Firma Liebe, Inhaber A. Engelhardt.) Der Eisenberger Schiefer ist von hellblauer Farbe, im allgemeinen wetterbeständig und führt nur wenig Schwefelkies, er spaltet aber ziemlich dick. Das Material findet als Dach- und Tafelschiefer Verwendung. In einem dem Schallerschen benachbarten Bruch wird blauer dickspaltender Schiefer gewonnen, aus dem in einer in der Nähe befindlichen Sägerei und Schleiferei Schaltplatten geformt werden.

Derselbe Dachschieferzug streicht westlich von Ebersdorf durchs Taugwitztal. In einer ganzen Reihe von Steinbrüchen werden hier Dachschiefer gewonnen. Der Schiefer südlich von Katzenwich ist reich an Schwefelkies, auf den Schichtflächen finden sich oft dicke Krusten von schön auskristallisierten Schwefelkieswürfeln.

Eine lebhafte Dachschieferindustrie war früher in der Gegend von Dürrenwaid entwickelt. Die mächtigen Halden auf beiden Talseiten am Dürrenwaider Eisenhammer zeugen davon. Nach Gümbel ist die Region der Dürrenwaider Dachschiefer 10 m mächtig und durch eine 1 m mächtige Sandsteinschicht in zwei Lager getrennt, von denen nur das untere in einer Mächtigkeit von $7^1/_2$ m guten aber dichtspaltenden Dachschiefer liefert. Südwestlich von Dürrenwaid in dem Schieferbruch bei Lotharheil am Hahnenkamm werden hauptsächlich große dicke Platten zu Schreibtafeln gewonnen. Das Material dieser Brüche enthält nur geringen Gehalt an Schwefelkies und besitzt deshalb große Wetterbeständigkeit. Leider hat es die Dickspaltigkeit und geringe Ebenflächigkeit mit dem Eisenberger Vorkommen gemein. Die Schieferung ist hier der Schichtung parallel. Der eigentliche Dachschiefer bildet ein ziemlich mächtiges Paket, er streicht NO., fällt steil nach NW. ein, und wird von dünnbankigen Grauwackenschichten überlagert.

Ziemlich bedeutend war die Dachschieferindustrie früher auch bei Eisenbühl unfern der Saale an der Kühleite. Überall sehen aus dem Walde die dunklen Schieferhalden hervor. Der Eisenbühler Schiefer, vielleicht das beste bayerische Vorkommen, zeichnet sich durch schöne graublaue Farbe und ebene Spaltbarkeit aus und ist so gut wie frei von feinverteiltem Schwefelkies. Nur ist das Gestein in den Brüchen selbst ziemlich ungleichartig, mitten im guten Schiefer treten riffartig große Schollen auf, die ganz von Quarztrümern durchschwärmt sind und den Abbau sehr erschweren. Eine wertvolle Eigenschaft des Eisenbühler Schiefers ist seine gute Haltbarkeit und Wetterbeständigkeit, wie man sich in Blankenberg, dessen Häuser und Schloß wohl durchweg mit Eisenbühler Schiefer gedeckt sind, überzeugen kann.

Die Verarbeitung des Dachschiefers ist ziemlich einfach. Er wird entweder aus freier Hand nach sogen. deutschem Format (als Trapezoide), oder nach rechteckigen, fünf oder sechsseitigen Schablonen als Schablonenschiefer geschlagen.

Ein besonders aussichtsreiches Absatzgebiet hat der Schiefer in der Elektroindustrie gefunden. Er wird hier zu Schalt- und Isolierzwecken in Platten und Walzen verarbeitet; dazu dürften sich gerade die dicker spaltenden bayerischen Vorkommen vorzüglich eignen. Auch für Treppenstufen, Türschwellen, Fußbodenplatten, Tischplatten findet der Schiefer örtliche Verwendung.

2. Griffelschiefer.

In Westthüringen zeigt der untere Silurschiefer meist nicht die einfache plattenförmige Schieferung, sondern vorherrschend eine unter dem Namen Griffelschiefer bekannte Absonderung. Ihr Hauptvorkommen und damit auch die Hauptorte der Schreibgriffelindustrie liegen auf Sachsen-Meiningischem Gebiet in der Umgebung von Spechtsbrunn, Haselbach und namentlich Steinach. Aber auch auf Bayern greift diese Ausbildung in schmalen Streifen in der Umgebung von Ludwigstadt bei Ebersdorf über. (NW. 113/7 u. 8). Mehrere kleinere Brüche sind am Nordabhang des Taugwitztales in diesem Schiefer angelegt; sie zeigen sehr schön, wie das frisch gebrochene Material in großen oft bis $\frac{1}{2}$ m langen Scheiten spaltet, die auf der

Abbildung 3.   phot. Wurm

Griffelschieferbruch bei Ebersdorf.

Halde dann von selbst in lange Stengel und Griffel zerfallen (vergl. Abb. 3). Diese Absonderung des Gesteins beruht auf einem Streckungsvorgang unter der Einwirkung gebirgsbildender Kräfte und einer gleichzeitigen Spaltbarkeit nach zwei der Streckung parallelen Richtungen. Als solche Spaltungsebenen können die Schichtfläche und Flächen der sogen. Transversal- oder Druckschieferung in Frage kommen. Ob im einzelnen Fall zwei verschiedene Schieferungsflächen oder eine Schieferungsfläche in Verbindung mit der Schichtfläche die Spaltbarkeit bedingen, läßt sich bei der außerordentlichen Gleichartigkeit des Gesteins nicht immer entscheiden. Der Griffelschiefer ist von dunkelblaugrauer bis schwarzer Farbe und im Gegensatz zu dem glänzenden phyllitartigen Dachschiefer matt und glanzlos.

Bei Herstellung der Schreibgriffel werden die Scheite quer zur Längserstreckung in Stücke von der Länge der Griffel zersägt und durch Hammerschlag in Griffel zerspalten; die Rohgriffel werden maschinell in eine runde zylinderische Form übergeführt.

Auch aus dickerspaltenden Platten des kulmischen Dachschiefers hat man westlich Ebersdorf versucht durch Sägen und Spalten Griffel zu gewinnen. Das etwas harte Gestein steht an Güte dem milden silurischen Griffelschiefer nach.

21

Diabas und Diabastuffe (Keratophyr und Proterobas).[1]

Nördlich und westlich von Hof gewinnen Diabase und die von ihnen abzuleitenden tuffartigen Bildungen, die sogen. Schalsteine, außerordentliche Verbreitung. Aber auch in den übrigen Teilen des Frankenwaldes und Fichtelgebirges treten Diabase recht häufig auf. Die Diabase sind grobkörnige bis feinkörnige, seltener porphyrische oder auch ganz dichte Gesteine (sogen. Spilite) von meist graugrüner bis grüngrauer Farbe (Grünstein).

Ihrer Lagerungsform nach sind·die Diabase entweder oberflächliche, zum Teil wohl auch untermeerische Deckenergüsse, also effusiver Natur, oder sie treten in Gängen auf, und zwar beobachtet man meist, daß sie nicht quer die Schichten durchbrechen, sondern mit diesen gleichen Verlauf haben, demnach als sogen. Lagergänge nahezu konkordant **zwischen** die Schichten eingepreßt sind (intrusiv). Die Eruptionen der Diabase fallen in die Zeit des oberen Devons. Es hat den Anschein, als ob es sich, im Oberdevon vorherrschend, wie die häufige Verknüpfung mit echten Tuffen zeigt, um Oberflächenergüsse handelt, während die Diabase im älteren Devon und im Silur mehr den Charakter von intrusiven Tiefengesteinen haben, also in Form von Lagergängen erstarrten.

Tuffe der Diabase von blättrig schieferigem Gefüge werden als Schalsteine bezeichnet. Es sind Gesteine von grünlicher bis bräunlich-violetter Farbe. Je nachdem das dem Diabas entstammende eruptive Material in ihnen stärker hervortritt oder toniges und kalkiges Nebengesteinsmaterial sich reichlicher zugesellt, ist ihre petrographische Beschaffenheit stofflich wie strukturell verschieden. In den Schalsteinen wird die vorherrschend grüngraue Farbe durch eine sehr feinkörnige und feinschuppige chloritische Substanz bedingt (Umwandlungsprodukt der Augite). Die tuffige Grundmasse umschließt manchmal Trümmer von Tonschiefer oder Nester und Adern von Kalkspat. Der Name Schalstein rührt von der Spaltbarkeit des Gesteins nach Platten oder Schalen her. Diabase wie Schalsteine, die mitunter in sehr harten Abarten auftreten, liefern sehr geschätztes Schottermaterial und werden an vielen Stellen seit alter Zeit abgebaut.

Der früher sehr lebhafte Betrieb im äußersten Norden Bayerns bei **Unterhartmannsreuth** (mit Schotterwerk und Zementziegelei „Häuselstein") ist seit Jahren eingestellt. Die Ausbildung des Gesteins ist hier sehr mannigfaltig. Zum Teil ist es eine Diabastuffbrekzie, die aus lauter bis pfenniggroßen, eckigen Stücken besteht, zum Teil liegen größere, eckige Brocken eines hellgrünlichgrauen, dichten (sogen. aphanitischen) Diabases in einer dunklen, tuffigen Grundmasse (vergl. Abb. 4), an andern Stellen beobachtet man eine Packung von 30 cm bis $\frac{1}{2}$ m im Durchmesser haltenden, unregelmäßig-rundlich begrenzten Bomben eines dichten Diabases, die oft nur durch einen ganz dünnen, dunklen, tuffigen Besteg von einander getrennt sind. Diese schwankende Ausbildung läßt an Bildungsbedingungen denken, wie sie bei untermeerischen Eruptionen gegeben sind. Das geförderte Magma wurde bei Berührung mit dem Meerwasser zerstäubt, es zerspratzte unter heftigen Explosionen und erstarrte bei der raschen

---

[1] Bearbeitet von Dr. A. WURM.

22

Abkühlung in der Form des dichten (aphanitischen) Diabases. Das Gestein, im Handel fälschlich „Serpentin" genannt, wurde zu Schotter für Straßen und Eisenbahnen, zu Zyklopenmauerwerk, auch zur Herstellung von Zementwaren (Falzziegel aus Diabassand), ja in geschliffenem Zustand auch zu Kunstbauten verwandt. Seine mittlere Druckfestigkeit beträgt 1610 kg/qcm. An vielen andern Stellen der großen Schalsteinformation im O., N. und NW. von Hof werden die harten, oft stark geschieferten Gesteine auf Schottermaterial abgebaut, so z. B. am

Abbildung 4.   phot. Wurm

Diabasbrekzie in Unterhartmannsreuth.

Waldschlößchen südlich Regnitzlosau, bei Hadermannsgrün, an der alten Ziegelhütte bei Gottmannsgrün, bei Zedwitz, bei Töpen. An letztgenanntem Ort ist das Gestein in eigenartige, oft bis $^1/_2$ m lange Fladen abgesondert, was den Abbau sehr erleichtert.[1])

In der nächsten Umgebung von Hof, an der Straße nach Oberkotzau, baut die Stadt Hof Diabas hauptsächlich zu Schotterzwecken ab. Der alte Steinbruch am Labyrinth bei Hof, der dichten Diabas mit Augiteinsprenglingen im Wechsel mit Tuffbrekzien aufschließt und als Fundpunkt des sogen. Katzenauges bekannt ist, ist nicht mehr in Betrieb. Am heiligen Grab bei Hof wurde

---

[1]) Vielleicht mag es sich in manchen Fällen auch um gepreßte, veränderte Diabase handeln, deren Unterscheidung von Schalsteinen nicht immer leicht ist.

früher ein Proterobas von sehr verschiedenartiger petrographischer Ausbildung gewonnen. In dem Bruch wechseln ganz feinkörnige Varietäten mit groberkörnigen ab und an einer Stelle wird das Gestein durch Einsprenglinge von Feldspatleisten und schwarzgrünen Hornblendeprismen grob porphyrisch. Diese auffallende, schlierenartige Ungleichartigkeit des Gesteins beeinträchtigt auch seine technische Verwendbarkeit.

Weitaus die technisch wichtigsten Vorkommen befinden sich westlich von Hof, an der Bahnlinie nach Naila: am Silberberg bei Hofeck, bei Köditz und bei Selbitz. Der Bruch am Silberberg (Carl Ralthel & Co.) liegt in von Diabasgängen durchsetzten Schalsteinen (häufig mit faustgroßen Nestern von Kalkspat). Die dichte Struktur des Gesteins verleiht ihm große Festigkeit (mittlere Druckfestigkeit 2324 kg/qcm und mittlere Abnutzbarkeit nach Gewicht 13,4 g). Westlich Köditz, an der Wartleite, liegt ein weiterer Diabasbruch. Das hier anstehende Gestein ist ein feinkörniger, unregelmäßig polyedrisch abgesonderter, reichlich Titaneisen führender Diabas, der sich durch Veränderung der hangenden und liegenden Schiefer deutlich als Lagergang erweist. Das außerordentlich harte Gestein (mittlere Druckfestigkeit 2310 kg/qcm und mittlere Abnützbarkeit nach Gewicht 10,45 g) wird auch zu Pflastersteinen verarbeitet, die Hauptmasse geht aber in das mit dem Betrieb verbundene Schotterwerk, der Kleingrus wird zu Mörtel und Beton verwendet. Östlich Selbitz bauen die „Nordbayrischen Steinwerke" in einem großen Steinbruch einen dichten, bis mittelkörnigen, blaugrauen Diabas ab. Auch hier handelt es sich um ein Intrusivlager, das nach Riman[1]) eine Mächtigkeit von 35 m und eine Länge von einem Kilometer besitzt. Das Gestein hat eine mittlere Druckfestigkeit von 2520 kg/qcm und eine mittlere Abnützbarkeit nach Gewicht von 10,75 gr. Die Verwendung ist die gleiche wie in Köditz. Neben dem Quetschwerk ist mit dem Steinbruchbetrieb auch noch eine Dampfziegelei verbunden, welche den über dem Diabas liegenden Verwitterungslehm nutzbringend verwertet. Von den beiden benachbarten Brüchen am Sellanger, die jetzt verlassen sind, zeigt der östliche prachtvoll die Intrusivnatur des Diabases. Hier ist ein ca. 20 m mächtiges Lager von mittelkörnigem Diabas zwischen blaugraue Tonschiefer im Liegenden und kohlige, quarzitische Schiefer im Hangenden eingeschaltet.

Große Verbreitung haben der Diabas und seine tuffigen Abkömmlinge auch in der näheren und weiteren Umgebung von Steben. Von den in zahlreichen Steinbrüchen aufgeschlossenen Vorkommen, z. B. Diabastuffe im Langenbachtal bei Mühlleite, Diabasbrekzien am Veiteknock bei Hermesgrün (NO. 107 u. 108/1 u. 2), soll hier nur ein Gestein Erwähnung finden, das in kambrischen Schiefern im Muschwitztal an der Buttermühle (NO. 108/3) und im wilden Holz an der Dorschenmühle auftritt. Es ist ein durch Einsprenglinge von Plagioklas porphyrischer Uralitdiabas, von Gümbel als Proterobas bezeichnet. In einer lebhaft grün gefärbten Grundmasse liegen weiße Einsprenglinge von Feldspat. Diese auffallende Farbenzeichnung hat den Gedanken an eine Verwendung zu ornamentalen Zwecken

---

[1]) Beitrag zur Kenntnis der Diabase des Fichtelgebirges, im besonderen des Leukophyrs Gümbels. N. Jahrb. f. Min. 23, Beil. B. 1907.

nahegelegt. Das Gestein hat auch gute Politurfähigkeit, ist aber meist von so zahlreichen Klüften durchsetzt, daß es schwer hält, größere Blöcke zu gewinnen.

Der Diabas hat noch größere Verbreitung am Westrand der Münchberger Gneismasse und am Südwestabfall des Frankenwaldes und Fichtelgebirges bei Stadtsteinach und Berneck. Am Gebirgsrand bei Stadtsteinach am Grundberg und im Schindelbachtal, in dem die neue Poststraße nach Presseck emporführt, wird blasiger Diabas gebrochen, dessen Hohlräume mit Kalkspat ausgefüllt sind. Weiter südlich, bei Berneck im Rimlasgrund, liegen mehrere Diabasbrüche, von denen der bedeutendste der des Schotterwerkes Berneck (Franz Neuper) ist. Das Gestein ist in prachtvolle rundliche oder ellipsoidische Körper abgesondert, die manchmal bis $3^{1}/_{2}$ m Längendurchmesser erreichen; es ist ein ziemlich dichter, graugrüner

Abbildung 5.   phot. Brand
Diabasbruch Schott und Schicker Kupferberg.

Diabas. Der Bruch liefert bei einer mittleren Druckfestigkeit des Gesteins von 2327 kg pro qcm vorzügliches Schottermaterial. Der geologisch interessante Aufschluß entblößt auch das Liegende des Diabaslagers: steilgestellte, grünliche Schiefer, die am Kontakt hornsteinartig verändert sind. Auch zwischen Kupferberg und Ludwigschorgast wird Diabas in mehreren Steinbrüchen gewonnen und zum Teil durch Handarbeit, zum Teil durch maschinelle Anlagen zu Schottern verarbeitet (Gebrüder Schott und Joh. Schicker, Kupferberg, vergl. Abb. 5).

An der thüringischen Grenze im Loquitztal, östlich Ludwigstadt, baut das Hartsteinwerk Ludwigstadt G. m. b. H. ein Diabaslager ab. Das mittelkörnige Gestein (mittlere Druckfestigkeit 1900 kg pro qcm) wird zu Schottern und Pflastersteinen verarbeitet. Der Feinschlag, Grus und Sand ist geschätztes Material für Bauzwecke. An der Südostseite des Bruches ist der Kontakt mit dem Nebengestein

aufgeschlossen, einem fast saiger gestellten Schieferband und einer hochgradig
kontaktmetamorph veränderten Scholle von devonischem Flaserkalk (Tentakuliten-
knollenkalk, vergl. Profil). Im Liegenden dieser Sedimentscholle grenzt ein zweites
Diabaslager an. Die Kalkknollen des Flaserkalkes sind grünlich, die Tonschiefer-
substanz schwärzlich verändert, was dem Gestein ein schwarzgrün geflecktes
Aussehen verleiht. Es wird als Mauerstein für Bauzwecke mitgewonnen, besitzt
aber, wie alle Kontaktgesteine, große Härte und ist deshalb schwer zu bearbeiten.

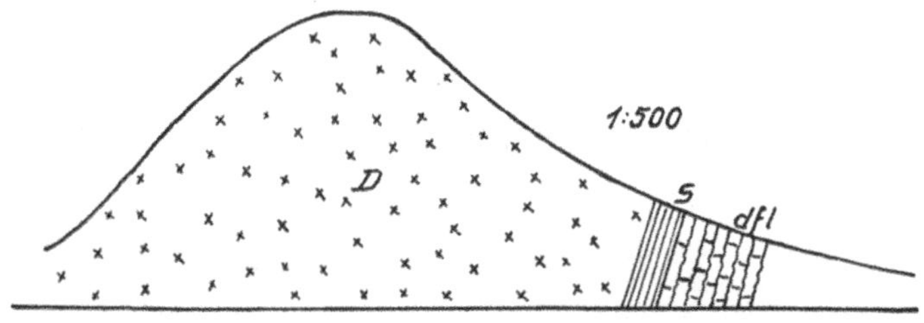

Diabasbruch im Loquitztal bei Ludwigstadt.
D Diabas, *S* Schiefer, *dfl* devonische Flaserkalke.

Noch an vielen andern, oft gelegentlichen Aufschlüssen wird Diabas gewonnen,
um namentlich beim Straßenbau, bei Flußregulierungen, Wildwasserverbau-
ungen etc. Verwendung zu finden (Gegend von Enchenreuth, Grafengehaig NO.
98, 99 u. 100/1).

Mit den Diabasen sind an vielen Stellen des Frankenwaldes und Fichtelgebirges
Keratophyre vergesellschaftet (Kupferberg etc.). Es sind meist feinkörnige
Gesteine, im frischen Zustand graugrün bis graulichweiß, verwittert gelblich
bis tiefbraun. Sie bestehen aus Albit, Quarz und einer chloritischen Substanz.
Sie gehören also in die Gruppe der Quarzkeratophyre. In größerem Maßstab
werden sie nur am Alsenberg bei Hof als Schottermaterial gewonnen. Das Gestein
ist stark zerklüftet und zerfällt vielfach von selbst in kleine Bruchstücke, deren
Zurichtung für Schotter nur geringe Mühe fordert. In ihrem äußern Habitus
haben die Gesteine des Alsenberges oft eine überraschende Ähnlichkeit mit
Quarziten.

Diorit.[1]

Die seinerzeit von Gümbel als Diorite charakterisierten Gesteine haben im Laufe
der letzten beiden Dezennien, was den Oberpfälzer Wald, das Gebiet des „Hohen
Bogens" bei Furth i. Wald und den westlichen Teil des Passauer Granitmassivs
anbetrifft, mehrfache Bearbeitung erfahren, mit dem Ergebnis, daß die Bezeichnung
Diorit für viele dieser Vorkommen heute nicht mehr zutrifft, daß ferner, so besonders im Passauer Granitmassiv, typische Diorite an vielen Stellen als solche
erkannt wurden, an denen Gümbel Granite oder Syenitgranite auf der Karte verzeichnet. Gümbel schreibt hiezu (ostbayr. Grenzgebirge, S. 341): „Die Hornblendegesteine scheiden sich in massige und geschichtete oder in Hornblendefels und
Hornblendeschiefer. Doch ist diese Scheidung keine durchgreifende, indem häufig

---

[1] Bearbeitet von Dr. H. Arndt.

26

beide Modifikationen ineinander überspielen. Sie bilden mit den Diorit-artigen Gesteinen eine innig verwandte Gruppe, bei welcher es in den meisten Fällen nicht möglich ist, in der Natur zwischen den einzelnen Gliedern eine feste Grenze zu ziehen. Auf der Karte erscheinen daher diese Gesteine oft zusammengefaßt und durch eine Farbe bezeichnet. Auch selbst gegen Syenit, Syenitgranit und Syenitgneis sind die Unterscheidungsmerkmale oft durch Zwischenformen so verwischt, daß eine Ausscheidung auf der Karte nicht ausführbar schien."

Man versteht unter Dioriten Eruptivgesteine, die, in Stock-, Lager- oder Gang-Form, vorwiegend aus Plagioklas (Oligoklas-Anorthit) und Hornblende, Augit oder Biotit, zuweilen auch aus mehreren dieser dunklen gesteinsbildenden Mineralien bestehen. Diese Gesteine können quarzfrei oder quarzführend sein; sie werden daher in Hornblende-, Augit- und Biotit-(Glimmer-)Diorite und in die entsprechenden quarzführenden Gesteine gegliedert. Die Farbe der Diorite ist grau oder grünlich, ihre Struktur richtungslos körnig. Porphyrische Ausbildung tritt mitunter auf (Dioritporphyrit-Quarzdioritporphyrit). Parallelstrukturen und schieferige Ausbildung sind bei dioritischen Gesteinen häufig anzutreffen. Mit Graniten, Syeniten und Gabbros stehen sie durch Übergangsglieder in Verbindung und entwickeln sich häufig als lokale Fazies dieser Gesteine (Weinschenk).

Im südlichen Bayrischen Wald ist es vor allem das Passauer Granitmassiv, in dem dioritische Gesteine an zahlreichen Stellen auftreten, die nach Weinschenk z.T. als Redwitzite aufzufassen sind.[1])

In der Gegend von Fürstenstein und Neukirchen, südwestlich von Tittling, wird ein feinkörniger Quarzglimmerdiorit, der als basische Randfazies des bayrischen Waldgranites aufgefaßt wird, in einer großen Anzahl von Steinbrüchen gewonnen. Durch ein Zusammendrängen von Glimmer und Hornblende erhält das Gestein ein fleckiges Aussehen. Der oft in bedeutender Menge und auffallender Größe auftretende Titanit verleiht diesem „Fürstensteindiorit" stellenweise ein sehr charakteristisches Gepräge.

Die Mehrzahl der Dioritbrüche befindet sich im Pannholz bei Fürstenstein, zwischen Fürstenstein und der Ortschaft Namering. Südöstlich von Sittenberg bei Neukirchen und bei Kollberg, östlich von Röhrnbach finden sich isolierte Vorkommen dieses Gesteinstypus.

Von dem „Fürstensteindiorit" unterscheidet sich durch seine basischere Zusammensetzung ein nach einem Vorkommen bei Salzweg, nördlich von Passau, benannter Diorit. Dieser unterscheidet sich von dem erstgenannten Typus durch dunklere Färbung und feineres Korn. Er findet sich sehr verbreitet in stock- und gangförmigen Vorkommen, besonders zwischen Röhrnbach und Waldkirchen, wo sie in Brüchen erschlossen sind. Röhrnbach, nördlich des Marktfleckens zwischen Oberndorf und der Sausmühle auf dem Paulusberg, in einem Vorkommen zwischen Sausmühle und Paulusmühle am Holzmühlbach; bei Kollberg, im großen Appmannsberger Bruch, bei Steinerlaimbach im Nusserschen Bruch, bei Hauzenberg (zwischen Röhrnbach und Waldkirchen) und in verschiedenen aufgelassenen

---

[1]) Alexander Frentzel: Das Passauer Granitmassiv. Geognostische Jahreshefte XXIV, 1911, S. 105—192.

Brüchen an der Bahnstrecke Röhrnbach-Waldkirchen, ferner nördlich von Kinsing bei Straßkirchen.

Mit die schönsten Aufschlüsse in diesem Gestein zeigen die ehemals A. Pennschen Dioritbrüche an der Straße Waldkirchen—Böhmzwiesel, etwa 800 m nordöstlich von Richardsreuth. Der Diorit, der hier von zahllosen Granit- und Aplit-Adern kreuz und quer durchzogen wird, läßt nicht, wie z. B. die „Fürstensteindiorite“, allmähliche Übergänge gegen das Nebengestein erkennen, sondern stößt unvermittelt, nur mit einem äußerst dünnen aplitischen Zwischenglied gegen den angrenzenden Granit ab. Das Gleiche ließ sich an einer Reihe anderer Dioritvorkommen in der Röhrnbacher Gegend feststellen.

Das Gestein in dem Richardsreuther Dioritbruch ist fast durchweg unzersetzt und frisch, abgesehen von den oberen, unter der Humusdecke gelegenen und infolge Gehängerutschung stark aufgelockerten Partien, und eignet sich vorzüglich für Schotterzwecke und für Pflastersteine. Das Abfallmaterial wurde hier früher zu Kunststeinen und Durchlaßrohren verarbeitet. Im Nusserschen Bruch in Steinerlaimbach werden Pflastersteine maschinell mittels Spaltmaschinen hergestellt.

In dem Vorkommen von Salzweg ist die Steingewinnung wieder eingestellt worden. Bei Fischhaus an der Ilz, etwa 880 m südlich der Haltestelle, durchsetzt ein ungefähr 20 m breiter Dioritgang, der z. Z. wieder abgebaut wird, in SO—NW-Richtung den Granit. Bei Kafering, südwestlich von Fürsteneck und bei Eschberg, südlich von Röhrnbach treten ähnliche Gesteine auf.

Porphyrische Ausbildung der Diorite und Übergänge zu Kersantiten sind öfters zu beobachten, so besonders in der Pfaffenreuther Gegend im Graphitgebiet bei Passau. Jedoch haben diese Gesteine dort infolge ihrer geringen Gangmächtigkeit keine Bedeutung.

Es ist zweifellos, daß in den auf der geologischen Karte 1 : 100000 (Blatt Passau) von Gümbel verzeichneten, den Pfahl auf der SW-Seite begleitenden Syenitgraniten ausgesprochen dioritische Gesteine noch an vielen Stellen nachzuweisen sind.

So werden bei Gümbel (ostbayr. Grenzgebirge, S. 585) Hornblendegesteine aus der Gegend von Jandelsbrunn erwähnt, die teils massig, teils geschiefert, als Amphibolit und Diorit, im Wechsel mit ziemlich feinkörnigem Syenitgranit auftreten. Sie gehören dem auf der erwähnten Karte eingetragenen langgestreckten Dioritstock zwischen der Sausbachmühle, SW von Waldkirchen und Vorder-Wollaberg an. Größere Vorkommen treten in der Gegend von Hauzenberg bei Jahrdorf, am Ruhmannsberg, am großen Rathberg nördlich von Wegscheid, auf. Bei Bad Kellberg bei Passau verzeichnet die Karte das südlichste dieser Dioritgesteine.

Weinschenk stellt das Jahrdorfer Vorkommen, sowie diejenigen von Kellberg und vom großen Rathberg zu den Gabbrogesteinen (Bojit); solche treten südöstlich davon häufig im Bereich der Graphitlagerstätten bei Pfaffenreuth in engem Zusammenhang mit den erwähnten Kersantitporphyriten auf.

Auch ein Gestein, das in der allernächsten Umgebung von Passau beiderseits der Ilz zwischen Hals und dem Triftkanal bei Hals auftritt, wird als Diorit angesehen.[1]

Nach bisher unveröffentlichten Untersuchungen von J. Stadler-Passau ist dieses Gestein ein Augengneis, der vielfach in Bandhornfels übergeht.

Im nördlichen Bayrischen Wald finden sich (nach der Karte) dioritische Gesteine erst wieder in der Gegend von Furth im Wald und Neukirchen, hauptsächlich im Gebiete des „Hohen Bogens" von Rimbach im W. bis gegen die bayerisch-böhmische Grenze, nach S. gegen den weißen Regen und nach N. gegen das Chambtal.

Die Untersuchungen von W. Bergt[2] über die Gesteine des „Hohen Bogens" haben zu dem Ergebnis geführt, daß das Hauptgestein nicht Diorit, sondern ein typischer massiger Gabbro ist, der teils als Pyroxen-, teils als Hornblendegabbro mit seinen Mischgliedern ausgebildet ist.

Auch W. v. Luczizky[3] stellt fest, daß zwischen Erbendorf und Neustadt a. Waldnaab am Westrand des Oberpfälzer Waldes alle als Diorite und Hornblendeschiefer (Blatt Erbendorf) eingezeichneten Gesteine zum Teil normale Gabbrogesteine, wie am Kalvarienberg bei Neustadt a. Waldnaab, zum Teil Mischgesteine von Gneis und Gabbro darstellen.

Östlich von Reuth bei Erbendorf verzeichnet die Gümbel'sche Karte innerhalb des Porphyrgranites ein größeres Gebiet als Syenitgranit. Die petrographische

---

[1] Gümbel: Ostbayrisches Grenzgebirge, S. 579.

Wineberger: Versuch einer geognostischen Schilderung des „bayerischen Waldgebirges, 1851, S. 39.

Peters: Die kristallinen Schiefer und Massengesteine im nordwestlichen Teile von Oberösterreich. Jahrb. d. K. K. geol. Reichsanstalt in Wien, 1853, IV, S. 260/262.

[2] Bergt, W.: Das Gabbromassiv im bayerisch-böhmischen Grenzgebirge. Sitz.-Berichte d. preuß. Akad. d. Wiss. phys.-math. Kl. 1905, XVIII, S. 395—405. 1906, XXII, S. 432—442.

[3] Luczizky, W. v.: Petrographische Studien zwischen Erbendorf und Neustadt an der Waldnaab (Oberpfalz), 1904.

Untersuchung dieses Syenitgranites, der in einer Reihe von größeren Brüchen aufgeschlossen ist, hat das Gestein als normalen Quarzglimmerdiorit charakterisiert (l. c. S. 588).

Auch im innern Teil des Oberpfälzer Waldes haben GLUNGLER[1] (über das Eruptivgebiet zwischen Weiden und Tirschenreuth) und KRETZER[2] (über das Gebiet zwischen Weiden und Vohenstrauß) festgestellt, daß der von GÜMBEL als Syenitgranit bezeichnete Gesteinstypus ein Übergangsgestein zwischen Granit und Diorit darstellt und daher mit Recht Granodiorit (Quarzmonzonit WEINSCHENKS) genannt werden könne.

Dieser Granodiorit tritt zwischen Wondreb und Mähring, östlich von Tirschenreuth in wechselnd breiten, lang-linsenartigen Zügen im Schuppengneis in weiter Verbreitung auf. Am Westrand des Oberpfälzer Waldes ist das Gestein außer bei Reuth zwischen Windisch-Eschenbach-Plößberg-Vohenstrauß Leuchtenberg in großer Ausdehnung entwickelt. Die Arbeit KRETZERS, über das Gebiet zwischen Weiden und Vohenstrauß, stellt sich gleichfalls auf den Standpunkt, daß die von GÜMBEL als Syenitgranit bezeichneten Gesteine zu den Quarzmonzoniten bezw. Granodioriten zu stellen und daß seine Hornblendegesteine und -Schiefer hauptsächlich als ursprüngliche gabbroide Gesteine oder als ihre Umwandlungen zu Amphiboliten und Serpentin zu betrachten sind.

Im Fichtelgebirge ist (nach GÜMBEL) das Vorkommen dioritischer Gesteine besonders in der Münchberger Gneismasse an zahlreichen Stellen in wenig mächtigen, kleinen Vorkommen, meist in Wechsellagerung mit Hornblendegneis und Hornblendeschiefern zu beobachten.

Ein dem Glimmerdiorit entsprechendes Gestein findet sich (GÜMBEL, Fichtelgebirge, S. 141) an der Steinleite bei Markt-Schorgast und an der Grafenreuther Mühle, südlich von Thiersheim.

Eisenerze.[3]

Kontakt- und magmatische Eisenerzlagerstätten.

Magneteisen.

Im Dorfe Rudolphstein ist eine Scholle obersilurischen Kalkes durch einen oberflächlich nicht sichtbaren Eruptivkontakt in Granatfels umgewandelt. Zusammen mit dem Granatfels bricht körnig drusiges und derbes Magneteisen zum Teil in kompakten Massen bis 1 m mächtig ein. Einzelne Blöcke von diesem Magnetitfels sollen über 50 % Fe enthalten haben. Von der Maxhütte wurde auch ein Schürfversuch gemacht, jedoch erwies sich der Erzkörper von nur geringer Ausdehnung.

Ein ähnliches Vorkommen ist neuerdings östlich von Tiefengrün, vom nörd-

---

[1] GLUNGLER: Das Eruptivgebiet zwischen Weiden und Tirschenreuth und seine kristalline Umgebung. Ein Beitrag zur Kenntnis der kristallinen Schiefer. Sitz.-Ber. d. math.-phys. Kl. d. kgl. bayr. Akad. d. Wiss., XXXV, 1905. H. 2. S. 169—246.

[2] KRETZER, H.: Beiträge zur Petrographie der Oberpfalz. Das Gebiet zwischen Weiden und Vohenstrauß. Diss. Techn. Hochschule München 1912.

[3] Bearbeitet von Bergrat HAF und Dr. A. WURM.

lichen Hang des Schießbachtals, beschrieben worden.[1]) Das Anstehende ist nicht
bekannt. In über kopfgroßen Blöcken fand sich hier Magnetitfels zusammen mit
Granatfels an der Grenze gegen den Hirschberger Gneis. Der Magnetit ist zum
Teil körnig, zum Teil krummblättrig und zeigt dadurch seine Entstehung aus
Eisenglanz an. Er hat einen Eisengehalt von 42,10 % Fe bei 38,19 % Si O₂
(Berg- und Hüttenamt Amberg). Über Mächtigkeit und streichende Erstreckung
des Erzvorkommens fehlen jede Anhaltspunkte. Übrigens berichten schon die
alten Akten von einem Bergbau auf Magneteisenstein bei Tiefengrün (1766,
Wunderbare Vorsorge Gottes).

Als magmatische Ausscheidung trifft man Magneteisen manchmal im Serpentin
in solcher Menge an, daß Versuche unternommen wurden, es bergmännisch zu
gewinnen. So durchsetzt es in bis 2½ cm dicken Schnüren den Serpentin am
Föhrenbühl bei Erbendorf und alte Halden auf den Schleifwiesen unterhalb
des Grubangers und am Kührangen deuten auf Versuchsbaue hin.

Altbekannt ist auch das Vorkommen in Paläopikritschiefer von der Mühlleite
bei Rudolphstein a. d. Saale, wo das Magneteisen mit edlem Serpentin ver-
verwachsen, in über Zentner schweren Blöcken sich vorfand.   Dr. A. WURM.

Zu den magmatischen Lagerstätten müssen die Vorkommen der Grubenfelder
Theresienstein bei Hof und Schlackenau, südlich von Enchenreuth, gerechnet
werden. Bei ersterem handelt es sich um Ausscheidungen kleiner, nesterförmiger
Partien von Rot- und Magneteisenerz im Diabas, welche ohne scharfe Grenze
in das Nebengestein übergehen. Die Untersuchung einer Probe ergab einen
Gehalt von 34,85 % Fe.

Bei Schlackenau treten im Keratophyr Linsen von teils derbem, teils unreinem
Roteisenerz auf in einem Ausmaße von 0,6—0,8 m der einzelnen Linsen. Sie
gehen ebenfalls ohne scharfe Grenze in das Nebengestein über. Die Untersuchung
von Proben ergab Gehalte von 25,05 bis 52,88 % Fe.

Im Köstenbachtal, einem Seitental der wilden Rodach, bei Wallenfels, ist
ca. 500 m unterhalb der Schmölz in einem Steinbruch auf Devonkalke am linken
Bachufer ein eigenartiges Vorkommen von Eisenerz aufgedeckt worden. Die vom
Bergärar ausgeführten Aufschlüsse beschränkten sich auf die obertägige Frei-
legung durch zwei tiefe Schürfgraben von der Bachsohle aus.

Das Liegende des Aufschlusses bildet eine durch Kalk verkittete Diabasbrekzie
(Str. N 80° O, F 50° s), darüber legt sich ein 6,5 m mächtiger Komplex grauer
devonischer Kalke, die in dem Steinbruch ausgebeutet werden. Auf den Kalk
folgen graue, dickbankige Schiefer, welche gegen den Kalk zahlreiche größere
und kleinere Kalkknoten einschließen. Im unteren Teil des Steinbruchs schaltet
sich zwischen diesen Schiefer und den liegenden Kalk das eisenerzhaltige Gestein ein. Die Art der Einlagerung macht den Eindruck einer Intrusion, welche
auf Schichtfugen des Kalkes erfolgt ist. Das eisenhaltige Gestein stößt auch
nach beiden Seiten hin stumpf an den Kalk- bezw. Schieferschichten ab und

---

[1]) Vergl. LAUBMANN, Studien über Mineralpseudomorphosen. Neues Jahrb. f. Min., Jahrg. 1921,
Bd. II. S. 44.

behält in dem aufgeschlossenen Teile im wesentlichen den gleichen Horizont bei;
nur am östlichen Ende ist eine Ausbuchtung ins Liegende vorhanden (vgl. Abbildung).

Die Grenzen des Lagerkörpers sind nach allen Seiten hin scharf; er löst sich
sowohl vom Hangenden wie vom Liegenden glatt ab; im Liegenden ist eine
sehr kalkreiche Zone vorhanden, welche sich nach W. hin gegen den Anschluß
an den Kalk verbreitert.

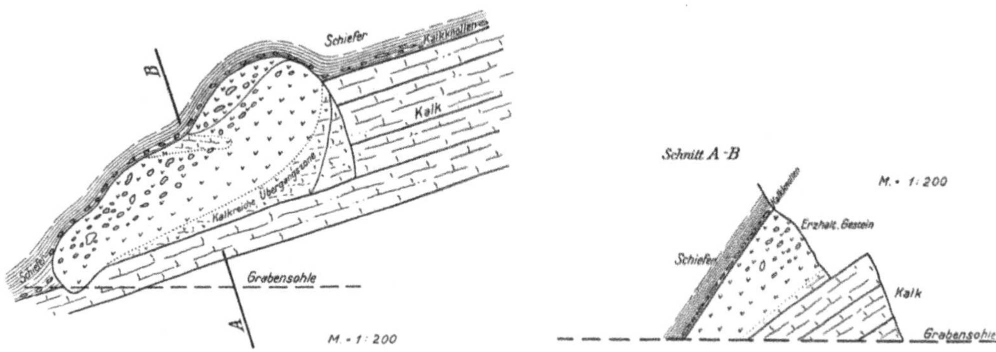

Über den Charakter des Gesteins besteht noch wenig Klarheit. Dr. WURM hat
mikroskopisch festgestellt, daß das Nebengestein der Erzeinschlüsse stark verändert und der ursprüngliche Charakter kaum mehr zu erkennen ist. Das Gestein
ist sekundär stark mit Quarz durchsprengt. Es handelt sich vermutlich um ein
diabasisches Gestein oder um Schalstein.

Das Erz selbst tritt in dem Gestein in verschiedenen Formen auf und zwar
in unregelmäßig ovalen oder linsenförmigen bis kopfgroßen, derben Knauern.
Häufig sind auch eckige Stücke vorhanden, die aber an den Kanten meist etwas
abgerundet sind. Diese Knauern sind scharf gegen das einschließende Gestein
abgegrenzt und schälen sich aus diesem vollkommen heraus; sie haben vielfach
parallel verlaufende Spaltflächen. Die Farbe des Erzes ist metallglänzend schwarz;
das Erz selbst ist stark magnetisch. Auffallend ist jedoch, daß der Strich des
Erzes nicht der vom typischen Magneteisenerz, sondern schmutzig rot ist. Die
Untersuchung eines derben Stückes ergab einen Gehalt von 58,10 % Fe und
16,34 % R; kein Titan. Die Erzknauern treten in einer bestimmten Lage gegen
das Hangende des Lagerkörpers auf, die eine wechselnde Mächtigkeit bis zu
1,0 m hat. Das Verhältnis von Erz zu Nebengestein ist schwer festzustellen, da
sich die Einlagerungen sehr unregelmäßig verteilen; es dürfte in der ange-
reicherten Zone etwa 1 : 5 sein. Die kleinen Knollen liegen teils in Nestern in
einer größeren Anzahl zusammen, die größeren sind nur vereinzelt vorhanden.

Die andere Form des Vorkommens ist die unregelmäßiger Putzen, Nester und
Schlieren; ihre Grenzen gegen das Nebengestein sind weniger scharf als bei
den kompakten Erzknollen; sie sind mit dem Nebengestein zackig verwachsen
und bestehen nur zum Teil aus Magneteisenerz, zum anderen Teil aus kieseligem

32

Roteisenerz. Nach einer Untersuchung des Gesteins durch Dr. Wurm soll das Magneteisenerz auch in schmalen Gängen auftreten.

Am Ausgehenden ist das Gestein stark verwittert und verockert und enthält auf Klüften zahlreiche Mangananflüge. Von solchen Klüften aus haben auch stärkere Umwandlungen, besonders vereinzelte netzförmige Krustenbildungen von Brauneisen stattgefunden. Das Gestein ist auch in seinen frischen Partien stark mit Schwefelkies durchsetzt, welcher auf Rissen und Klüften als Anflug und in kleinen Gängchen auftritt. Er sitzt auch als jüngere Erzbildung auf den sekundären Brauneisenerzbildungen.

Aus dem Auftreten des Magneteisenerzes in Gängchen kann der Schluß gezogen werden, daß die Erzbildung auf epigenetische Prozesse zurückzuführen ist. Die Bildung der derben Erzknollen ist damit jedoch schwer zu erklären, die durch die Art und Form ihres Vorkommens an magmatische Ausscheidungen erinnern. Eine Erklärungsmöglichkeit liegt vielleicht darin, daß in der liegenden kalkreichen Partie des erzführenden Lagerkörpers vereinzelt kleinere Nester von kieseligem Roteisenerz auftreten, die in ihrer Struktur den oben geschilderten nester- und butzenförmigen Einschlüssen ähnlich sind. Es könnte daher eine nachträgliche Umwandlung von ursprünglichen Roteisenerzausscheidungen vorliegen; ein Hinweis darauf ist vielleicht auch der rote Strich des magnetischen Erzes und sein hoher Kieselsäuregehalt. Bergrat Haf.

Thuringiteisenerze.[1]

Dem Untersilur sind in Thüringen und im nördlichen Frankenwald Eisensteinlager von eigenartiger mineralogischer Ausbildung eingeschaltet. Sie sind an ganz bestimmte Schichtlagen geknüpft und haben wegen ihrer leicht kenntlichen Beschaffenheit Bedeutung für die Gliederung der silurischen Ablagerungen gewonnen. Um die stratigraphischen Horizonte genauer festzulegen, geben wir eine kurze Übersicht über die Gliederung des unteren Silurs im nördlichen Frankenwald. Das Liegende bilden helle Quarzite und graugrüne quarzreiche, phyllitische Tonschiefer, die sogen. Phykodenschiefer. Darüber folgt der sogen. untere Schiefer, ein graublauer Tonschiefer, der zum Teil als Dachschiefer, zum Teil als Griffelschiefer entwickelt ist (vgl. S. 17); darüber legt sich der sogen. Hauptquarzit, ein meist glimmerreicher, feinkörniger Quarzit und das Hangende bildet der sogen. obere Schiefer, ein etwas rauher, glimmerreicher, dunkler Tonschiefer. Die Eisensteinlager treten nun im allgemeinen in zwei bestimmten Horizonten auf, von denen der untere zwischen den Phykodenschiefern und dem unteren Schiefer, der obere an der Grenze zwischen unterem Schiefer und Hauptquarzit liegt. Die Mächtigkeit dieser Lager ist sehr verschieden, sie schwankt zwischen einem Meter und noch weniger bis zu zwei Metern. Häufig treten im Streichen Mächtigkeitsschwankungen ein, die zum Teil auch durch spätere Vorgänge, wie Ausquetschungen etc., bedingt sein mögen.

---

[1] Bearbeitet von Dr. A. Wurm.

Der mineralogischen Beschaffenheit nach sind diese Eisenerzlager hauptsächlich gekennzeichnet durch das Auftreten eines wasserhaltigen, tonerdereichen Eisenoxydoxydulsilikates, des Thuringits. Der Thuringit ist ein olivgrünes bis schwärzlichgrünes Mineral aus der Gruppe der sogen. Leptochlorite, mit einem mittleren Eisengehalt von 35 %. Er tritt entweder in dichten oder feinschuppigen Massen von erdigem Bruch auf oder in Form von kugeligen oder nierenförmigen Zusammenballungen von konzentrisch schaligem Aufbau, den sogen. Oolithen. Diese sind häufig durch den Gebirgsdruck zerrissen und plattgedrückt, erreichen meist nur 1—2 mm Größe, heben sich aber durch ihre glänzenden Oberflächen leicht von dem Gestein ab.

Als wichtiges Begleitmineral des Thuringits tritt der Magnetit auf, zum Teil nur in staubförmig feiner Verteilung, zum Teil aber in wohl ausgebildeten makroskopischen Magnetitoktaedern, entweder nur spärlich eingesprengt oder das Gestein massenhaft erfüllend.

Zu diesen Hauptbestandteilen tritt noch manchmal der Quarz in eckigen Körnern, die dadurch auffällig werden, daß ihre stark glänzenden Bruchflächen in der Aufsicht schwarz erscheinen.

Je nach dem Vorwiegen oder Zurücktreten eines der drei genannten Mineralien erhalten die Gesteine sehr wechselnde Beschaffenheit und verschiedenartiges Aussehen; es sind derbe oder schieferige oder oolithisch entwickelte Thuringite ohne Magneteisen, oder magnetitführende Thuringite, quarzführende Thuringite mit Übergängen zu Thuringitquarziten und thuringitischen Magneteisenquarziten.

Eine Eigentümlichkeit dieser Thuringitgesteine, die auf ihre Entstehung hinweist, sind erbsen- bis haselnußgroße eckige oder geröllartige Einschlüsse von Schiefern, Quarziten oder Sandsteinen, die sich scharf gegen das Nebengestein abgrenzen. Praktisch wichtiger sind andere Einschlüsse von gelblichweißer oder lichtgrauvioletter Farbe und mürber, mehliger Beschaffenheit. Diese erweisen sich bei chemischer Untersuchung als stark phosphorsäurehaltig[1].

Das Ausgehende der Thuringitlager unterliegt der oberflächlichen Verwitterung, das grüne Eisenoxydoxydulsilikat wird dabei unter dem Einfluß der Atmosphärilien in Eisenoxydhydrat übergeführt, weshalb häufig in der oberen, sogen. „Oxydations“-Zone in Umwandlung des Thuringits Brauneisenerz auftritt.

Nahe verwandt mit den Thuringitlagern und auch mit ihnen vergesellschaftet finden sich weniger in Bayern als in Thüringen sogen. Chamositlager. Es sind dunkelsilbergraue Eisensteine, die aus Karbonaten (hauptsächlich Eisenspat), einem chloritartigem Mineral, dem Chamosit, einem wasserhaltigen Tonerde-Eisenoxydulsilikat und meist auch noch aus Magneteisen bestehen. Gewöhnlich ist das Erz oolithisch entwickelt, wobei sich dann das Karbonat und der Chamosit sowohl an der Zwischenmasse wie am Aufbau der Oolithe beteiligen können.

Was die chemische Zusammensetzung der Thuringiteisensteine anbelangt, so haben sie meist einen Eisengehalt, der im Mittel 35 % nicht überschreitet. Ein-

---

[1] Ein Einschluß hatte nach einer Untersuchung Dr. Spengels 3—4 % P_2O_5.

zelne besonders magnetitreiche Lagen erreichen wohl bis zu 49 % Eisen, dazwischen schalten sich aber Tonschieferlagen oder auch quarzführende Bänke ein, deren Eisengehalt wenig über 20 % hinausgeht. Überhaupt ist die Ausbildung der Thuringithorizonte, sowohl in der vertikalen Mächtigkeit, wie auch im Streichen recht wechselnd und unbeständig. Wie schon aus der chemischen Zusammensetzung des Thuringits hervorgeht, ist der Kieselsäuregehalt der Erze ziemlich groß (Rückstand $SiO_2 + Al_2O_3 = 15 \% - 29 \%$). Bei einzelnen Thuringitquarziten kann er bis 61.70 % SiO_2 steigen (Sparnberg). Ein besonderes Merkmal aller Thuringiterze ist ihr ziemlich hoher Phosphorgehalt, der auf die oben beschriebenen Einschlüsse zurückzuführen ist. Er beträgt im Durchschnitt 0,83 % P (Mittel von 5 Analysen).

Eine Gesamtanalyse eines schwach schiefrigen, schwarzgrünen Magnetitthuringits vom Erzengel, die im Laboratorium der Geol. Landesuntersuchung von Dr. Adolf Spengel ausgeführt wurde, ergab folgende Zusammensetzung: Gangart = 14,85 %; Tonerde (Al_2O_3) = 6,63 %; Eisenoxyd (Fe_2O_3) = 51,16 %, Eisenoxydul (FeO) = 17,34 % (49,27 % Fe); Manganoxydul (MnO) = 2,23 % = 1,69 % Mn; Kalk (CaO) = 0,97 %; Phosphorsäure (P_2O_5) = 2,46 % = 0,69 % P; Wasser hygroskop. = 1,34 %; Wasser chem. gebunden = 3,40 %; Summe 100,38 %.

Was nun die Entstehungsweise der Thuringitlager anbelangt, so kann es keinem Zweifel unterliegen, daß es sich um echte marine Sedimentationserze handelt, die allerdings durch spätere Umkristallisationsvorgänge gewisse Veränderungen ihres ursprünglichen Mineralbestandes erfahren haben.

Seit alters bekannt und durch seine Fossilführung berühmt ist das Thuringitvorkommen auf der Höhe des Leuchtholzes südöstlich von Hirschberg a. S. Schon gegen die Mitte des 16. Jahrhunderts ist hier auf Eisen gegraben worden. Vom Saaletal bei der Lamitzmühle den Steilhang empor quert man zunächst eine mächtige Folge tiefsilurischer Quarzite und Tonschiefer. Auf dem Kamm schaltet sich zwischen diese und dem unteren silurischen Schiefer, der früher in einem Dachschieferbruch abgebaut wurde, eine 1—1¼ m mächtige Lage von Thuringitgesteinen ein, die dem unteren Thuringithorizont angehören. Die Zone läßt sich auf der Höhe des Leuchtholzes in Nordsüdrichtung über ½ km weit verfolgen. Petrographisch herrschen hier hauptsächlich sehr kieselsäurereiche Gesteine, thuringitische Magneteisenquarzite vor, sie sind in einem Schurfloch im Wald gut aufgeschlossen. Gümbel entdeckte hier die *Orthis* cf. *Lindstroemi* Linnarsson in einer Bank der grobklastischen Magneteisenquarzite. Weiter südlich kommen in Lesestücken auch reine feinschuppige Thuringitgesteine und namentlich auch fleckige quarzreiche Thuringitschiefer zu Tage.

Nach einer Analyse (Berg- und Hüttenamt Amberg) enthält der thuringitreiche Magneteisenquarzit 35,65 % Fe (davon 20,53 Fe), 10,61 % Al_2O_3 und 0,68 % P bei einem Gesamtrückstand von 29,02 % (davon 0,30 % $Al_2O_3 + Fe_2O_3$).

Nicht ganz einen Kilometer nordnordöstlich von der alten Grube am Leuchtholz kommt im Walde in der Gemarkung Beerenreuth ein zweiter Thuringithorizont zu Tage. Neuere Versuchschürfe, die von der staatlichen Grubenbetriebsleitung Steben ausgeführt wurden, machen es nach Haf wahrscheinlich, daß auch dieses

Vorkommen dem unteren Horizont angehört. In Lesestücken beobachtet man reine Thuringitschiefer und Magnetit-führende Thuringite. Der Magnetitthuringit von der Beerenreuth hat nach einer Analyse (Berg- und Hüttenamt Amberg) folgende Zusammensetzung: 41,41 Fe (20,53 Ḟe), 11,54 Al_2O_3, 1,00 P, 17,88 Gesamtrückstand (davon 0,44 $Al_2O_3 + F_2O_3$).

Zwischen Hirschberg a. S. und Sachsenvorwerk kommen an mehreren Stellen hauptsächlich zwischen Hauptquarzit und unterem Dachschiefer Thuringitlager vor. Sie lassen sich aber meist nur eine ganz kurze Strecke weit verfolgen, sind von rein thuringitischer Beschaffenheit und frei von Magnetit. Es kommt ihnen keine praktische Bedeutung zu.

Ein alter Bergbau ging im 18. Jahrhundert am Erzengel etwa $^1/_2$ km westlich Bruck um. Unmittelbar östlich und südöstlich des alten Bergwerksgebäudes streicht ein Thuringitlager zu Tage. Nach den Versuchsschürfen der staatlichen Grubenbetriebsleitung Steben ist der Thuringit zwischen graue Tonschiefer im Liegenden und oft stark verwitterte mürbe quarzitische Schichten im Hangenden eingeschaltet, er gehört also dem oberen Horizont an. Die Lagerung ist ziemlich verwickelt, kleine sattel- und muldenförmige Verbiegungen der Schichten sind häufig. Nach Südosten gegen Bruck sinkt das Lager zur Tiefe und wird von Hauptquarzit bedeckt. In einem Schürfloch wurde ein Streichen von N. 25 W. und ein Einfallen von ca. 28° nach Osten gemessen. Die Mächtigkeit ergab sich in einem Schurf zu 2,20 m. Die Gesamtausbildung ist auch hier recht wechselnd. Die besten Lagen bestehen aus dunkellauchgrünen bis schwärzlichen etwas quarzführenden Magnetitthuringiten, dazwischen schieben sich aber häufig auch magnetitarme oder -freie grüne Thuringitschiefer ein. Oolithische Bildungen sind ziemlich verbreitet. Am Erzengel ist es zu keinem "Hut", d. h. einer oberflächlichen Umbildung des Thuringits gekommen, vereinzelt beobachtet man aber doch Brauneisenerze, die oft noch deutlich durch Übergänge ihre Herkunft aus Thuringit erkennen lassen. Die erzreichsten Lager (Magnetitthuringite haben folgende Zusammensetzung: 14,78 Gesamtrückstand (davon 0.74 $Al_2O_3 + F_2O_3$), 46,96 Fe (11,13 Ḟe), 9,07 Al_2O_3, 0,67 P. (Berg- und Hüttenamt Amberg.) Schlitzproben des ganzen Lagers aus verschiedenen Schächten ergaben (Berg- und Hüttenamt Amberg): 1) 29,90 % Fe, 32,30 % R; 2) 32,53 % Fe, 27,20 % R; 3) 30,46 % Fe, 31,52 % R; 4) 32,93 % Fe, 25,56 % R, 1,024 P; 5) 33,13 % Fe; 26,24 % R, 0,96 P; also im Mittel 31,79 % Fe, 28,56 % R und 0,99 % P.

Kurz erwähnt sei hier auch das Vorkommen von Thuringit am Wilden Hölzle oberhalb der Dorschenmühle an der Saale. Es ist ein ungeschiefertes, tief dunkelgrünes bis schwarzes Gestein, das im Dünnschliff unter dem Mikroskop prachtvoll entwickelte Ooide zeigt. Das Gestein führt reichlich fein verteilten Magnetit, dessen scharf ausgebildete Kristalle sich in konzentrischen Lagen an dem Aufbau der Ooide beteiligen. Die Mächtigkeit des Lagers soll nach ZIMMERMANN 1—1,25 m betragen. Eine Analyse des Materials ergab 34,72 % Fe bei 28,68 % Rückstand. (B. und Hütt. Amberg.) Genau dasselbe Gestein ist auch im Friedrich-Wilhelm-Stollen durchfahren worden.

Als letztes bayerisches Vorkommen soll noch das bei Neuhüttendorf am Schwarzenberg und am Spitzberg nördlich Ludwigstadt genannt werden. Das Lager bei Neuhüttendorf liegt zwischen unterem und oberem Schiefer (Hauptquarzit fehlt hier) und gehört dem oberen Horizont an, jenes am Spitzberg wahrscheinlich auch dem oberen Horizont. Das Erz nimmt hier im Westen durch Aufnahme von Karbonat einen mehr chamositartigen Habitus an, es ist ein meist feinsandiger graugrüner Oolith mit etwas Eisenspat und Kalk, der vielfach Pyritwürfel und feinverteiltes Magneteisen führt. Oberflächlich ist er zum Teil zu Brauneisen verwittert.

Am Spitzberg soll das Erz ziemlich kalkreich gewesen und in ein spateisensteinreiches Lager übergegangen sein. Alte Pingen nördlich des Gehöftes zeugen von dem früheren Bergbau. Die Jahresförderung betrug nach Gümbel in den 90er Jahren des vorigen Jahrhunderts 550 t. Auch das Lager bei Neuhüttendorf wurde von der Unterwellenborner Maximilianshütte auf seine Abbauwürdigkeit durch mehrere Stollen, jedoch ohne Erfolg, untersucht.

Zum Vergleich seien noch einige ähnliche Vorkommen außerhalb der Grenzen Bayerns herangezogen. Ein 15—20 m mächtiges Chamositlager, von dem noch beträchtliche Vorräte unverritzt daliegen, wird bei Schmiedefeld von der Maxhütte abgebaut und ganz in der Nähe verhüttet (Eisengehalt 38 %). Bergmännische Gewinnung fand ferner kurze Zeit das Thuringiteisenerz bei Gebersreuth nordöstlich Hirschberg. Ähnliche Erzlager kommen in der Prager Silurmulde Böhmens vor.

Die devonischen Lagererze.[1]

Im Schichtverbande des Devons treten im Frankenwald Roteisensteinlager auf, die ihrer Beschaffenheit nach sehr an ähnliche Vorkommen in Norddeutschland im Nassauischen, im Kellerwald, Sauerland und Harz erinnern. Das Charakteristische dieser Erze ist, daß sie immer an sogen. Schalsteine (S. 22) gebunden, häufig ihnen zwischengeschaltet sind, zum mindesten wird das Liegende von Schalsteinen gebildet, während im Hangenden neben Schalsteinen auch Tonschiefer und Flaserkalke auftreten können. Im Dillenburgischen und im Lahngebiet liegen die Roteisenerze gerade an der Grenze von Mittel- und Oberdevon und bilden hier einen infolge ihrer Lagebeständigkeit wichtigen Leithorizont. Im Frankenwald stößt die genaue Festlegung der Lagerung im Schichtprofil bei der Fossilarmut der Schalsteinbildungen und der Unsicherheit der Altersbestimmung auf Schwierigkeiten. Es sind hauptsächlich zwei Verbreitungszentren, in denen Roteisenerzlager auftreten, einmal im Norden bei Steben und dann im Süden in der Stadtsteinacher Gegend. Was das große Schalsteingebiet im Norden anbelangt, das sich von Issigau über das Höllental nach Steinbach herüberzieht, so weist ihm Karl Walther tief oberdevonisches Alter zu. In den Schalsteinen im Hangenden des Erzlagers von Langenbach hat sich nach einer Mitteilung von Bergrat Haf *Atrypa reticularis* gefunden, ein Brachiopode, der zwar im allgemeinen eine große vertikale Verbreitung hat, aber im Frankenwald in tief oberdevonischen Ablage-

---

[1] Bearbeitet von Bergrat Haf und Dr. A. Wurm.

rungen häufig auftritt. Die Erzlager westlich von Steben bei Langenbach und Steinbach dürften also dem tiefsten Oberdevon angehören.

Die Erzlager der Umgebung von Stadtsteinach sind ebenso wie die im nördlichen Frankenwald an die unmittelbare Nachbarschaft von Diabasmandelsteinen und Schalsteinen gebunden, jedoch treten sie hier häufig zugleich im Liegenden von oberdevonischen Kalken auf (Nordeck, Hainberg). Nach neueren Untersuchungen von SCHINDEWOLF gehören auch die Roteisenerzlager der Stadtsteinacher Gegend dem tieferen Oberdevon an und zwar der tieferen sogen. Manticocerasstufe. Die Roteisenerzlager des Frankenwaldes liegen also bereits im Oberdevon, gehören also nicht dem gleichen Horizont an wie die Mehrzahl der Dill- und Lahnerze.

Die Erze treten im Frankenwald in Lagern auf, das heißt in schichtartig aufgebauten Massen, die aber nicht aushaltend sind, sondern an einigen Stellen anschwellen, um sich im Streichen oder Einfallen wieder auszukeilen. Es sind also linsenartig an- und abschwellende Lager. Die Mächtigkeit schwankt zwischen 30 cm—1 m, kann aber auch bis zu 2,80 m (Steinbach) erreichen.

Die Beschaffenheit des Erzes selbst ist ausserordentlich wechselnd. Zum Teil ist es dichtes Roteisen mit einem Gehalt bis zu 66 % Fe von rötlicher bis rötlich stahlgrauer Farbe. Ausserordentlich bezeichnend ist eine deutliche prismatische Absonderung. In inniger Verknüpfung mit hochwertigem Erz treten kalk- oder kieselsäurereiche Abänderungen auf. Namentlich Übergänge in kalkige Mittel mit geringerem Eisengehalt sind recht häufig und können als Zuschlag zum eigentlichen Erz mitverwertet werden; sie haben deshalb den Namen Flußeisensteine erhalten. Kieselige Mittel (sogen. rauher Stein) sind bei einzelnen Vorkommen auch recht verbreitet. Stärkere Kieselsäureanreicherungen führen schließlich zur Bildung eigentümlich dunkelblutrot oder lebhaft siegellackrot gefärbter Eisenkiesel. Das Verhältnis von dichtem Roteisen zu kalkigem und kieseligem Erz ist in demselben Lager oft recht schwankend. Vielfach ist die Erzführung an 1—2 m mächtige, den Schalsteinen zwischengeschaltete Schieferbänder geknüpft. Das Erz ist ein wesentlicher Bestandteil der Schichtfolge selbst und zeigt oft schieferige Struktur. Es können sich dünne Schiefer- oder Schalsteinlagen in das Erz einschalten oder Erz und Schiefer wechseln in Bänken mit einander ab (vergl. Profil S. 41). Auch lassen sich alle Übergänge von eigentlichem Erz zu kieseligem bläulichgrauem und schwarzem vererztem Schiefer beobachten.

Als unerwünschter Nebengemengteil bricht auf manchen Lagerstätten putzen- und nesterartig Schwefelkies ein. Der Phosphorgehalt des Erzes ist schwankend 0,02—0,32 % P. Der Mangangehalt ist gering.

Mit dem Roteisen gemengt tritt oft Magneteisen auf und bedingt dann eine dunklere Färbung des Erzes; manchmal aber besteht auch das ganze Lager aus Magneteisen (Stadtsteinach, Obereisenberg).

Wo die Roteisensteinerze dem Einfluß der Tageswässer stark ausgesetzt waren, sind sie bisweilen nachträglich in Brauneisenerz umgewandelt.

An die Frage der Genesis der devonischen Roteisenerze knüpft sich ein langer Streit zwischen den Anhängern der metasomatischen und den Anhängern

der primären sedimentären Entstehung; er ist heute zu Gunsten der letzteren
Anschauung entschieden. Eine der auffälligsten Eigenschaften der devonischen
Roteisenerze ist auch im Frankenwald ihre ausschließliche Verknüpfung mit
Schalsteinen und Diabasen. Es liegt deshalb nahe die Herkunft des Eisens mit
der Eruption der Diabase bezw. mit einer dieser folgenden Fumarolen- oder
Thermaltätigkeit in Verbindung zu bringen. Neuerdings ist auch die Ansicht
ausgesprochen worden, daß die Erzlager untermeerischen Verwitterungserschei-
nungen sogen. Halmyrolyse ihre Entstehung verdanken.

Vorkommen westlich Steben. Hier ging in der Gegend von Steinbach
und Langenbach ein·alter Bergbau um. Bei Steinbach waren im 18. Jahrhundert drei Gruben im Betrieb: Bergmännisch Glückauf, Bau auf Gott und
Vogelstrauß. Auf Bergmännisch Glückauf am Langenbühl, wurde nach Gümbel
eine im Diabas und mächtiger Schalsteinformation liegende, 1—2,8 m mächtige
Erzmasse abgebaut, die vorherrschend aus vererztem Tonschiefer und kieseligem
Roteisenstein und aus diesem durch Verwitterung hervorgegangenem Brauneisenstein bestand. Auch kalkige Mittel sind vorgekommen. Das Erz führte einen be-
merkenswerten Gehalt an Magneteisen (22—38%). Bergmännisch Glückauf war
mit Unterbrechungen über 100 Jahre von 1732—1857 im Betrieb.

Bau auf Gott Johanna Christiana, zwischen Langenbach und Steinbach, wurde,
nach Berichten von Bergmeister Grund[1]), im Jahre 1764 erschürft und baute
auf einem flachfallenden Eisensteinlager von höchstens 30 cm Mächtigkeit. Die
Förderung war ihm Jahre 1809 nach Bergmeister Grund 558 Seidel = ca. 145 t.

Das Lager von Vogelstrauß (eine halbe Stunde westlich Obersteben) war nach
Grund auch nur abwechselnd 30—90 cm mächtig (nach v. Humboldt 2—2$^{1}/_{2}$ m),
soll aber guten Eisenstein enthalten haben. Die Förderung betrug 1790 465 Seidel
= 120 t (nach v. Humboldt). Nachfolgende Analysen der Steinbacher Erze zeigen
die recht schwankende Zusammensetzung (nach Gümbel): Bergmännisch Glück:
$SiO_2 = 52,05$, (zweite Zahl: Bau auf Gott): (29,22); $Fe_2O_3 = 35,72$, (64,78); FeO
$= 6,94$, (4,01); $MnO = 0,21$, (Sp.); $CaO = 0,52$, (0,67); $MgO = 2,04$, (0,34); K_2O
$= 1,22$. (0,23); $Na_2O = 0,29$, (0,42); $H_2O = 2,08$, (0,92); Summe: 101,07, (100,79).

Diese Erzlager ziehen sich von Steinbach bis nach Langenbach hin und sind hier
auch in alten Zechen abgebaut worden (Glück halt an etc.).   Dr. A. Wurm.

Das Roteisenerz der Grube Langenbach bei Steben.

Im Geogn. Jahreshefte 1921 wurde Eingehenderes über das während des Krieges
abgebaute Erzvorkommen gebracht. Wir können hier nur auf die dort gegebenen
Skizzen über die Aufschlußarbeiten verweisen und geben einen kurzen Auszug.
Das Einfallen des in devonischen Diabasen und hauptsächlich Schalsteinen liegenden Lagers (im Mittel 40—45° W.) war unregelmäßig, ebenso in Form, Zusammensetzung und Mächtigkeit das Lager selbst, das nach oben und unten auskeilte
und von queren Störungen durchsetzt war. Die Liegendbank des Erzes ist massig
und prismatisch durchklüftet, die Hangendbank ist geschichtet; das Erz ist unten

---

[1]) Kurze Beschreibung der im Jahr 1809 gangbaren Bergwerke in dem Bergamtsrevier
Lichtenberg.

derb, stellenweise kieselig und mit Kalkspateinsprengungen. Im Liegenden tritt vielfach Schwefelkies auf.

Zahlreiche Einzelproben aus dem Hauptlager im Flachschacht und aus den Vorrichtungsstrecken schwankten zwischen 55 und 28 % Fe, 0,05 und 0,1 % P, 9 und 1,5 % Ca O und 40 und 8,5 % R. Diese Proben stammten ausschließlich aus der liegenden Erzbank.

Die Gegenüberstellung von Analysen aus der Liegend- und Hangendbank läßt deutlich den höheren Kalkgehalt der liegenden Bank erkennen. Die Eisengehalte der reineren Erze sind in der hangenden Bank im allgemeinen höher als in der liegenden. Der Kalkgehalt nimmt in der liegenden ·Bank mit dem Eisengehalt zu, in der hangenden ab.

Aufbereitungsversuche, die mit dem Erz ausgeführt wurden, ergaben, daß das Erz nicht aus einem Gemenge von derbem Erz und tauben Verunreinigungen besteht, sondern aus einer innigen Verwachsung von reicheren und ärmeren Partien und daß der Übergang vom reichen zum armen Erz ein allmählicher ist, ferner daß dieser Wechsel innerhalb des Vorkommens nicht an bestimmte Lagen gebunden ist, sondern sich unregelmäßig an jeder beliebigen Stelle und innerhalb enger Grenzen vollzieht. Um daher das reichste Endprodukt aus dieser Verwachsung herauszuholen, wäre die weitgehendste Zerkleinerung des gesamten Rohmaterials erforderlich.

Das Nebengestein des Erzlagers im Liegenden besteht aus diabasischen Bildungen. Im Flachschacht tritt an der Stelle, an der das Lager die größte Mächtigkeit hatte, ein dichter dunkelgrüner Schalstein auf, in dem zahlreiche kleine Einschlüsse von Roteisenerz in Form von kleinen Bändern und Nestern vorhanden sind, welche an kalkreiche Partien im Schalstein gebunden sind. Nach Norden und Süden stellt sich schon in geringer Entfernung vom Schacht Kugelmandeldiabas ein.

Das unmittelbare Hangende des Erzlagers wird von dunkelgrauen schwach rötlich gefärbten, kieseligen, würfeligbrechenden Tonschiefern gebildet. Sie halten auf eine große Erstreckung hin aus, schwanken aber stark in ihrer Mächtigkeit.

Das Einfallen der Schichten nach Westen hält hinter der ersten südlichen Verwerfung nur bis zur 60 m-Sohle an. Dort biegen die Schichten allmählich um und werden schließlich nahezu horizontal. Ihre Fortsetzung ist dann durch eine Störung abgeschnitten.

Erwähnenswert ist noch das Auftreten von kleinen quarzigen Kupferkiestrümmern mit Schwefelkies in der ersten südlichen Verwerferkluft. Auch hierin liegt ein Fingerzeig für ihr Alter, da diese Erzführung in Parallele zu stellen ist mit den als postkulmisch erkannten sulfidischen Erzgängen des rheinischen Schiefergebirges.

Hinsichtlich der Entstehung des Erzlagers machen die Aufschlüsse in der Grube und die geschilderte Zusammensetzung der Erze wahrscheinlich, daß es sich um eine sedimentäre, mit den Schiefern gleichzeitige Bildung handelt. Als Beweis hiefür kann angeführt werden, daß die in den hangenden Schieferpartien auftretenden Erzbänder und Lagen nirgends die Schichtengrenzen durch-

schneiden und die Schieferzwischenlagen alle Richtungsänderungen der Erzgrenzen
mitmachen. Es ist daher auch möglich, daß die manchmal unvermittelte Mäch-
tigkeitsabnahme im Schachtprofil und der unregelmäßige, wellenförmige und
verzackte Verlauf der hangenden Erzgrenze an solchen Stellen, die den Eindruck von metasomatischer Bildung erweckt, durch Ausquetschung und Auswalzung infolge starker Druckwirkung bei der Auffaltung der Schichten entstanden
sind. Die Wechsellagerung von Schiefer und Erz läßt sich als Sedimentations-
vorgang, als eine Art auskeilender Wechsellagerung erklären. Nicht zuletzt spricht
die Horizontbeständigkeit des Erzlagers und die große streichende Erstreckung
des Erzhorizontes für sedimentäre Entstehung. Die Erzführung ist auf die ganze
aufgeschlossene Erstreckung außerhalb des abgebauten Lagers in Spuren vorhanden und zwar teils als schwache Bank zwischen liegendem Schalstein bezw.
Diabas und hangendem Schiefer oder auch nur als Rotfärbung der Schiefer. Der
Erzhorizont ist auch nicht auf das Gebiet bei Langenbach allein beschränkt,
sondern in einer Entfernung von rund 2 km südlich von Langenbach durch die
alten Bergbaue „Bau auf Gott" und „Glückauf" bei Steinbach nachgewiesen.

Bergrat HAF.

Bei Stadtsteinach am Ausgang des Steinachtales erinnert noch der sogen. Hochofen
an frühere Eisenverhüttung. Eine ganze Reihe meist mitten im Walde gelegener,
versteckter Pingen und Stollen zeugen von einem vor alters betriebenen Abbau, der
im vorigen Jahrhundert an einzelnen Stellen auf kurze Zeit neu eröffnet wurde.

Einen guten Einblick in das geologische Vorkommen und die Lagerungsform
dieser Roteisenerzlager bietet der alte Bergbau am oberen Eichberg. Ein
etwa 100 m langer Stollen schließt hier ein Roteisensteinlager auf, das N.—S.
streicht und mit 35° gegen Osten einfällt. Die Erzführung ist an ein Ton-
schieferband geknüpft, das meist nur einen Meter oder geringer mächtig ist.
Innerhalb dieses etwas tuffigen grauen Tonschiefers liegt das Erz als geschlossenes
Lager oder in mehreren Bänken. Das Liegende des Schieferbandes ist ein
Mandelsteindiabas, das Hangende ist ein ziemlich dichter Diabas. Jedoch beobachtet man am Stollenmundloch, daß diese Diabaslager ihrerseits wieder innerhalb einer mächtigen Schalsteinformation liegen; vgl. das untenstehende Profil
durch einen Stoß etwa in der Mitte des Stollens.

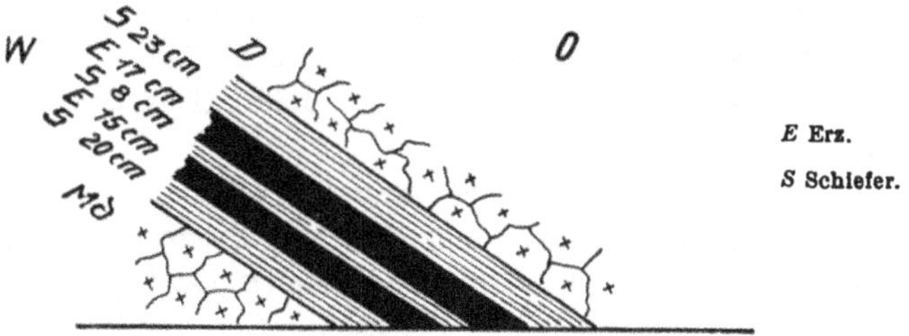

Die Mächtigkeit des Erzes ist hier 32 cm. Nach etwa 100 m wird das erzführende Schieferband immer schmäler und keilt sich schließlich ganz aus. Eine

41

Analyse des Erzes ergab: 44,41 Fe, 0,25 Mn, 32,2 R, 0,02 P, Fe im Rückstand = 0,23 (Berg- und Hüttenamt Amberg).

In der streichenden Fortsetzung nach Norden zu liegen die Pingen der Grube Abendröte. Sie gehören wohl demselben Lagerzug an. Das Erz tritt auch hier innerhalb Schalstein und Mandelsteindiabas auf und ist lagerförmig mit schwarzem kieseligem Schiefer verwachsen.

Etwa 350 m nordöstlich des oberen Hammers in einem von Osten herabkommenden Seitentälchen ist das Erz der alten Mutung Carl Wilhelm in zwei Schurflöchern aufgeschlossen. Das unmittelbar Liegende des Erzes bildet Mandelsteindiabas, im Hangenden treten hier aber nicht Schalsteine, sondern graue Tonschiefer auf. Das zwischen Schalstein und Tonschiefer auftretende Erz könnte dem Alter nach eine andere Stellung einnehmen als die Lager im Schalstein. Jedoch konnten auch an einer Stelle tonige, an einer anderen Stelle zu gleicher Zeit tuffige Sedimente zur Ablagerung gelangen. Ähnliche Fälle sind aus der westlichen Lahnmulde von HATZFELD[1]) beschrieben worden. Das Erz, das im oberen Schürfloch gut aufgeschlossen ist, zeigt sehr wechselnde Beschaffenheit. Zum Teil ist es ein dichtes prismatisch abgesondertes schweres Roteisenerz (bis 66% Fe), zum Teil treten kieselige und kalkige Abänderungen, namentlich Flußeisenstein (S. 38), reichlich auf. Das Roteisen ist meist etwas magnetitführend, auch Schwefelkies mischt sich in Putzen und Nestern bei (Mutung „Regina" auf Schwefelkies). Die Lagerung an dem oberen Schurfloch ist im einzelnen recht verwickelt. Das Lager ist durch tektonische Bewegungen in einzelne Stücke zerrissen. Deshalb läßt sich auch die Mächtigkeit nicht sicher angeben. An einer nicht gestörten Stelle beträgt sie nicht mehr als 30—40 cm. Eine Analyse des dichten Roteisensteins ergab nach Dr. SPENGEL: SiO_2 Gangart = 6,31, Al_2O_3 = 3,15, Wasser = 0,18, Eisenoxyd = 90,38, = 63,09% Fe, Summe 100,02. Ein Flußeisenstein von ebendort hatte: 27,94 Fe, 0,27 Mn, 7,72 R, 0,09 P, 0,08 Fe im Rückst. (auf Ca nicht untersucht). (Berg- und Hüttenamt Amberg.)

Am Steilhang unmittelbar über dem oberen Hammer im Steinachtal lag die alte Eisenerzgrube Wilhelm. Den Hang bilden mächtige oft rotbraune Diabastuffe. An der alten Pinge ist das an Schiefer gebundene Erz (Roteisen) anstehend nicht mehr zu beobachten. Das Hangende bilden tuffige Tonschiefer und Schalsteine, das Liegende ist ein dichter schwarzer Mandelsteindiabas. Über dem Lager treten am Steilhang Schalsteine in mächtigen Felsen hervor und etwa 50—70 m höher devonische Flaserkalke. Die Mächtigkeit des Lagers scheint gering zu sein.

Unmittelbar unter dem devonischen grauen Flaserkalk (Manticoceras- und Cheilocerasstufe nach SCHINDEWOLF), auf dem die Burgruine Nordeck steht, zieht eine 0,75 cm mächtige Erzzone von schieferigem Rot- und Brauneisen durch. Das Liegende bilden auch hier Schalsteine.

Hainberg. Das Erzlager ist hier stark zersplittert und verteilt sich auf

---

[1]) Zeitschr. f. prakt. Geologie 1906, S. 351.

vererzte Kieselschiefer und kalkige flußeisensteinartige Schalsteine. Schalsteine bilden auch das Liegende und Hangende. Das Profil an der Pinge ist folgendes:

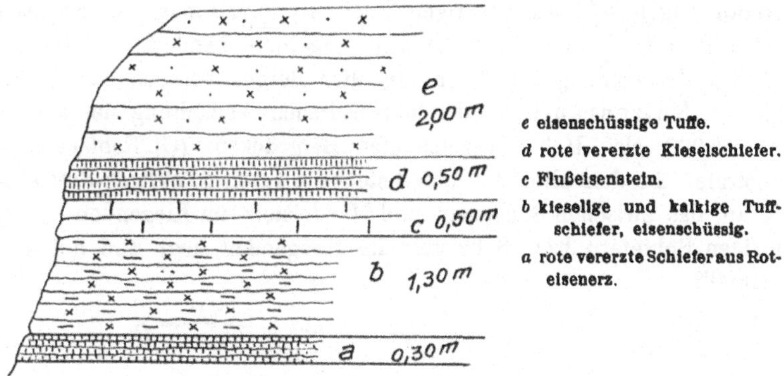

In etwa 10 m über diesem Profil zieht ein devonisches Kalklager durch. Eine Erzprobe enthielt: 39,40 Fe, 0,11 Mn, 28,28 R, 0,12 P, 0,23 Fe im Rückstand (Berg- und Hüttenamt Amberg).

Bei dem Versuchsbau, der in die Jahre 1827—1831 fällt, stieß man auch auf einen $^1/_2$ m mächtigen Kupfererzgang, der Kalkspat als Gangart führte und spärlich Kupferkies, Kupferglanz, Rotkupfererz und Malachit enthielt. Die Ausbeute betrug mehrere Zentner Kupfer im Jahr.

O b e r e i s e n b e r g. Dieses Vorkommen, das GÜMBEL geneigt war, den Thuringithorizonten gleichzustellen, gehört unzweifelhaft in die Reihe der oberdevonischen Erze. Die schlecht aufgeschlossenen Lager stehen in innigem Verband mit Diabasgesteinen. Ein stark blasiger bimssteinartiger Diabasmandelstein ist eines der häufigsten Gesteine auf den Pingen, er scheint nach der Angabe auf einem alten Sammlungszettel im Hangenden eines der Lager aufgetreten zu sein. Daneben findet sich grauer Tonschiefer und ein grauer magnetithaltiger und etwas chloritischer Kalk. Nach GÜMBEL waren es drei Lager, von denen das größte etwa 2 m mächtig war und ockerigen mit Tonschiefer verwachsenen Brauneisenstein führte. Die Grube war von 1783—1832 in Betrieb und lieferte die Haupterze für das Hüttenwerk Stadtsteinach. Das zweite Lager (25 m entfernt) enthielt Magneteisen, das aber durch beigemengten Schwefelkies zur Verhüttung unbrauchbar war; das dritte Lager (200 m weiter westlich) führte bis $1^1/_2$ m mächtiges quarziges Brauneisenerz. Eine Analyse des Magneteisenerzes ergab nach Dr. SPENGEL: Kieselsäure $SiO_2 = 23,31\,^0/_0$; Eisenoxyd $Fe_2O_3 = 59,00\,^0/_0$, Eisenoxydul $FeO = 9,68\,^0/_0$ ($48,78\,^0/_0$ Fe); Manganoxydul $MnO = 0,60\,^0/_0 = 0,46\,^0/_0$ Mn; Kalk $CaO = 2,43\,^0/_0$; Phosphorsäure $P_2O_5 = 1,87\,^0/_0 = 0,82\,^0/_0$ P; Kohlensäure $CO_2 = 0,93\,^0/_0$; Wasser hygrosk. $= 0,47\,^0/_0$; Wasser chem. gebunden $= 1,80\,^0/_0$; Summa $100,09\,^0/_0$.

V o r d e r r e u t h. Etwa ein Kilometer weiter nördlich bei Vorderreuth lag die Eisensteinzeche St. Ludwig. Das NO.—SW. streichende Lager führte wie der Eisenberg Brauneisen und Magneteisen und war $1^1/_2$—2 m mächtig.

Auch zwischen Seubethenreuth und Kunreuth lagen alte Gruben
(Paulus-Roteisensteinzeche, Magneteisenzeche). Genauere Angaben darüber fehlen.
Von alten Halden ist so gut wie nichts mehr zu beobachten. Proben von Seubethenreuth zeigen schiefrig flaserigen Roteisenstein. Es mag fraglich erscheinen,
ob es sich in allen Fällen um devonische Lagererze handelt.   Dr. A. Wurm.

Zu diesen Erzlagern gehört auch ein alter Bergbauversuch ca. 700 m nordwestlich von Rützenreuth an der südwestlichen Abdachung des auf der top.
Karte 1 : 25000 als „Höhe“ bezeichneten Bergrückens (Gf. Schlackenreuth IV
des Bergärars). In dem alten Aufschluß steht ein 1,0 m mächtiges Roteisenerzflöz
zu Tage an, das zwischen Schalstein und Mandelstein im Liegenden und tonigen
und tuffigen Schiefern bzw. Schalstein im Hangenden liegt und mit 45° nach
Osten einfällt.

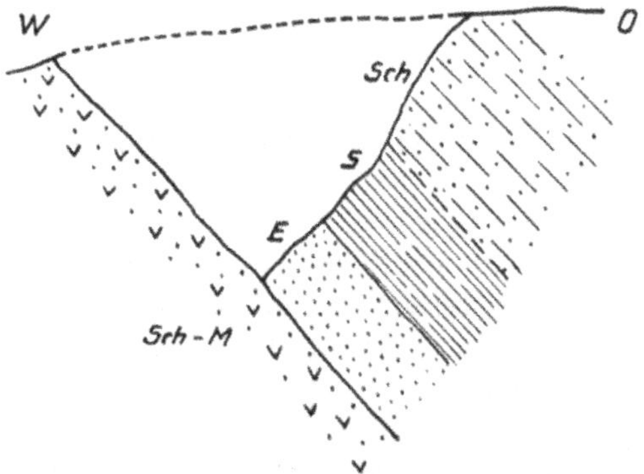

Die nördliche Fortsetzung ist durch eine Querstörung abgeschnitten. Das Erz
ist gebankt und von kieseliger Beschaffenheit; die Qualität ist gering. Die Untersuchung einer Probe ergab 26,91 % Fe bei 54 % R. Das Vorkommen geht nach
dem Hangenden zu in taube Partien von Mandelsteindiabas über.   Bergrat Haf.

Das von Gümbel zu den Thuringiterzen gestellte, aber nach neueren Untersuchungen von Dr. Deubel zu den devonischen Lagererzen gerechnete Eisenerzvorkommen von Quellenreuth unweit Schwarzenbach a. S. hat als Liegendes
einen typischen devonischen Schalstein; im Hangenden treten wahrscheinlich an
einer Verwerfung abgeschnitten Culmschiefer auf.

Bei Quellenreuth ging schon im Jahre 1732 ein recht bedeutender Bergbau
um. Dicht am sogen. Stollenhof (Grube Neufang und weiter südöstlich die
Eleonorenzeche) wurde das 12—16 m mächtige Lager, das sich 500 m weit verfolgen ließ, im Tagebau ausgebeutet. Noch in den 70er Jahren des vorigen
Jahrhunderts wurde das Lager im Bergbau durch einen neuen Schacht erschlossen.
Das Vorkommen scheint jetzt größtenteils abgebaut zu sein. Das Erz war in der
Tiefe ein grünlich schwarzes etwas chloritisches Magneteisen, aber im Ausgehenden
vielfach in löcherigen Brauneisenstein umgewandelt. Bemerkenswert beim Quellen-
reuther Erz ist sein Mangangehalt, der in der Oxydationszone manchmal angereichert ist und zur Bildung manganreicher Brauneisenerze Anlaß gab. Eine

44

Erzprobe von der Eleonorenzeche enthält nach einer Untersuchung Dr. Spengels einige Prozente (5—6%) MnO.

Die Analyse einer andern Erzprobe von Quellenreuth (Brauneisen) ergab (Berg- und Hüttenamt Amberg): $SiO_2 = 20{,}58$, $Al_2O_3 = 8{,}84$, $Fe = 41{,}07$, $CaO = 0{,}32$, $Mn = 0{,}61$, $P = 1{,}13$.

Häufig breitete sich die Erzausscheidung nicht gleichmässig über eine größere Fläche aus, sondern reicherte sich örtlich an. Dadurch entstanden unregelmäßige linsen-, putzen- oder knollenförmige Erze. Das was diese Vorkommen aber in nahe Beziehung zu den vorherbesprochenen oberdevonischen Lagern bringt, ist ihre unzweifelhafte Verknüpfung mit Diabasen. Nebengesteine dieser Erze sind nämlich fast durchweg Mandelsteindiabase, Tuffbrekzien oder Schalsteine. Auch ist die Art und Zusammensetzung dieser Erze vollkommen übereinstimmend mit der der Lagererze. Es sind Roteisenerze oft in Verbindung mit siegellackroten Eisenkieseln und mit Schwefelkies, daneben finden sich Magneteisenerze oder durch Verwitterung aus Roteisen entstandene Brauneisenerze. Deshalb sind diese nur durch ihre Raumerfüllung unterschiedenen Erzvorkommen hier anzugliedern, wobei durchaus nicht geleugnet werden soll, daß vielleicht bei ihrer Bildung auch spätere metasomatische Prozesse eine Rolle gespielt haben mögen.

Nordöstlich von Triebenreuth lag die Eisensteinzeche Gottesglück. Der Schal- stein ist hier mit Nestern von dichtem, etwas magnetithaltigem Brauneisen durchsetzt.

An Diabasmandelstein und Schalstein ist das Erzvorkommen vom Nautilus im Guttenberger Tal geknüpft. Man kann hier im Handstück beobachten, wie das Roteisen lagenförmig mit grünem Diabastuff wechsellagert. Auch die blutroten Eisenkiesel wie am Hainberg sind hier vertreten. Ein ähnliches Vorkommen dürfte das von der Ehrhardzeche bei Pfaffenreuth sein (Roteisen).

In dieselbe Reihe gehört wohl auch das Vorkommen an der Eisenleite am Rother Berg bei Berneck („Bergmannsglück“). Auf den Pingen findet man vorherrschend Diabasmandelstein und Diabas, seltener auch Schalstein. Das Erz ist wahrscheinlich sekundäres Brauneisen und bildet Knauern und unregelmäßig, netzartig verlaufende Ausfüllungen im Diabasmandelstein. Auf den Pingen ge- sammelte Erzproben enthalten auch Schwefelkies und Magneteisen.

Weidesgrün. Die Lagerstätte von Weidesgrün nimmt zwar in mancher Beziehung eine von dem Typus der devonischen Lagererze etwas gesonderte Stellung ein, weist anderseits aber doch Beziehungen zu diesen auf. Die Eisen- steinvorkommen von Weidesgrün, die schon in sehr alter Zeit, gegen Ende des 15. Jahrhunderts, zu bedeutendem Bergbau Anlaß gaben, liegen auf einem von SW. nach NO. sich erstreckenden Zuge zu beiden Seiten des Selbitztales, am sogen. Steinig und Schertlas. Die Lager streichen wie das Gebirge SW.—NO., fallen verschieden stark nach SO. ein und treten überall im Verband mit den devonischen Cypridinenschiefern und devonischen Kalken auf; sie sind außerdem häufig an die nächste Nachbarschaft von Diabas und Schalstein gebunden. Das Erz ist an der Grenze gegen den Diabas Roteisenstein, mit einem bemerkens- werten Gehalt an Magneteisen und gelegentlicher Beimengung von Schwefelkies.

Die Übereinstimmung dieser Erze mit den Stadtsteinacher ist weitgehend und wird noch besonders betont durch das Vorkommen der lebhaft siegellackrot gefärbten Eisenkiesel.

Neben den Roteisenerzen treten in größerer Entfernung vom Diabas Brauneisenerze auf, die meist nester- und putzenartig den vielfach ockerigen Schiefer erfüllen. Sie sind als sekundäre metasomatische Bildungen aufzufassen (vgl. auch S. 69).

Die am weitesten nach SW. vorgeschobene Zeche „Fußbühl", deren Lage heute noch durch einen langen Pingenzug bezeichnet wird, führte hauptsächlich Roteisenstein am Kontakt mit Diabas und Schalstein. Das Lager N 75 O streichend und Süd einfallend, verteilte sich auf drei Horizonte und erreichte stellenweise 5, ja sogar 10 m Mächtigkeit, scheint aber nur in eine Tiefe von 15—20 m herabzusetzen.

Im Gegensatz zu Fußbühl handelte es sich bei der abgebauten Lagerstätte Deutscher Kaiser um bis 1 m mächtige Streifen von dichtem Brauneisenstein, die innerhalb eines 8—10 m breiten Zuges in zersetztem Tonschiefer auftraten. Die Vererzung reichte auch hier nur bis zu einer Tiefe von 28 $^{1}/_{2}$ m hinab.

Die Zechen „Rother Mann" und „Zufriedenheit" bauten unter ähnlichen Verhältnissen wie die Grube Fußbühl Roteisenstein ab, der an die Diabas- und Schalsteingrenze gebunden war. Auf Zeche Zufriedenheit waren es zwei Lager, die 30—90 cm mächtig waren.

Die Zusammensetzung der Erze aus diesen Gruben zeigen folgende Analysen (nach Gümbel): Roteisenstein (Zeche Rother Mann): SiO_2 53,92, Fe_2O_3 41,20, FeO 3,58, MnO Sp., CaO Sp., MgO 0,08, K_2O 0,19, Na_2O 0,37, H_2O 0,44, Summe 99,78; Roteisenstein (Fußbühl): SiO_2 45,08 bezw. 43,52, Fe_2O_3 55,20 bezw. 53,76, FeO 0,0 bezw. 3,34, Summe 100,28 bezw. 100,62; Roteisenstein (Weidesgrün West, Fußbühl (?): R = 37,44, Fe = 42,38, Mn = 0,05, P = 0,08. (Berg- und Hüttenamt Amberg.)

Die Erze waren also bei geringem bis mittlerem Eisengehalt ziemlich reich an Kieselsäure.

Der Lagerzug am Schertlas liegt in der nordöstlichen Fortsetzung der oben genannten Zechen. Er streicht N. 45—50 O., fällt mit 40° nach SO. ein und läßt sich auf eine Strecke von 1500 m verfolgen. Die Erze in ihm erreichen Mächtigkeiten bis zu 16 m. Das Hangende bilden schwarze Tonschiefer, das Liegende Diabas und Schalstein. An der Diabasgrenze ist das Erz als Roteisenstein entwickelt, der manchmal von Schwefelkies durchsetzt ist, weiter vom Diabas entfernt tritt Brauneisenstein auf. Das Vorkommen ist unregelmäßig putzen- und nesterförmig, wie sich noch jetzt in einem alten Bruch der Selbitzer Marmorwerke beobachten läßt. Hier liegt die Vererzung (Brauneisen) an der Grenze von Kalk und Diabastuff als putzen- und nesterartige Ausfüllung des Tuffgesteins.

Die Besprechung der neueren Schürfarbeiten am Schertlas findet sich unter metasomatischen Schiefervererzungen (S. 69).

Gesamtanalyse eines Roteisenerzes vom Schertlas (Marmorbruch) nach Dr. A. Spengel: Gangart = 28,92 %, Eisenoxyd = 62,41 % = 43,65 % Fe, Manganoxyd = 2,96 % = 2,29 % Mn, Kalk = 1,03 %, Phosphorsäure = 3,10 % = 1,35 % P, Wasser hygrosk. = 1,11 %, Wasser chemisch gebunden = 0,51 %, Summe 100,04 %.

Zusammenfassend kann man also sagen, daß die Eisensteinerze von Weidesgrün sehr wahrscheinlich zwei Lagerstättentypen angehören. Die an Diabasgesteine gebundenen Roteisenerze (Roter Mann, Fußbühl) müssen ihrer Entstehung und Beschaffenheit nach den Stadtsteinacher Erzen an die Seite gestellt
werden. Neben diesen kommen in unmittelbarer Nachbarschaft im Tonschiefer
nester- und putzenweise metasomatische ockerige und dichte Brauneisenerze
vor. (Deutscher Kaiser und Schertlas z. T.)

Die Förderung betrug auf den Weidesgrüner Gruben (Erwünschtes Glück,
Sophienglück, Humpelmann, Zufriedenheit und Fußbühl) im Jahre 1809 nach
Bergmeister Grund 2934 Seidel = ca. 765 t.

Die Roteisensteinflöze sind meist nur von geringer Mächtigkeit und von recht
schwankender Zusammensetzung. Im Stadtsteinacher Bezirk bleiben die Lager
meist unter 1 m, etwas mehr Mächtigkeit erreichen sie nur im Steinbach-
Langenbacher Bezirk. Der Eisengehalt dürfte im Durchschnitt nicht mehr als
35—38% betragen (der der Lahn- und Dillerze beträgt 48%). Der Kieselgehalt
ist meist hoch, der Rückstand im Durchschnitt ca. 30%.   Dr. A. Wurm.

Metasomatische Lager.[1]

Brauneisenstein und Spateisenstein.

Die kontaktmetamorphen Kalke des Fichtelgebirges, welche nördlich und südlich
des Kösseinestockes in zwei SW.—NO. bis an die böhmische Grenze streichenden
Zügen auftreten, werden von Eisenerzablagerungen begleitet, auf die besonders
in früheren Zeiten ein lebhafter Bergbau umging. Nach den Beobachtungen, die
man in den zahlreichen Gruben des am besten aufgeschlossenen Arzberger Revieres machen konnte, finden sich diese Eisenerze entweder auf längere Erstreckung
in mehr oder weniger mächtigen Lagern oder in sich rasch ausspitzenden, zuweilen recht mächtigen Linsen, stets aber konkordant zwischen kristallinischen
Kalk und Phyllit eingelagert. Kleinere Partien von linsenförmigen Ausscheidungen
und Streifen setzen sich auch ab und zu innerhalb der Phyllitschichten fort.

Wie gewöhnlich wurde durch die Erzlösungen der Kalk aufgelöst und durch
karbonatische Erzmassen teilweise ersetzt. Das beweist vor allem das Vorkommen
typischer Kalkkontaktmineralien, wie des Tremolits, Graphites und Phlogopites
im Erz. Manchmal ist auch die Umwandlung nur teilweise vor sich gegangen
und die Vorkommnisse des sogen. Eisenkalkes der alten Bergleute entsprechen
etwas den als Rotwand bezeichneten Ankeriten der alpinen Spateisensteinmassen.

Das ursprüngliche Erz dieser Lagerstätten ist Spateisenstein, sogen. Weißerz, der in den tiefsten Lagen besonders schön bei Eulenlohe (südwestlich von
Wunsiedel) und Arzberg ansteht. Aus ihm hat sich in den oberen Teufen
Brauneisenstein gebildet, der sich dann auch auf Klüften und Spalten des
Kalkes und Phyllites ausgebreitet hat oder die durch vielfache Zusammenbrüche
entstandenen Trümmer dieser Gesteine und eingeschwemmte Lettenmassen verkittet. Eine stattliche Reihe von Mineralumbildungen, die neben den Haupterzen

---

[1] Bearbeitet von Dr. H. Laubmann.

besonders bei Arzberg auftraten und dem eisernen Hut der Lagerstätte angehören, sollen bei den einzelnen Lagerstätten ausführlich erwähnt werden.

Von diesem eben beschriebenen Spat- und Brauneisensteinvorkommen sind die erdigen, mit Manganerz gemengten Brauneisensteine verschieden, die als vadose Bildungen aus den stark eisen- und manganhaltigen Kalk- und Dolomit entstanden. Derartige meist örtliche Ablagerungen sind im Bereiche des ganzen Gebietes weit verbreitet und wurden auch vorübergehend bei Göpfersgrün, auf der Ludwigszeche bei Kothigenbibersbach, bei Hohenberg und bei Waltershof abgebaut.

Am nördlichen der oben erwähnten Kalkzüge, der beim Weiler Eulenlohe bei Tröstau beginnend über Wunsiedel — Holenbrunn — Göpfersgrün — Thiersheim — Hohenberg zur böhmischen Grenze streicht, wurden die Eisenerze schon gegen Ende des 17. Jahrhunderts besonders auf den Gruben St. Michael und Engelsburg bei Eulenlohe abgebaut. Es brach dort in den unteren Teufen in ansehnlicher Mächtigkeit (die Lagerstätte hatte zum Teil eine Mächtigkeit von 10 m) reiner körniger Spateisenstein, hin und wieder auch in traubiger Ausbildung oder krystallisiert. Als Seltenheit fanden sich auf der Grube St. Michael auch schlecht ausgebildete Pseudomorphosen von Brauneisenstein nach Spateisenstein. In den oberen Lagen, bis etwa 40 m Tiefe waren reiche Brauneisensteine vorhanden. Der Bergbau hatte hier von allem Anfange an mit starkem Wasserzugang zu kämpfen und auch die letzten Versuche, die bis in die 50er Jahre des vorigen Jahrhunderts hereinreichten, mußten wegen Wassernötigkeit wieder eingestellt werden, obwohl in der Teufe noch reiche Erzmittel ruhen.

Die weiterhin den Kalkzug begleitenden Eisenerzvorkommen bei G r ö t s c h e n r e u t h, W u n s i e d e l (Grube Walts Gott und baulustiger Christoph), H o l e n b r u n n (Fuchsstaude, Krähenschwanz und mehrere andere Gruben), G ö p f e r s g r ü n (Ludwigszeche), T h i e r s h e i m (Fliegenwerk und Salleich), und besonders bei K o t h i g e n b i b e r s b a c h, wo in alter Zeit eine große Anzahl bebauter Zechen waren (Glück mit Freuden, Wie's Gott gibt, Getreuer Bergmann, Friedrich Wilhelm und mehrere andere) wurden nur vorübergehend und meist von bäuerlichen Unternehmern betrieben.

Aber auch an dem südlich der Kösseine gelegenen Kalkzuge hat man bei P u l l e n r e u t h, N e u s o r g und am Kreuzweiher bei Waltershof schon von alters her die Eisenerze abgebaut. Die dortigen Gruben wurden anfangs von den Bauerneigentümern im Raubbau ausgebeutet, bis im Jahre 1693 Kurfürst Maximilian II. den Bergbau durch seine Bergleute auf Staatskosten betreiben ließ. Die ziemlich lettigen Erze wurden gewaschen und auf den umliegenden Eisenhammerwerken, besonders dem staatlichen in Fichtelberg, verhüttet. Die Erze liegen auch hier zwischen Phyllit und Kalk in bis zu $^1/_2$ m mächtigen Streifen, Nestern oder Putzen, die bald sich auskeilen, bald wieder neu sich auftun. Man baute bis zu beträchtlicher Tiefe, in welcher das Erz nach und nach abnimmt, den Brauneisenstein ab, der in den oberen Lagen von toniger Beschaffenheit war und sehr häufig Einschlüsse von traubigem Chalcedon oder kristallisiertem Quarz führte. Als Seltenheit fanden sich auch Talkknollen von radialstrahliger Struktur.

Auch der bei **Marktredwitz** ausstreichende Kalk und Dolomit ist von Brauneisenstein begleitet, der aber, nach neueren Aufschlüssen beim Bahnbau, meist nur in kleinen Nestern auftritt. Derartige kleine Vorkommen wurden im 18. Jahrhundert an der sogen. Mäuselgasse (Concordiazeche) und am Strehlerberg (Zeche Neu Glück und Segen Johannes) abgebaut.

Die größte bergwirtschaftliche Bedeutung von all diesen Eisenerzvorkommen hatten zweifellos diejenigen des **Arzberger** Revieres. Der dortige Bergbau, dem das kleine Bergstädtchen Arzberg seinen Ursprung verdankt, reicht bis in die Mitte des 16. Jahrhunderts zurück und stand noch bis zur Mitte des 19. Jahrhunderts in Blüte. Bis in die neueste Zeit war als einzige und letzte die Zeche „Kleiner Johannes“ der Prager Eisenindustrie-Gesellschaft mit einer Röstanlage für das Weißerz in Betrieb, nachdem aber erneute Bohrversuche ein unbefriedigendes Ergebnis hatten, wurde auch dieser Betrieb endgültig eingestellt.

Wie schon eingangs erwähnt, tritt das Erz in mehr oder weniger langgestreckten linsenförmigen Ablagerungen mit und neben dem Kalk auf und man baute hier auf zwei Erzrevieren. Einem unteren, östlich von Arzberg gelegenen, zu dem die Grube „Kleiner Johannes“ direkt am Orte, die Zeche „Morgenröte“ bei Oschwitz und die zahlreichen Gruben im „Lindig“ gehörten, und auf einem oberen, westlichen Revier, das in seinen zahlreichen linsenförmigen Erzkörpern bis nach Röthenbach hinauf reichte. In ihm nahm der Arzberger Bergbau seinen Anfang und es war in früherer Zeit am stärksten bebaut. Neben einer großen Anzahl kleinerer Gruben, die nur bis zur Tiefe des Wasserzudranges niedergingen, bauten die größeren Gruben „Gold- und Silberkammer“, die das Wasser durch Maschinen bewältigten, in beträchtlicher Tiefe und förderten trotz der wechselnden Mächtigkeit, die durchschnittlich 2—12 m und nur ausnahmsweise 20 oder 57 m betrug, und der zum Teil unzulänglichen Wasserhaltung doch recht ansehnliche Erzmengen.

Das Erz, das man aus größerer Teufe förderte, war ein dichter bis körniger, stets manganhaltiger Eisenspat. Er war von Brauneisenstein überlagert, dem „Hut“ der Lagerstätte, der sich in allen Ausbildungsformen, in der radialfaserigen Form des braunen Glaskopfes sowohl wie als Eisenpecherz und als Toneisenstein, fand. In ihm hatten sich auch eine Reihe typischer Mineralien des eisernen Hutes angesiedelt, an denen die Arzberger Lagerstätte so reich war. So fanden sich in frühester Zeit putzenförmige Anreicherungen von silberhaltigem Bleiglanz mit seinen Zersetzungsprodukten Weiß- und Grünbleierz, den man sogar vorübergehend abbaute, und der nie fehlende Mangangehalt des Weißerzes konzentrierte sich als kristallisierter Pyrolusit, nierenförmiger Psilomelan oder Wad in traubigen, stalaktitischen Formen und selten auch als durchscheinender rosenroter Manganspat. Derbe und kristallisierte Zinkblende, Arsenkies und stalaktitischer oder kristallisierter Schwefelkies, die sich besonders in den quarzreichen Partien angesiedelt hatten, ebenso wie der Tremolit im Kalk- oder Brauneisenstein, fanden sich noch bis in die neueste Zeit besonders auf der Grube „Kleiner Johannes“.

Schließlich seien noch die analogen am Stecherwangen und Mittelberg bei
Warmensteinach einbrechenden Brauneisenerzgänge erwähnt. Sie sitzen im Phyllit
auf, führen, wie dies die dort aufgefundenen Pseudomorphosen von Brauneisenstein nach Spateisenstein dartun, als ursprüngliches Erz Spateisenstein und als
Gangart Schwer- und Flußspat, von denen der letztere am Mittelberg früher abgebaut wurde. Für die Eisenerzgewinnung hatten sie wohl nur vorübergehende
Bedeutung.

Eisenerzgänge.[1]

Eisenglanz und Roteisenstein.

Zu den verlassenen, ehemals aber sehr ergiebigen Bergbetrieben des Fichtelgebirges, gehören auch diejenigen des „Gleisingerfelses" in der Umgegend
von Fichtelberg am Ochsenkopf.[2] Der Bergbau begann hier im Jahre 1604 in
der Fundgrube „Gottesgab" und war so rege, daß in Gottesgab und später in
Fichtelberg ein Hohofen mit Hüttenwerk errichtet wurde. Auch die umliegenden
zahlreichen Hammerwerke waren auf das Erz angewiesen, das sie wegen seiner
Strengflüssigkeit mit den Eulenloher-, Pullenreuther- und Arzberger Erzen gattierten
und dann verhütteten.

Man baute auf beiden Seiten des Ochsenkopfes, sowohl auf der Bischofsgrüner
wie hauptsächlich auf der Fichtelberger Seite in einer ganzen Reihe von Gruben,
so in der Nähe der Seeloh, am Geyersberg, die St. Veitgrube, bei Grassemann
die Grube St. Danielglück, am Fleckl bei Warmensteinach, bei Reichenbach, Vordorf, Mitterlind u. a. m., von denen sich schließlich die in der heutigen Waldabteilung „Gleisingerfels" bis in die Mitte des vorigen Jahrhunderts hielten.
Im Jahre 1859 wurde dort der Erzbau als minder ergiebig eingestellt und 1866
das arealische Grubenfeld ganz ins Freie erklärt. Nachdem in den 70er Jahren
des vorigen Jahrhunderts der Bergbau nochmals auf kurze Zeit ins Leben getreten war, nahm 1894 die Firma F. C. Mathies & Co. zu Erbach im Odenwald
den Abbau des Eisenglimmers für Panzerschuppenfarben in kleinem Umfang
wieder auf. Aber auch dieser Betrieb ging wieder ein. Durch erneuten Besitz-
wechsel werden in allerjüngster Zeit die Gruben für den gleichen Zweck wieder
abgebaut.

Das Erz, das am Gleisingerfels und den analogen Gängen der Umgebung von
Fichtelberg gewonnen wurde, ist nach dem Schlämmen ein verhältnismäßig recht
reiner, meist schuppiger Eisenglanz, sogen. Eisenglimmer, der vorherrschend
großblätterig und krummschalig auftritt, aber auch ins Feinkörnige übergehen
kann. Hin und wieder finden sich Übergänge in dichtes Roteisenerz, oder lockere
rötelartige Partien. Er ist an die Quarzgänge gebunden, die den Steinachgranit
Gümbels in nahezu nördlicher Richtung durchsetzen und die schon bei Leupoldsdorf und Vordorf beobachtet und über den Steinwald hinweg bis in den Oberpfälzer Wald verfolgt werden können. An den abbauwürdigen Stellen tritt der

---

[1] Bearbeitet von Dr. Laubmann und Bergrat Haf.

[2] Über den Bergbau am Gleisingerfels vergleiche auch: Flurl, Beschreibung der Gebirge von
Bayern und der oberen Pfalz, München 1792. S. 439—469. — Gümbel, Geognostische Beschreibung
des Fichtelgebirges, Gotha 1879. S. 375. — Fink, Geognostische Jahreshefte XIX (1906). S. 153.

50

Eisenglimmer, mit dem Quarz verwachsen, bald in spärlichen, feinverästelten Gängchen, bald in $^1/_2$—4 m mächtigen Schlieren auf und ist fast stets von Schwefelkies, der bald derb, bald gut kristallisiert im Quarz sitzt, begleitet. Dichter Brauneisenstein, der mit vorkommt, dürfte auf den Kies zurückzuführen sein. Weitere spärliche Begleitmineralien, wie Flußspat und Steinmark, gestatten einen Hinweis auf die Bildung der Lagerstätte; letzteres ist zweifellos aus Feldspat entstanden.

Die Eisenglimmer und Quarzgänge setzen in einem starkzersetzten Steinachgranit auf, dessen Feldspat zum Teil kaolinisiert, serizitisiert und chloritisiert oder in Epidot umgewandelt ist. Diese Zersetzung zeigt sich besonders stark an den Salbändern der Quarzgänge. Zweifellos deuten diese Um- und Neubildungen auf intensiv wirkende chemische Vorgänge hin, wie man sie im Gefolge granitischer Intrusionen kennt. Die letzten kieselsäurereichsten Nachschübe des Magmas in der Tiefe dürften die erzbildenden Agentien mitgebracht haben.

Roteisenstein.

Ganz anders geartet sind die alten Eisenerzlagerstätten am Rotenfels, einem Bergrücken zwischen Ahornberg und Warmensteinach, der Iscarazeche bei Sophiental unfern Weidenberg und der Grube St. Valentin bei Muckenreuth, die sich bis gegen Grub bei Kirchenpingarten verfolgen lassen. Diese Vorkommnisse bestehen aus Roteisenstein in dichter, traubiger, manchmal auch glaskopfähnlicher Ausbildung, dem sich sehr häufig etwas Psilomelan beigesellt hat. Sie treten insgesamt im Phyllitgneis am Südrande des Fichtelgebirges auf und sind als Absätze thermaler Tätigkeit anzusehen, die auf den Spalten dieses Gesteines zur Auswirkung kam.

Die Grube am Rotenfels wurde schon von FLURL[1]) erwähnt; sie war wohl nie längere Zeit im Betrieb. Das dichte Roteisenerz umschließt dort Bruchstücke des Nebengesteines und nimmt so ein brekzienartiges Aussehen an.

Die Iscarazeche und die Grube St. Valentin setzen höchstwahrscheinlich auf Lamprophyrgängen auf, die dort allerwärts den Phyllitgneis durchsetzen. Sie wurden in früherer Zeit abgebaut; bei der Grube St. Valentin geht der Bergbau bis auf 1592 zurück. Die Erze sind, ebenso wie diejenigen, die in der Nähe von Grub aufgefunden wurden, von guter Beschaffenheit, aber wie es scheint nicht aushaltend genug.

Dr. LAUBMANN.

(HAF) Zu den gangförmigen Bildungen ist auch ein Vorkommen von Roteisenerz und Schwefelkies im Gneisphyllit 3 km östlich von Goldmühl im Forstort Seilau zu rechnen. Das Vorkommen ist durch die Wiedergewältigung eines alten Stollens und alter Strecken aufgeschlossen worden. Das Einfallen betrug 57° nach Nordosten. Man traf auf einen in der Streckenfirste stehengebliebenen Roteisenerzpfeiler von 0,4 m Mächtigkeit, der nach einigen Metern auf 0,2 m zurückging. In der Sohle einer Strecke stand ein derbes Schwefelkiesvorkommen von 0,4 m Mächtigkeit auf einer Erstreckung von 2,5 m an. In einer alten Strecke standen in

---

[1]) FLURL, Beschreibung der Gebirge von Bayern und der oberen Pfalz. S. 479.

Firste und Sohle 0,2 m Roteisenerz und Schwefelkies nebeneinander an. Weitere Aufschlußarbeiten wurden durch Wasserzudrang verhindert.

Verschiedene Analysen des Roteisenerzes ergaben: Fe zwischen 56,9 % und 47,30 % mit Mn 0,33 %, R 17,70 %, P Spur.

Der Schwefelkies ergab bei zwei Untersuchungen 34,71 % S und 31,14 % Fe bezw. 36,47 % S, 33,75 % Fe und 30,7 % R. Das Roteisenerz selbst ist teils von derber Beschaffenheit, teils besteht es aus pulverförmig kleinen Schüppchen von Eisenglanz. Die Struktur des Erzes ist massig; allenthalben zeigen sich Poren und kleine Hohlräume, von denen aus eine geringe Umwandlung in Brauneisenmulm stattgefunden hat. Als Verunreinigungen treten kleine Quarzeinschlüsse auf. Der Schwefelkies ist derb, von geringer Härte und enthält ebenfalls Verunreinigungen von Quarz und Nebengestein.

Die Erzmittel sind den Schichten konkordant eingelagert. Ihre Lagerungsform gleicht einem Vorkommen von Schwefelkies beim oberen Röhrenhof im Weißmaintal, 2 km westlich von dem Vorkommen im Forstort Seilau. Das Erz selbst besteht hier teils aus reinem, feinkörnigen Kies, teils aus einer schwachen Imprägnation des Quarzphyllits mit winzigen Kieskristallen.

Eine Entstehung des Roteisenerzes als Umwandlung von Schwefelkies ist nicht wahrscheinlich, da der Schwefelgehalt dieses Erzes dem des normalen Roteisenerzes entspricht. Es ist vielmehr wahrscheinlich, daß es sich um zwei verschiedene, nacheinander zur Ausscheidung gelangte Erzgenerationen handelt.

Spateisensteingänge.[1]

Im NO. Bayerns setzen im alten Gebirge eine Reihe von Erzgängen auf, die jenseits der bayerischen Grenze in Thüringen und im Vogtland in gleicher Weise wiederkehren und sich in ihrem geologischen Auftreten, der Gangfüllung als einem einheitlichen Gangtypus angehörend erweisen. Dieser ist vor allem gekennzeichnet durch Spateisen und Kupferkies als Gangerze und Quarz und Karbonatspate als Gangart. Räumlich häufen sich diese Gänge namentlich in der Gegend von Steben (Stebener Gänge), in einzelnen Gruppen dringen sie aber auch weit nach Osten und Westen vor. (Joditz, Lauenstein.)

Der Bergbau, der früher auf diesen Gängen umging, war recht bedeutend und fällt zum Teil schon in die Zeit vor dem dreißigjährigen Kriege. Seit den 50er Jahren des vorigen Jahrhunderts ist er, abgesehen von einzelnen Versuchsschürfen, ganz zum Erliegen gekommen. Eigene Beobachtung der Erzvorkommen ist daher nur in den seltensten Fällen möglich; man ist im allgemeinen auf die Untersuchung der Halden angewiesen und muß sich auf ältere Berichte, vor allem auf die Angaben von Gümbel stützen.

Was die Verbreitung der Erzgänge in Bezug auf die geologischen Formationen anbelangt, so setzt die Mehrzahl von ihnen in silurischen und devonischen Schichten auf, ein Teil von ihnen aber liegt im Culm. (Lohwiese, Maxgrün, Großvater.)

---

[1] Bearbeitet von Dr. A. Wurm.

52

Die Verteilung der Frankenwälder Spatgänge ist eine ganz andere als im Siegerland. Es ist hier nicht zur Ausbildung sogen. Gangschwärme gekommen, das ist bestimmt angeordneter Zonen, innerhalb deren die Einzelgänge in geradezu verwirrender Häufung alle möglichen Richtungen einnehmen können. Es treten vielmehr die Gänge weniger dicht gedrängt auf, setzen oft kilometerweit in gerader Richtung fort (Siebenhitzer Gang $3^1/_2$ km, Gangzug Lemnitzhammer—Harra-Kemlas) und sind an ein Streichen gebunden, das im allgemeinen in geringen Grenzen zwischen N. 30—45° W. schwankt. Ihr Einfallen ist meist steil 60—90° nach SW., seltener nach NO. (Friedensgrube Gang und schönes Bauernmädchen). Einzelne Nebentrümer sollen auch flacheres Einfallen haben (45—60°).

Die Mächtigkeit ist viel geringer als im Siegerland; sie schwankt zwischen 0,1—1 m, erreicht selten 2 m. Am Kemlaser Gabe Gottes Gang soll sie bis 12 m betragen haben, jedoch war die eigentliche Erzführung auf 2—3 Trümer von 0,30—2,40 m Mächtigkeit verteilt, wie überhaupt eine Zertrümerung der Gänge eine sehr häufige Erscheinung ist.

Über das Verhalten der Gänge bzw. der Gangfüllung nach der Tiefe zu liegen wenig Angaben vor. Die alten Baue sind meist wegen Wasserschwierigkeiten nicht sehr tief vorgedrungen. Der Friedrich-Wilhelmstollen sollte am Großhaldener Schacht eine Tiefe von 122 m einbringen, der Kemlaser Bergbau ging 65 m tief. Soweit sich aus alten Berichten entnehmen läßt, waren die erzreichsten Partien mehr an die oberen Teufen gebunden.

Veränderungen des Nebengesteins in der Nähe der Gänge sind recht häufig. v. Humboldt berichtet, daß die Schiefer hier „milde und specksteinartig" werden.

Was die Mineralfüllung der Gänge betrifft, so steht unter den eigentlichen Gangerzen Spateisenstein obenau. Er ist meist derb bis großspätig, frisch von weißlichgelber Farbe.

Seiner chemischen Zusammensetzung nach enthält er im Mittel einen Eisengehalt von 38 %; außerdem ist er meist durch einen Mangangehalt von etwa 2—3 % ausgezeichnet, der hinter dem der Siegerländer Gänge (7—9 %) weit zurückbleibt.

Da wo Spateisen dem Einfluß der Tageswässer ausgesetzt war, was bei den oberen Teufen der Fall ist, ist es in Brauneisen umgewandelt, das in zwei Formen auftritt: als erdiges, poröses Erz und als sogen. Glaskopf in traubigen, stalaktitischen Bildungen (Siebenhitz, Leuchtholz). Wie tief die Oxydationszone herabreicht, darüber fehlen Angaben, jedoch scheint die Grenze recht unregelmäßig gewesen zu sein; so berichtet A. v. Humboldt, daß am Gabe-Gottesgang ein Trum aus Spat, das andere aus dichtem Brauneisen bestand.

Die Brauneisensteine haben oft einen ziemlich hohen Mangangehalt, wie eine Analyse einer Brauneisenerzstufe vom Friedensgrubegang zeigt (Ebermayer, Berg- und Hüttenzeitung 1857): SiO_2 = 19,6 %, Al_2O_3 = 3,7 %, Fe_2O_3 = 49,5 % = 17,32 % Fe, CaO = 3,4 %, Glühverlust (H_2O) = 12,1 %, MnO = 7,56 % = 5,86 % Mn, CuS = 1,7 %, Summe 97,56.

Ein fast immer vorhandenes Begleiterz auf den Spatgängen ist der Kupferkies, der meist in Nestern und Putzen dem Spat eingesprengt ist, selten in

größeren Massen auftritt, so daß er neben dem Eisen bergmännisch gewonnen
werden konnte (Friedensgrube, Gupfen, Mordlau, Schönes Bauernmädchen). Als
Zersetzungsprodukte des Kupferkieses treten Ziegelerz, Malachit, Kieselmalachit,
oxydisches Kupfererz, manchmal gediegen Kupfer und Kupferglanz auf.

Bergmännische Bedeutung hatten früher nur Spateisen und Kupferkies; die
anderen mit vorkommendem Begleiterze seien hier zur Vervollständigung des
Lagerstättenbildes kurz angeführt. Auf einzelnen Gängen brechen in derben
Nestern Nickelerze[1] ein (Arsennickelglanz Mordlau, Eleonorengang, ferner
Gang 4 u. 6 des Friedrich-Wilhelmstollens). Sie wurden zur Zeit des Bergbaus
nicht mitgewonnen. Auch Spuren von Kobalterzen scheinen vorgekommen zu
sein (Speiskobalt, Siebenhitz und Anflüge von Kobaltblüte, König Salomo).
Schwefelkies ist nicht selten (Friedrich-Wilhelmstollen), namentlich fand er
sich im Kemlaser Gang in prachtvollen Kristallen.

Ganz vereinzelt treten Arsenkies auf (Kemlas, Gang bei Rudolphstein),
ferner Bleiglanz (Gang 2 Friedrich-Wilhelmstollen, Geharnischter Ritter und
Kemlas) und Zinkblende (Halde, Friedrich-Wilhelmstollen). Als Seltenheit werden
Wismuterze angegeben vom Friedensgrubegang (Wismut, Bismutit), von Hadermannsgrün, und dem Siebenhitzer Gang (Bismutit). Auch einzelne Gänge bei
Rudolphstein und bei der Blumenauer Mühle (Bayrisch Frischglück) führten gediegen Wismut und Wismutocker.

Was nun die Gangart anbelangt, so ist in erster Linie Quarz zu nennen.
Sonst tritt die Kieselsäure in jüngeren Bildungen auch in traubig stalaktitischer
Form als Chalzedon (Abraham, Siebenhitz) oder als Eisenkiesel auf. Neben Quarz
nehmen im Gegensatz zu den Siegerländer Gängen auch Karbonspäte einen
wichtigen Anteil an der Gangfüllung und zwar sowohl Braunspat wie Kalkspat.
Ein weiteres sehr wichtiges Gangmineral, das im Siegerland ganz fehlt, ist Flußspat von weißer, bläulicher oder violetter Farbe. Er stellt sich auf vielen Gängen
auch in größeren Massen ein (Gottes Gabe, Kemlas, Bescheert Glück, Friedensgrube, Kupferbühl, Christoph). Als ganz seltene Gangminerale sind schließlich
noch Schwerspat (Abraham, Kemlas, Siebenhitz) und Phosphorkalzit (Siebenhitz) zu nennen.

Gümbel scheint geneigt, den Stebener Spateisengängen kambrisches oder silurisches
Alter zuzuweisen (Fichtelgebirge, S. 381). Aus der Tatsache aber, daß einzelne der
Spateisengänge in kulmischen Schichten aufsetzen, sowie aus andern, hier zu weit
führenden Überlegungen, ergibt sich ein nachkulmisches Alter der Gänge.[2]

Wir wollen die Einzelvorkommen von Westen nach Osten verfolgen.

Weit entfernt von der Hauptmasse, den Stebener Gängen, treten im nordwestlichen Frankenwald bei Lauenstein Spateisensteingänge aus dem meiningischen

---

[1] Vgl. Alb. Schmidt: Die Kupferbergwerke und das Nickelvorkommen im ehemaligen Gebiete
der Hohenzollern am Frankenwald (Zeitschr. f. Berg-, Hütten- u. Salinenwesen im preuß. Staate
1908, S. 531.)

[2] Vgl. A. Wurm: Über die neuaufgedeckten Erbendorfer Bleizinkerzgänge und ihre Bedeutung
für die Altersstellung der Oberpfälzer und oberfränkischen Erzgänge. Geogn. Jahreshefte, 34. Jahr-
gang, 1921, S. 103—112.

auf bayerisches Gebiet über. Es sind der Frischglücker und der Windorfsglücker Gang, beide NW. streichend und mit 70° nach SW. einfallend. Der Frischglücker Gang ist nach einem Befahrungsbericht Al. v. Humboldts 1¹/₂ m mächtig, führt dichtes Brauneisenerz, Spateisen, in der Tiefe auch Kupferkies. Beide Gänge sind durch den Geheger Stollen westlich oberhalb Lauenstein aufgeschlossen.

Auch bei Steinbach a. d. Haide erinnert ein alter Stollen an früheren Bergbau (Eisenerzgrube Falkenstein, Spateisen und Brauneisen).

Der Ehrlich-Gangzug ist dadurch von Interesse, daß auf ihm die Säuerlinge von Steben liegen. In seinem sonstigen Verhalten schließt er sich durchaus den im folgenden näher besprochenen Mordlauer Gängen an.

Die Mordlauer Gruben gehören mit zu den ältesten Bergwerken des Frankenwaldes. Es sind echte Gänge, die in silurischen Schichten Lederschiefern, Kiesel- und Alaunschiefern, Ockerkalk und Diabas aufsetzen. Die Art des Nebengesteins scheint nach den alten Berichten von Einfluß auf die Erzführung gewesen zu sein. Die reichsten Erze waren an den klüftigen Kieselschiefer gebunden. Die Gangfüllung war Spateisen mit Quarz und Kalkspat und Putzen von Kupferkies. Als Seltenheit treten auch Nickelerze auf (Grauwolfgang). Der Spat ist manchmal in schönen Rhomboëdern auskristallisiert und meist ganz oder zum Teil in Brauneisen umgewandelt. Auch derbe Manganerze (Psilomelan) fanden sich in der Oxydationszone, was auf einen ursprünglichen Mangangehalt des Spates schließen läßt. Die Erzgänge streichen N. 45° W. bis N.-S. und fallen meist nach SW. ein. Sie waren oft in einzelne Trümer zerteilt, die ziemlich in der Mächtigkeit wechselten, sich auch ganz verdrückten. Die Erze traten in Nestern auf im Mittel 0,4—0,8 m mächtig, nur da wo einzelne Trümer sich scharten, kamen größere Erzmächtigkeiten von 2—6 m zustande. Eine etwas angewitterte Spateisenprobe aus dem Grauen Wolfstollen enthielt: Fe = 41,93 %, Mn = 2,97 %, R = 1,08, P = 0,021 %, Glühverlust 31,70 %. (Berg- und Hüttenamt Amberg.)

Die wichtigsten Zechen waren: Hülfe Gottes, Friedenszeche, Obere Mordlau, Gott hat geholfen, Gott hat allein die Ehr'. Über die Zahl der Gänge lassen die alten Berichte keine absolute Klarheit gewinnen. Nach Gümbel waren es hauptsächlich fünf Gänge, auf denen sich der Bergbau vornehmlich betätigte: 1. der eigentliche Mordlauer Gang, 2. Gott hat geholfen Gang, 3. Gott allein die Ehre Gang, 4. Friedenszeche Gang, 5. Zufällig Glück Gang.

Die Gänge waren durch Stollen, zwei von Süden und drei von Norden her, aufgefahren. Die letzteren waren der sogen. Mittelstollen, 20 m tiefer der Kommunstollen und nochmal 20 m tiefer der Grauwolfstollen. Außerdem waren auf die Stollen eine ganze Reihe von Schächten abgeteuft.

In den Jahren 1750—1760 wurden 14 t Kupfer aus den Mordlauer Erzen hergestellt.

Die Förderung auf der oberen Mordlauer und der Hülfe Gottes betrug zu Humboldts Zeiten (1790) 4172 Seidel = ca. 1100 t (Humboldts Bergbaubericht 1792).

Auf der südöstlichen Fortsetzung der Mordlauganggruppe lag die Friedelbühler Zeche nördlich Steben (0,2—0,6 m mächtiger Gang von Spateisen, Kupferkies und

Flußspat). Auf der Schafleitenzeche, auf derselben Ganglinie noch weiter östlich, fanden sich nur 1—2 dm mächtige Eisenerze mit etwas Kupfer.

Vom Mordlauer Gangzug nach Osten setzen an der Saale noch ein paar kleinere Gänge auf: St. Andreas bei Zeitelwaidt, in der südlichen Fortsetzung Neue Gesellschaft, dann roter und gelber Fuchs; an sie reiht sich bei Lichtenberg der große Friedensgrubegang an. Er streicht h 10,2 und fällt 80° nach NO. ein. Hier war schon im Jahre 1690 eine Zeche im Betrieb. Gegen Ende des 18. Jahrhunderts wurde vom Muschwitztal aus ein über 400 m langer Stollen zur Wasserlösung angelegt. Die Erze wurden von Schächten aus gefördert, von denen die wichtigsten der Rückertsberger Schacht im Norden und der Großhalden- oder Friedensgrubener Fundschacht im Süden waren. Früher wurden hauptsächlich in der Tiefe Kupfererze gewonnen, deren Ausbeute damals (1750—1760) 280 Ztr. (nach Gümbel) jährlich betrug. Später ging man auf die Gewinnung von Eisenerzen über. Um die tiefsten Erzmittel und um etwaige neue Erzgänge zu erschließen, wurde im Jahre 1794 auf Antrag des damals in Steben als Oberbergmeister tätigen Al. v. Humboldt der Bau des berühmten Friedrich-Wilhelmstollens begonnen. Das Mundloch war im Lohbachtal östlich unterhalb der Stadt Lichtenberg 13,75 m über dem Zusammenfluß von Muschwitz und Selbitz angesetzt und wurde 975 m lang bis etwas über den sogen. Kotzauer Schacht der Friedensgrube vorgetrieben. Man durchörterte einen Wechsel von Diabas-Schalstein, von silurischen Schichten und zuletzt cambrischen Quarziten und Tonschiefern. Die Erzspalte des Friedensgrubenganges erwies sich aber in der Stollentiefe als erzleer und man mußte daher wieder in höhere Teufen im Streichen des Ganges auffahren. Die Erzführung war an zwei Gänge gebunden, den Friedengrubener Hauptgang und den Rückertsberger als liegendes Trum. Sie erwies sich aber selbst in oberen Teufen als recht unbeständig, indem die Gänge bald scharten und anschwollen, bald sich wieder zusammendrückten und auskeilten und auch die Erzmittel recht ungleich verteilt waren. Gangerweiterungen von 0,4—4 m mit schönen Erzen traf man auf einer Länge von 60 m in der Nähe des Großhaldenschachtes, ferner in der Nähe des Rückertsberger Schachtes, wo die Gangfüllung 6—8 m anschwoll und Flußspat, Quarz, Kalkspat und Kupferkiesnester, reichlich Kieselmalachit und ein 1,4 m mächtiges Eisenerzlager enthielt. Der Anbruch hielt aber auch nur eine kurze Strecke an und verdrückte sich im Streichen und Einfallen. In größerer Tiefe sollen die Gänge nach den alten Berichten erzarm oder taub gewesen sein. Zu Humboldts Zeiten (1792) betrug die Ausbeute der Friedensgrube etwas über 2000 Seidel = ca. 520 t (nach v. Humboldt) Eisenstein und wenige Zentner Kupfer. Eine Analyse von etwas angewittertem Spateisen aus dem Kotzauer Schacht ergab: 44,83 Fe, 3,42 Mn, 0,42 R, 0,021 P, 28,52 Glühverl. (Berg- und Hüttenamt Amberg). Bergmeister Grund beurteilte im Jahre 1809, als der Friedrich-Wilhelmstollen noch nicht fertiggestellt war, die Aussichten der Grube recht ungünstig. Die oberen Teufen schienen damals schon fast gänzlich abgebaut. Aber auch nach Fertigstellung des Friedrich-Wilhelmstollens im Jahre 1846 war die Aufrechterhaltung des Bergbaues nur durch bedeutende Zubußen möglich und 1858 wurde das Werk aufgelassen.

Im Friedrich-Wilhelmstollen wurden zwar neun Gänge überfahren, darunter
Gang 2 mit Schwefelkies und Bleiglanz, aber sie alle sind nur wenig mächtig.
Einige Bedeutung kommt nur Gang 5, dem sogen. Eleonorengang, durch seine
Nickelerzführung zu. Als Gangfüllung fand man hier Kalkspat, Flußspat, Chalcedon,
Quarz, ferner an Erzen Brauneisenstein, wenig Spateisen mit etwas Kupferkies
und an einzelnen Stellen auch Nester von derbem Nickelarsenkies. Dieser Nickel-
arsenkies enthielt nach einer Analyse von Ad. Schwager $Ni = 30,65\,°/o$, $S = 10,19\,°/o$,
$As = 54,14\,°/o$, $SiO_2 = 3,92\,°/o$, Summa $= 98,90\,°/o$. Über die Ausdehnung und
Mächtigkeit dieser Nickelerze, für welche die Alten keine Verwendung hatten,
liegen keine Angaben vor. Eine Wiederaufwältigung des Eleonorenganges
könnte darüber Auskunft geben und entbehrte vielleicht nicht eines praktischen
Interesses.

Der Friedensgrubegang setzt sich südöstlich Lichtenberg im roten Löwen
fort und jenseits des Höllentals im Kupferbühler Gang. Dieser liegt im
Schalstein, in einem Gestein, in dem Erzgänge vielfach vertauben; auch der
Kupferbühler Gang soll erst gegen die Neumühle hin abbauwürdiges Erz geführt
haben (Grube Sibylla). Auf der Stollenhalde im Höllental (Rebeccazeche?) beobachtet man als Gangart Quarz, Kalkspat, Braunspat, Flußspat, von Erzen Eisenspat und Kupferkies. Gümbel gibt vom Kupferbühler Gang noch Malachit, Kieselmalachit und Ziegelerz an.

Auf der gleichen Ganglinie wie der Eleonorengang liegt im Norden Alt- und
Neu Bescheert Glück und im Süden zu beiden Seiten des Höllentals der
alte und neue Streckenberg. Nach A. v. Humboldt ging der Bergbau auf
Bescheert Glück auf zwei Gängen um, von denen der eine nur Eisenspat und
Quarz, der andere auch viel Flußspat und derben Kupferkies führte und $^1/_2$ m
mächtig war. Neu Bescheert Glück soll sich schon in geringer Tiefe zertrümern.
Der Streckenberg war durch Stollen zu beiden Seiten des Höllentals aufgeschlossen und war angeblich 1 m mächtig, aber bis auf wenige Kupferkiesnester taub.

Dicht an der Saale zwischen Dorschenmühle und Blechschmiedenhammer lagen
die alten Gruben St. Gabriel, Alter Bauer und Schönes Bauernmädchen.
Letzterer Gang soll in oberen Teufen 0,2—0,3 m Kupferkies geführt, in größerer
Tiefe sich aber verdrückt haben. Als Gangfüllung wird Spateisen, Kupferkies und
Kalkspat angegeben.

Geharnischter Ritter, Eichenstein, König David liegen an dem südlichen Talrand der Selbitz zwischen Höllental und Blankenstein. Der Geharnischte
Ritter führte Bleiglanz und Kupfererze [nach Grund [1]].

Durch besonders starkes Einbrechen von Flußspat ist ein Gang zwischen
Hohenrad und Hölle ausgezeichnet (Blauer Adler und Christoph). Die
Gangfüllung besteht aus Flußspat, Quarz, Kalkspat und kleinen eingesprengten
Kupferkieskristallen.

---

[1] Kurze Beschreibung derer im Jahre 1709 gangbaren Bergwerke in dem Bergamtsrevier
Lichtenberg.

Am weitesten nach Südosten gelegen sind die Gruben von Griesbach
und Marxgrün. Auf Griesbach baute als die bedeutendste Zeche die Prinz
Georg-Wilhelmzeche (Gangfüllung Kalkspat, Quarz, Flußspat, Eisenspat und Kupferkies). Der Marxgrüner Gang zieht im Culmschiefer über die Höhen von Ober-
klingensporn gegen Thierbach.

Zu den berühmtesten Bergwerken des Frankenwaldes gehörten die Eisen- und
Kupfererzgruben Reicher König Salomo und Wilder Mann bei Naila.
Schon im Jahre 1471 fing man auf ihnen zu bauen an, sie standen namentlich
im 17. Jahrhundert in hoher Blüte. Sie lagen auf einem NW.—SO. streichenden
Gang, der Spateisenstein und Kupferkies und deren Zersetzungsprodukte Braun-
eisenstein und Malachit in quarziger Gangmasse führte. Spuren von Kobaltblüte
deuten auf das Vorkommen von Kobalterzen. Der Wilde Mann baute auf dem
Lindenberg hauptsächlich auf Eisenerze, der Reiche König Salomo unten im
Tal der Selbitz auf Kupfererze. Auch Vitriolschiefer wurden hier gewonnen.
Der Gang war stellenweise bis 6 m mächtig, im sogen. Markscheidenschacht stand
Spateisen mit eingesprengtem Kupferkies 1—1^{1}/$_{2}$ m mächtig an. 1656—57 hat
man aus dem Reichen König Salomo eine Ausbeute von 10388 fl. gewonnen
(etwa 20000 Mk.). Um 1740 soll der Wilde Mann so ergiebig gewesen sein,
daß man aus seinen verschiedenen Schächten oft in einer Woche über 4000 Seidel =
1000 t (nach Köhl, Geschichte des Bergbaus im vormaligen Fürstentum Kulmbach-
Bayreuth) Eisenstein förderte. Das war die Zeit des Aufschwungs von Naila.
An jedem Samstag Abend sollen 400 Bergleute aus den Bergwerken in die Stadt
eingezogen sein. Im Anfang des 17. Jahrhunderts wurden große Wasserkünste
angelegt, das Flußbett der Selbitz wurde verlegt, um das Grundwasser abzuhalten
und die unter der Stollensohle liegenden Erze zu gewinnen. Diese Arbeiten
brachten nicht den gewünschten Erfolg. Diese Gänge gehörten zu den reichsten
des Frankenwaldes und da unter der Talsohle noch Erze anzustehen scheinen,
verdienen sie eine gewisse Beachtung.

Ob die Eisenerzvorkommen von Wachholderbruch und nördlich Schlegel (Eisen-
und Kupfererzgrube Frisch Glück) auch Gängen angehören, läßt sich schwer
entscheiden.

Kemlaser Gang. Er beginnt schon südöstlich Harra als Gottes Gabe und
Gnade Gottesgang, die sich am Mühlbühl zum Frechengang bei Blankenberg
scharen. Der Freche Gang setzt sich jenseits der Saale im Kemlaser Gang
(auch Gabe Gottes genannt) und weiterhin im Lohwieser Zug und wahrscheinlich auch noch im Keilenden Stein bei Berg fort. Der eigentliche Kemlaser
Hauptgang, den zwei Trümer im Liegenden und Hangenden begleiten, streicht
h. 11, fällt ca. 60° nach SW. ein und ist wechselnd 2—12 m mächtig. Er führte
in den oberen Teufen Brauneisen, tiefer Spateisen und Kupferkies. Als Gangart
werden Quarz, Kalkspat, Flußspat, Chalzedon und Schwerspat angegeben. Vereinzelt haben sich Arsenkies, Bleiglanz und gediegen Kupfer gefunden. Der
Gang war durch einen vom Saaletal vorgetriebenen Stollen und den 45 m tiefen
sogen. Kunstschacht aufgeschlossen. Neben den Eisen- und Kupfererzen wurden

noch schwefelkiesreiche Vitriolschiefer gewonnen (Treue Freundschaft), die mit den Gangkiesen im Vitriolwerk Hölle verhüttet wurden.

Eine Analyse von etwas angewittertem Kemlaser Spat ergab: Fe = 43,60 %, Mn = 2,39 %, R = 1,30 %, P = 0,018 %, Glühverlust = 30,04 %. (Berg- und Hüttenamt Amberg.)

Nach HUMBOLDT betrug die Förderung im Jahre 1790 an Eisenerz 1000 Seidel = ca. 260 t; im Jahre 1809 stieg sie nach Bergmeister GRUND auf 4218 Seidel = 1100 t Brauneisenerz, 557 Seidel = 145 t Schwefelkies und 3 Zentner Kupfererz.

Weiter östlich war die Gegend von Berg der Mittelpunkt eines ziemlich umfangreichen Bergbaus. An ihn erinnern folgende Gruben.

1. Eisenknoden zwischen Berg und Schnarchenreuth. Der Gang war $^1/_2$—$^3/_4$ m mächtig und führte Brauneisen und Spateisen mit Kupferkies in quarziger Gangart.

2. Abraham zwischen Schnarchenreuth und Tiefengrün. Der Gang war 1—1$^3/_4$ m mächtig, fällt 70—80° gegen SW. ein. Gangfüllung brauner Glaskopf (0,6—1,80 m mächtig); Förderung nach Bergmeister GRUND im Jahre 1809 1609 Seidel = ca. 420 t. In der Nähe Isaac mit Kupfererzen.

3. Arme Hülfe, in der Nähe von Schnarchenreuth, mit Brauneisen, Malachit und Chalzedon. Der Gang ist nur auf eine kurze Strecke von 52 m 1—2$^1/_2$ m mächtig und verdrückt sich nach NO. und SW. hin.

4. Keilender Stein, südlich oberhalb Hadermannsgrün, 1 m mächtig, mit Brauneisen, Quarz, Eisenkiesel und Chalzedon. Förderung im Jahre 1809 nach Bergmeister GRUND 718 Seidel = ca. 190 t.

5. Hadermannsgrüner Trümer (früher ein bedeutender Bergbau) führten u. a. auch Wismut.

6. Zwei Spatgänge, die durch den Gupfengipfel bei Eisenbühl durchsetzen (Eisenerzzeche Jägersruh).

Von den Gängen, die sich nach Osten, in der Gegend von Hirschberg, zu anreihen, ist nur wenig bekannt.

1. Ein Gang beim Tiefengrüner Schieferbruch.

2. Ein Gang gegenüber der Lohbachmündung.

3. Ein Spatgang an der Brandleite am Saalehang, westlich Hirschberg. GÜMBEL berichtet von einem uralten, schon 1477 betriebenen Bergwerk am Brandenberg, zwischen Tiefengrün und Hirschberg, auf „Gold, Silber und andere Metalle".

4. Über den NW. streichenden und steil NO. einfallenden Gängen am Büchig liegt Dunkel ausgebreitet. Ob neben den angeblichen Zinnerzgängen auch echte Spatgänge vertreten waren (Gang am NO.-Hang), ist schwer zu entscheiden. Das auf den Halden befindliche Brauneisenerz gibt darüber keine Auskunft.

5. Zwei Gänge am Leuchtholz bei Töpen und Isaar (alte Eisensteinzeche Leuchtholz). Der nördliche zieht fast nordsüdlich, von der Höhe des Leuchtholzes nach dem Tannbach herab (langer Pingenzug!). Er fällt mit 84° gegen Osten ein, ist am Ausgehenden stark verquarzt und führt Nester von braunem

Glaskopf. Der südliche Gang streicht oberhalb der Lamitzmühle in N. 70° W. durch. In seiner südöstlichen Fortsetzung liegen bei Isaar die Pingen von Zufällig Glück, mit Brauneisenstein, Fahlerz und quarziger Gangart.

In dem großen Schalsteingebiet, das südlich von Joditz sich gegen Hof hinzieht, setzen die sogen. Siebenhitzer Gänge auf. Es sind wahrscheinlich nur zwei, die nach Norden zu spitzwinklig auf einander zulaufen. Auf dem südwestlichen Zug liegen die alten Gruben „Goldene Sonne", „Siebenhitz" und „Morgenstern". Der Gang streicht N. 66 W. und fällt mit 70—80° nach NO. ein. Die Mächtigkeit soll 4—6 m erreichen, ist gewöhnlich aber viel geringer. Bezeichnend für diese Gänge ist die starke Verkieselung in Form von Quarz, Chalzedon und Eisenkiesel. Das nur spärlich eingesprengte Erz besteht vorherrschend in braunem Glaskopf in knolliger und stalaktitischer Form und Psilomelan, daneben treten Spateisen, Eisenglanz, Ziegelerz, Schwefel- und Kupferkies auf.

Im NW., bei der alten Grube Goldene Sonne, ist der Gang zum Teil erzleer, auf der Zeche Siebenhitz war die Verquarzung so stark, daß nur ein Drittel der Gangfüllung aus Erz bestand. Im Südosten, auf der Grube Morgenstern, erwies sich der Gang als $^1/_3$ m mächtig.

Der andere, durch alte Pingen bezeichnete Gang zieht südöstlich Joditz an Saalenstein vorbei. Seine quarzige, schwach vererzte Gangart, die auf den Feldern in Blöcken zutage tritt, wurde zum Unterbau der Straße Joditz—Hof verwandt. Erwähnung verdient hier das Vorkommen von Pseudomorphosen von Quarz nach Schwerspat und von Ringelerzen, die sich aus konzentrischen Lagen von Quarz und aus Spateisen entstandenem Brauneisen zusammensetzen.

Analyse eines braunen Glaskopfs von Joditz: Fe = 55,00 %, Mn = 0,54 %, R = 7,42 %, P = 0,65 %, H_2O = 11,12 % (Berg- und Hüttenamt Amberg).

Den Siebenhitzer Gängen laufen südöstlich von Lamitz noch zwei kleinere Gänge parallel. Auch der Brandsteiner Gang im Westen dürfte wohl noch zur Siebenhitzer Gruppe gehören.

Bei Losau, nordwestlich Stadtsteinach, am Südwestrand des alten Gebirgs durchsetzt ein ca. 1 $^1/_2$ m mächtiger Gang von Braunspat den Diabastuff. Er ist vielfach zersplittert und wurde versuchsweise abgebaut. Ähnliche Gänge von Braunspat sind auch aus der Gegend von Wartenfels (im Diabastuff) und am unteren Frankenreuther Berg bei Frankenreuth bekannt geworden (Eisenerzgrube Friedrichzeche 1,5—1,8 m mächtiger Gang).

Eine früher stark abgebaute Eisen- und Kupfererzlagerstätte ist die am Schwarzenberg bei Aign, unweit Kulmain. Die ausgedehnten Pingenreihen im Spitalholz weisen auf mehrere nordöstlich streichende Quarzgänge (?), die in Phyllitquarziten aufsetzen, Kupferkies, Schwefelkies, Spateisen und Brauneisen führen. Es wurde nach Flurl schon am Ende des 16. Jahrhunderts hauptsächlich Eisenstein gewonnen. Nach dem dreißigjährigen Krieg wurde der Bergbau wieder aufgenommen. Ein Bericht sagt, daß das hier gewonnene Kupfererz im Zentner neben 33 g Silber 10—12, teilweise sogar 24 Pfund Kupfer enthielt.

Die meisten Frankenwälder Gänge bleiben unter der Durchschnittsmächtigkeit der Siegerländer Gänge von 2—3 m weit zurück und sind außerdem meist in

60

hohem Grade durch Gangart verunreinigt. Sehr in Rechnung zu ziehen ist auch der Umstand, daß ein großer Teil der Gänge in oberen Teufen bereits abgebaut ist und es fraglich bleibt, ob sie in größeren Tiefen noch gute Erzmittel führen. A. WURM.

Anhangsweise sei hier ein gangförmiges Eisenerzvorkommen erwähnt, das durch die Grubenfelder Großvater I mit III und V gedeckt ist. Dieses setzt in kulmischen Schichten auf, welche in der Hauptsache aus dunklen Tonschiefern, Quarziten und rotgefärbten Sandsteinen bestehen. Der Erzträger ist eine auf ca. 2 km verfolgbare Gangspalte, welche die Schichten mit herzynischer Streichrichtung (N. 65 W. obs.) durchkreuzt. Das untersuchte Vorkommen liegt in dem zwischen den beiden tief eingeschnittenen Tälern des Thiemitz- und Lamitzbaches nach Südwesten sich hinziehenden, langgestreckten Höhenrücken, der an der Stelle, an der die Gangspalte die Scheitellinie schneidet, eine Höhe von 700 m hat. Der Höhenunterschied gegen den Lamitzgrund beträgt rund 200 m.

Das Gangvorkommen ist durch verschiedene Schürfschächtchen und drei Stollen aufgeschlossen. Erstere waren auf der Höhe des Bergrückens in einem Pingengebiet angesetzt, das sich den Südhang des Bergrückens hinab auf ca. 150 m fortsetzt. Mit den Schurfschächtchen wurde die Gangspalte in geringer Tiefe mit einer durch Quarzeinschlüsse verunreinigten Brauneisenerzführung (im Mittel 0,4 m mächtig) angetroffen. Das Nebengestein war ein tonig zersetzter, gebleichter sandiger Schiefer. Von den drei Stollenaufschlüssen bestand einer in der Wiedergewältigung eines am Südhang des Berges vorhandenen alten Stollens; bei 100 m Länge, vom Mundloch ab gerechnet, stand eine Gangfüllung aus 0,4 m kieseligem Brauneisenerz an. Die Auffahrung auf der Gangspalte bis zu 130 m Länge ergab eine Zunahme des Brauneisens bis zu 1,8 m Mächtigkeit in teils derber, teils kieseliger und mulmiger Beschaffenheit, letztere namentlich an den Salbändern mit starker Mangananreicherung. Das Einfallen der Gangspalte betrug 70—80° nach Süden. Vor Ort löste sich die Gangführung in einzelne schwächere Schnüre und Nester in einer lettig zersetzten, verockerten Gangmasse auf.

Ein zweiter Stollen wurde auf der Nordseite des Berghanges querschlägig auf die Richtung der Gangspalte aufgefahren. Der Stollen traf bereits nach 2 m Auffahrung die 1 m breite Gangspalte mit senkrechtem Einfallen an, dann ergab sich eine wechselnde Ausfüllung der Spalte mit Nestern und Schnüren von manganhaltigem Ocker bzw. von kieseligem Brauneisenerz mit Manganmulm. Bei 35 m Stollenlänge stellte sich ein 0,3 m mächtiger Quarzgang ein, der teilweise krustenförmige Vererzung mit Brauneisenerz zeigte, worauf bei 36—42 m die Gangspalte sich verdrückte. Dahinter zeigte sich stärkere Vererzung mit derben Nestern von manganhaltigem Brauneisenerz, bei 51 m geschlossenes Brauneisenerz, 1 m mächtig, teils derb, teils kieselig oder mulmig, welches sich jedoch schon nach wenigen Metern wieder in einzelne Nester auflöste.

Die durch diese Aufschlußarbeiten festgestellte Ausbildung des Ganges hatte zu der Anschauung geführt, daß es sich bei dem Vorkommen um eine eiserne Hutbildung handeln könnte. Man entschloß sich daher zur Auffahrung eines tiefen Stollens auf der Nordseite (unter dem Scheitel des Bergrückens), 95 m in einer tief eingeschnittenen Erosionsrinne.

Der Stollen wurde auf eine Länge von 340 m aufgefahren. Die Ausfüllung der Gangspalte bestand zunächst vom Tage herein im allgemeinen aus dem gleichen Material, wie im Vorausgehenden bereits geschildert. Bei 85 m zeigte sich ein 10 cm mächtiges Gangtrum am Hangenden Salband mit derbem Schwefel- und Kupferkies und mit Quarz als Gangart. Das kleine Erzgangtrum verlor sich jedoch schon nach 2,5 m wieder. Bei 96 m Stollenlänge ist der Gang durch eine Querstörung, welche bei NO.-Streichen steil nach Süden einfällt, um 10 m ins Liegende verworfen. Die Verschiebung erfolgte nach Rutschstreifen auf der liegenden Kluftwand des Verwerfers nahezu horizontal. In der weiteren Auffahrung wechselten Quarzfüllung mit kleinen Nestern von Schwefel- und Kupferkies und Gangverdrückung mit lettiger Spaltenausfüllung mehrmals ab. Je mehr man sich der Scheitellinie des Berges näherte, desto mehr zeigte sich wieder eine Verockerung und Vererzung der quarzigen Gangmasse. Von 310 m trat das Erz in derben größeren Partien im Quarz und im Nebengestein auf. Es verlor sich aber wieder; der Stollen wurde bei 340 m Länge eingestellt.

Das Einfallen der Gangspalte betrug auf der überfahrenen Stollenlänge nie weniger als 60°, stellenweise war Überkippung vorhanden. Das Nebengestein bestand aus einem dunklen, stellenweise dünnblättrigen Tonschiefer mit quarzitischen härteren Bänken abwechselnd.

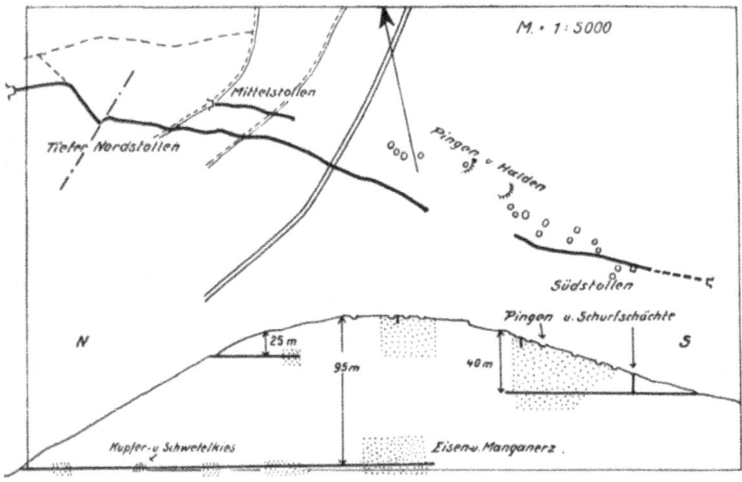

Die Gangspalte setzt in nordwestlicher Richtung über den Schloßberg und durch den Lamitzgrund in den dieses Tal nördlich begrenzenden Höhenzug fort und ist hier am Südabfall neben dem „Silberrangen" der topographischen Karte durch einen alten Bergbau nachgewiesen.

Das Brauneisenerz der Grube Großvater ist teils mulmig, teils kieselig und derb. Letzteres hat vielfach traubige, getropfte und stalaktitische Glaskopfform und zeigt selbst in den dichtesten Stücken immer kleine zellige Hohlräume, deren Wände mit trauben- und nierenförmigen Glaskopfkrusten überzogen sind. Diese Erzvarietät tritt teils in selbständigen geschlossenen Partien, teils in inniger Verwachsung mit dem Gangquarz auf. Häufig ist der Limonit als Eisenpecherz ausgebildet, das vielfach auf Quarzkristallen aufgewachsen ist. Das derbe Erz ist von dunkelbrauner bis schwarzer, glänzender Farbe. Daneben tritt noch festes, lederbraunes und schiefriges Brauneisenerz auf (offenbar als Vererzung des Nebengesteins). Namentlich aber die mulmigen Erzarten enthalten meist an den Salbändern des Ganges mehr oder weniger Mangan.

Das Schwefelkies-Kupferkiestrum, das vom Hauptgange durch ein Schiefermittel getrennt ist, zeigte im allgemeinen eine lagenförmige Anordnung der Erzausscheidungen, die sich an die im Schiefer liegenden Quarzbänder, namentlich an der Grenze von Quarz und Nebengestein halten. Der Schwefelkies ist teils derb, teils in charakteristischen großen Würfeln mit Streifung der Würfelflächen ausgebildet. Der Kupferkies ist derb, die quarzige Gangart ist von milchweißer Farbe und enthält kleinere und größere Drusen mit wohl ausgebildeten Pyramidenquarzen. In der Nachbarschaft der derben Erzausscheidungen zeigt der Quarz kleine Korosionshohlräume, welche zum Teil mit Schwefel- und Kupferkies ausgefüllt waren.

Die Quarzfüllung des Hauptganges zeigte eine dichte weiße Varietät und, von dieser umschlossen, in Büscheln und Rosetten ausgebildete große Säulenquarze. Der dichte Quarz ist vielfach zerdrückt, was durch eine schwache Brauneisenerzführung auf den Rissen und Klüften deutlich wird.

Die Untersuchung der bei den Aufschlußarbeiten durchörterten Brauneisenerze ergab im Durchschnitt von 16 Bestimmungen folgende Metallgehalte nach höchstem und niedrigstem Gehalt: Fe = 54,6 % bezw. 29,4 %, Mn = 17,31 % bezw. 0,13 %, P = 1,34 % bezw. 0,75 %, R = 45,9 % bezw. 2,82 %.

Die Untersuchung einer derben Stufe aus dem Schwefel-Kupferkiestrum ergab folgende Metallgehalte: Cu = 21,40 %, Fe = 25,72 %, S = 29,33 %, R = 22,40 %.

Für die Deutung der Entstehung des Gangvorkommens am Großvater ergibt sich daher mit Wahrscheinlichkeit folgendes: Es liegt ein primärer Quarzgang vor, auf dem sich später aufsteigende Erze von Schwefel- und Kupferkies unter metasomatischer Verdrängung des Quarzes ausschieden. Es ist anzunehmen, daß diese Erze ursprünglich in größerer Menge im Quarz vorhanden waren. Darauf deuten die zahlreichen Auslaugungshohlräume im Quarz hin, deren Form und Art der Ausbildung darauf schließen läßt, daß sie durch die aufsteigenden Minerallösungen ausgenagt worden sein müssen. Ein großer Teil der Auslaugungshohlräume wird daher ursprünglich von primären, geschwefelten Erzen ausgefüllt gewesen sein. An deren Stelle traten dann in der Oxydationszone die Brauneisenerze, welche sich in den Hohlräumen absetzten und die bis zur Zermürbung ausgefressenen Quarzmassen wieder verkitteten. Das kleine Gangtrum sulfidischer Erze, bei 85 m Stollenlänge, ist infolge seiner Isolierung durch das Zwischenmittel offenbar von der Auslaugung fast verschont geblieben.

Für die Brauneisenerze muß in der Hauptsache eine Entstehung aus absinkenden, eisenhaltigen Lösungen angenommen werden. Der teilweise hohe, wechselnde Mangangehalt bei reichlichem Phosphorgehalt und die geschilderte Struktur kennzeichnen sie als typische Geleisenerze und als Hohlraumausfüllungen, während die schiefrigen Brauneisenerze aus der Vererzung des Gangnebengesteins durch Oxydationsmetasomatose entstanden sind. Die Oxydation der sulfidischen Erze ist bei der Brauneisenerzbildung vermutlich in geringerem Maße beteiligt gewesen. Die mikroskopische Untersuchung einer Probe aus dem tiefen Stollen durch Dr. Wurm konnte Reste von sulfidischen Erzen im Brauneisenerz nicht feststellen, wohl aber jüngeren Schwefelkies. Ob als primäres Erz auch Eisenspat vorhanden gewesen sein könnte, dafür haben die Aufschlüsse keinerlei Anhaltspunkte ergeben. Im tiefen Stollen war ein Nachlassen der Brauneisenerzführung gegenüber den oberen Teufen unverkennbar. Die Ausscheidung von Eisenhydroxydgel aus den auf der Spalte niedersickernden Tagwässern dauern auch heute noch fort. Die Stöße des tiefen Stollens haben sich bei der Auffahrung infolge des reichlichen Zutrittes der Luft an zahlreichen Stellen binnen kürzester Zeit mit starken Ockerabsätzen beschlagen und die in frischem Zustande stark rot gefärbten, eisenhaltigen, sandigen Schiefer sind zu beiden Seiten des Ganges hin völlig gebleicht. Bergrat Haf.

Oberflächenvererzungen, Hunsrücktypus zum Teil.[1]

Dieser Erztypus ist im Frankenwald außerordentlich verbreitet. Meistens ist die Vererzung an devonische und kulmische Tonschiefer gebunden, aber auch Diabase, Keratophyre, Schalsteine unterliegen der gleichen Umwandlung. Immer liegen diese Eisenerzbildungen in der Oberflächenzone, zum Teil unmittelbar unter dem Verwitterungslehm, zum Teil sind sie nester-, zonen- und lagenweise den oberen Gesteinsschichten zwischengeschaltet. Da wo Schiefer auf geschlossenen festen Kalklagern aufruhen, stellen sich mit Vorliebe solche Vererzungen ein und bilden dann mehr oder minder horizontbeständige Lager. Manchmal sind sie auch an die Nachbarschaft von Spalten oder Zerrüttungszonen geknüpft und haben dann gangartigen Verlauf. Immer aber sind sie an die obersten Teufen gebunden und setzen wohl nirgends in größere Tiefen als 10—20 m hinab. Auch scheinen sie meist nur geringe Mächtigkeit zu besitzen.

Es sind durchweg Brauneisenerze. Der Gehalt an Fe ist wechselnd, der kieselige Rückstand ist meist ziemlich hoch. Die Erze führen oft reichlich Mangan (bis 14%) und Phosphor.

Der Entstehungsvorgang dieser Erze ist im einzelnen ziemlich kompliziert. Die Schiefersubstanz ist zum Teil verdrängt und mehr oder weniger stark durch Brauneisen ersetzt. Schalen dichten Brauneisens schließen oft in ihrem Innern ockerig zersetzte, meist sandige Nebengesteinsreste ein. Der Eisengehalt stammt wohl aus der Auslaugung der umgebenden Schiefermassen, nur in einzelnen Fällen ist er vielleicht durch eisenhaltige Quellen zugeführt.

Ein großer Teil dieser Erze wird wohl tertiären Alters sein, also einer Zeit angehören, in der das Gebirge stark abgetragen war und auf den alten Landoberflächen die Tonschiefer in lehmige Verwitterungsmassen zersetzt wurden.

---

[1] Bearbeitet von Bergrat Haf und Dr. Wurm.

Diese Art von Vererzung ist z. B. im Rheinischen Schiefergebirge, namentlich im Hunsrück, verbreitet und deshalb als Hunsrücktypus bezeichnet worden.

Ein kleiner Teil dieser oberflächlichen Erzvorkommen verdankt wohl auch einfachen Auflösungs- und Verwitterungserscheinungen seine Entstehung.

Dr. A. WURM.

Rund 500 m südwestlich von Neuengrün liegt zu Seiten des nach Schindelthal führenden Weges ein alter Bergbau, der durch Pingen und Stollen gekennzeichnet ist. Man sieht kleinere Einsenkungen und Abgrabungen, sowie drei größere Pingen, von denen eine an der Wegböschung, die beiden anderen ca. 70 m westlich liegen. An den Rändern der Pingen und Halden findet sich schalig-schiefriges, derbes Brauneisenerz, das vielfach noch einen hochgradig zersetzten, meist sandig-tonigen Rückstandskern enthält. Das Nebengestein ist Schiefer und hauptsächlich Kulmkonglomerat. Hierzu gehören auch zwei Stollen, wovon der eine 200 m südlich der Pingen und 45 m tiefer im obersten Teile des nördlichen Zweiges des von Schindelthal ostwärts nach den unteren Wellesmühlen hinabführenden Tälchens liegt, der andere rund 400 m nordwestlich der Pingen und 70 m tiefer an dem von Neuengrün seitlich in das Tal der wilden Leutnitz hinabführenden Wege. Der südliche Stollen scheint die Lagerstätte erreicht zu haben. Auf der mäßig großen Halde zeigen sich plattig und griffelig brechende rauhe Tonschiefer neben Kulmkonglomerat und vereinzelt derbe, schalige Brauneisenerzstücke. An den Stößen des verfallenen Stollenmundloches stehen rauhe Tonschiefer mit NW.-Streichen und steilem Einfallen nach NO. an. Zwischen dem Stollenmundloch und den Pingen liegen in der Stollenachse zwei weitere Pingen, offenbar auf den Stollen niedergehende Lichtschächte. An der großen Halde liegen neben wenig Schiefer hauptsächlich Kulmkonglomerate mit zahlreichen kleineren Stufen von derbem, teils dichtem, teils schaligem Brauneisenerz.

Der nordwestliche Stollen, der nach der Halde eine Länge von ca. 100 m haben konnte, scheint die Lagerstätte nicht mehr erreicht zu haben. Auf der Halde liegt ausschließlich rauher, meist dünnblätteriger Tonschiefer, der auch an dem Stollenmundloch mit Einfallen ca. 40° SO. ansteht.

Bei dem Vorkommen handelt es sich zweifellos um eine Oberflächenvererzung durch Verwitterungslösungen (Hunsrücktypus). Doch herrschen in der Vererzung zwei bestimmte NNW. streichende, gegen das Stollenmundloch des südlichen Stollens konvergierende Richtungen vor. Von der Umwandlung in Brauneisenerz scheint fast ausschließlich das Kulmkonglomerat betroffen worden zu sein.

Bergrat HAF.

Im Dürrenwaider Tal lag oberhalb der Neumühle, an der Straße nach dem Schieferbruch Lotharheil, die alte Grube „Friedlicher Vertrag". Hier sind die oberdevonischen, blaugrauen, manchmal etwas tuffigen Schiefer streifen- und lagenweise zu einem ockerigen, gelben Ton zersetzt, in dem bis 1 m mächtige Brauneisennester liegen. Das lettig ockerige Erz, oft bis 4 m mächtig, mußte verwaschen werden und hat auch als Farberde Verwendung gefunden. Die Förderung betrug im Jahre 1809 nach Bergmeister GRUND 1405 Seidel = ca. 370 t.

„Hoffnungsvolle Auweisung Gottes." Diese früher bedeutende Grube lag
nur wenig südlich von der vorhergenannten Grube in der sogen. schädlichen Waid.
Nach alten Berichten[1]) handelt es sich wohl auch hier um ockerig verwitterte Tonschiefer mit einigen festen Brauneisenerznestern. Das Lager an der Grenze gegen
Schalstein gelegen erstreckte sich in einer Länge von 260 m und einer Breite
von 80 m und war durch einen fast 500 m langen Stollen aufgeschlossen.

Von ähnlicher Beschaffenheit waren die Erze der Zeche „Lamm Gottes"
unmittelbar neben der Langenauer Ockerkalkhöhle.   Dr. A. Wurm.

Ungefähr 1 km südlich bezw. südwestlich von Geroldsgrün liegen teils in
devonischen, teils in kulmischen Schichten Brauneisenerzvorkommon metasomatischer Entstehung. Die hier vom B.-Ä. niedergebrachten drei Schürfschächtchen
sind in zwei kleineren Pingengebieten angesetzt, von denen das eine oberhalb
Geroldsgrün an der Straße nach Langenau in einer kleinen Senke liegt, das andere
zirka 400 m westlich der Gehöfte Hertwegsgrün am Westrande eines großen Steinbruches auf kulmische Kalkgrauwacke. An der Grenze von Kalk und Schiefer
fand man beim erstgenannten Vorkommen in der Nähe des Kalkes einen in die
Streckensohle niedersetzenden Erzpfeiler in einer horizontalen Ausdehnung von
2,5 m anstehend vor. Er bestand aus schaligen Konkretionen von Brauneisenerz,
welche vielfach einen zersetzten Rückstandskern enthielten.

Das Vorkommen in der kulmischen Kalkgrauwacke ist durch eine größere Zahl
von Pingen oberflächlich gekennzeichnet. Das Erz war in der Hauptsache mulmig
und durch Ton verunreinigt. Eine schwache Schicht von weißem Ton trat auch
im Liegenden des Lagers auf, unter dem wieder verwitterte und verockerte Grauwacke und schließlich grauer Tonschiefer folgte.

Die Untersuchung von verschiedenen Proben aus den drei Schächten ergab
ungefähr gleichmäßig Fe = 37,04%, Mn = 4,91%, Röstverlust 10,09%.

Die Lagerungsform ist zum Teil eine stockförmige, zum Teil sind es unregelmäßige lagerförmige Bildungen, welche den umgebenden Schichten im allgemeinen
konkordant eingeschaltet erscheinen. Die Flächenausdehnung der Vorkommen ist
gering.

Beide Vorkommen sind entstanden aus der hochgradigen Umwandlung von
Sedimenten durch absinkende Verwitterungslösungen. Im ersteren Falle waren
es kalkige Devon- bezw. Kalkknotenschiefer; im letzteren erscheint das Erz an
tonige Zwischenlagen in der kulmischen Grauwacke gebunden, welche als Zer-
setzungsrückstände angesehen werden müssen. Die Kalkgrauwacke selbst ist in
der Nähe des Erzes schwammig zerfressen, ihr Kalkgehalt völlig ausgelaugt. Die
frische Grauwacke enthält zahlreiche kleine Putzen von Schwefelkies, welche in
der zersetzten Grauwacke ebenfalls ausgelaugt sind und somit zu der Vererzung
beigetragen haben.   Bergrat Haf.

Diesen Vorkommen dürften sich auch die Eisenerze im Heiligen Holz westlich
Tschirn, südlich Rappoldengrün anschließen. Hier liegt das Erz auf einer den

---

[1]) Grund, Kurze Beschreibung der im Jahr 1809 gangbaren Bergwerke in dem Bergamtsrevier
Lichtenberg.

66

Frankenwald NW.—SO. durchziehenden Spalte, der Ebersdorf-Tschirner Rötelspalte, auf der das Gestein von kirschrotem Eisenoxyd durchtränkt ist. ZIMMERMANN faßt diese Rötung als eine alte Oberflächenbildung auf, die sich auf Spalten in größere Tiefe hinabzog. Dr. A. WURM.

Das Eisenerzvorkommen im ärar. Grf. „Forstloh-Zeche" deckt einen alten Bergbau bei der Einöde Forstloh, 2 km westlich von Wallenfels, oberhalb des Hammers, ca. 70 m über der Talsohle. Hier fällt eine lange grabenförmige Vertiefung von etwa 100 m Ausdehnung mit Streichen NS. auf, an die sich unten und oben einzelne tiefere Pingen anreihen. In der grabenförmigen Vertiefung (Tagebau?) steht das Nebengestein an, zum Teil Kulmkonglomerat, zum Teil auch Tonschiefer. An einer Stelle im Graben ist ein 4 m tiefer Aufschluß vorhanden; hier steht der Erzträger eine ca. 1,5 m breite Kluft an, welche sehr steil nach Osten einfällt. An den Kluftwänden sind noch die Spuren der Vererzung zu sehen in unregelmäßig netzförmigen Krusten- und Schalenbildungen von Brauneisenerz, welche teils Hohlräume umschließen, teils mehr oder weniger zersetzte und verockerte, sandigtonige Gesteinskerne einschließen. Insbesondere bilden viele der größeren Geröllstücke des Konglomerats geschlossene Hohlkörper von dichtem Brauneisenerz. Es handelt sich bei dem Vorkommen um Hohlraumausfüllungen bezw. um eine Vererzung des Nebengesteins aus absinkenden Lösungen, welche in einem Spaltensystem in die Tiefe vorgedrungen sind und daher den gangförmigen Charakter des Vorkommens bedingten. Die Untersuchung einer Probe von derbem Erz ergab 44,67 % Fe, 1,29 % Mn., 0,6 ⁰⁄₀ P, 10,92 % H_2O und 20,56 % R.

7 km westlich von der Forstloh-Zeche liegt im Rodachtal, im sogen. Hühnergrund, das Vorkommen des Grubenfeldes Morgenstern. GÜMBEL erwähnt hier eine alte Eisenerzgrube. Die Spuren des früheren Bergbaus sind noch deutlich zu sehen in der unmittelbaren Nachbarschaft devonischer Schiefer und Kalke. In ersteren zeigen sich in Hohlwegen in der Nähe des alten Bergbaues an mehreren Stellen kleinere Putzen und Nester von schaligem Brauneisenerz, als Umwandlung der Schiefer. Es ist daher wahrscheinlich, daß dieses Vorkommen, ebenso wie das der nahe gelegenen Zeche Preißners Glück am Burgstall, der Konzentration durch Verwitterungslösungen seine Entstehung verdankt. Bergrat HAF.

An der Hohen Leite bei Reichenbach scheinen oberdevonische Knollenkalke durch nachträgliche Eisenzufuhr in Toneisenstein umgewandelt zu sein. Die „Blaue Hirschzeche" baute (1781—1831) ein solches über 2 m mächtiges Toneisensteinlager ab. Durch Zersetzung sind tonige Brauneisenerze entstanden.

Das Erzvorkommen von Birken (zwischen Presseck und Enchenreuth hat noch in neuerer Zeit Anlaß zu Schürfversuchen gegeben. Die Schiefer sind hier in mulmige Brauneisensteine umgewandelt. Die Erze sind sehr reich an Mangan, wie folgende Analyse zeigt: Fe = 17,02 %, Mn = 14,40 %, R = 43,64 %, P = 0,155 %, H_2O = 6,16 % (Berg- und Hüttenamt Amberg). Dr. A. WURM.

Bei Schlackenreuth wurde unter 3—6 m Überdeckung von lettig-zersetztem Schiefer 0,5—1,8 m mächtiges Brauneisenerz mit Zwischenmitteln von vererztem Schiefer aufgeschlossen. Das Liegende der Erzvorkommen war grauer und schwarzer Letten oder Schiefer.

Die den Vorkommen entnommenen Proben wiesen folgende Gehalte auf:
I. Fe = 34,83 %, Mn = 4,10 %; II. Fe = 34,69 %, Mn = 12,21 %; III. Fe = 42,39 %,
Mn = 2,46 %; IV. Fe = 37,56 %, Mn = 13,31 %; V. Fe = 39,68 %, Mn = 1,72 %;
VI. Fe = 43,38 %, Mn = 1,47 %; VII. Fe = 42,15 %, Mn = 2,17 %.

Ein anderes Vorkommen liegt 250 m nördlich vom Dorfe Räumlas in einer in
devonischem Schiefer auftretenden Einlagerung von dichten Kalken, welche am
oberen Rande des hohen südlichen Steilhanges des Thiemitzgrundes zutage treten;
es besteht aus Manganmulm. Das mulmige Erz liegt in Auswaschungshohlräumen
des Kalkes und ist verunreinigt durch Kalkgrus.

Die Vollanalyse einer Probe ergab folgendes Resultat: Fe = 7,17 %, Mn = 21,13 %,
SiO_2 = 24,20 %, Al_2O_3 = 29,20 %, P = 0,27 %, CaO = 8,24 %, MgO = 2,10 %,
Glühverlust = 14,53 %.

Auffallend hierbei ist, daß der Kieselsäuregehalt dieses im Kalk liegenden
Vorkommens durchschnittlich höher ist als bei dem aus Schiefer entstandenen Vorkommen bei Grubenberg (siehe unten). Im allgemeinen entspricht die Zusammensetzung des Erzes derjenigen der Fernieerze. Der Phosphorgehalt ist gering.

Auch die Entstehung dieses Vorkommens kann nur auf niederfallende, manganhaltige Lösungen zurückgeführt werden. Da das Erz jedoch ausschließlich in
mulmiger Form vorhanden ist und Verwachsungen mit dem Nebengestein nicht
beobachtet werden konnten, ist anzunehmen, daß eine Ausfüllung vorgebildeter
Auswaschungshohlräume im Kalk durch den Absatz aus dem durch die Aus-
waschungskanäle zirkulierenden Niederschlagswasser vorliegt.

Weitere Beispiele von metasomatischen Brauneisenerzen liegen bei Grubenberg. Das Erz liegt unregelmäßig stockförmig in zersetztem Tonschiefer als eine
ziemlich geschlossene, gering ausgedehnte, nur wenig durch Ton verunreinigte,
schalige Konzentration.

Die Vollanalyse einer Durchschnittsprobe ergab: Fe = 22,67 %, Mn = 7,96 %,
SiO_2 = 19,41 %, Al_2O_3 = 11,83 %, P = 0,96 %, CaO = 6,78 %, MgO = 1,23 %,
Glühverlust = 1,74 %.

Der hohe Mangangehalt zeigt sich schon im Aussehen der durchwegs dunklen
bis schwarzen Erze. Erheblich ist auch der Kalkgehalt des Muttergesteins (kalkreicher Schiefer). Auch bei diesem Vorkommen kann nur eine metasomatische
Umwandlung der Schiefer durch einfallende, eisenhaltige Tagwässer in Frage
kommen.   Bergrat Haf.

Der Eisenerzbau am Tännig, am Westfuß des Döbraberges, auf der alten und
neuen Glockenklangzeche ging am Ende des 16. Jahrhunderts und namentlich am
Ausgang des 18. Jahrhunderts um. Die alten Pingen, zum Teil wohl Tagebaue,
liegen neben dem sogen. Zuchthausbruch im Kulmkalk, südlich von Schwarzenbach a. W. Die Vererzungen bestehen aus mulmigem Brauneisenstein. Die Erze
mußten gewaschen werden.   Dr. A. Wurm.

Dem gleichen Typus gehört das Vorkommen an, das 400 m südlich vom Dorfe
Thron, in der Nähe der Straße nach Enchenreuth, durch mehrere Schächtchen
festgestellt wurde. Hier ist in kalkreichen devonischen Schiefern, an der Grenze
gegen devonischen Kalk und Diabas, eine Vererzungszone vorhanden, die durch

68

einen ausgedehnten alten Tagebau gekennzeichnet ist. In diesem Tagebau wurden Schürfschächte angesetzt. In einem Schacht im südwestlichen Teil des Tagebaues fand man in geringer Tiefe zwei Lager von Brauneisenerz, 1,9 bezw. 1,2 m mächtig, die durch ein hochgradig zersetztes Zwischenmittel voneinander getrennt waren. Im zweiten Schächtchen traf man bei 7,6 m Tiefe 1,1 m mächtiges, derbes, schaliges Brauneisenerz in tonig zersetzten Schieferschichten. Nach unten hin war ein Nachlassen der Vererzung festzustellen.

Das Erz selbst besteht teils aus derben Konkretionen, im Innern mit einem hochgradig zersetzten Rückstandskern, teils aus unregelmäßigen, netzförmigen Krustenbildungen. Fe = zwischen 26,05 % und 47,36 % und Mn = zwischen 7,17 % und 1,43 %.

Charakteristisch an diesen Resultaten ist wiederum der zum Teil hohe aber stark schwankende Mangangehalt. Die unregelmäßige Form der Lagerstätte, die Lage an der Grenze der Verwitterungszone, die geringe Tiefenerstreckung und horizontale Ausdehnung, die charakteristische Struktur und Zusammensetzung der Erze sind untrügliche Beweise dafür, daß eine Erzkonzentration aus der hochgradigen Umwandlung des schiefrigen Nebengesteins vorliegt.

Ganz ähnlich liegen die Verhältnisse beim alten Bergbau im Wäschholz (Grubenfeld Rauhenberg). Auch hier treten die Erze im Schiefer (nach Dr. Wurm Cypridinenschiefer) an der Grenze gegen Kalk auf. An den Rändern eines alten Tagebaus liegen Pingen von erheblicher Tiefe. Der Tagebau ist wie bei Thron in der Richtung SW.—NO. (allgemeines Schichtenstr.) gestreckt und hat seine größte Tiefe am südwestlichen Rande, wo er an einem hohen Steilrande, der aus oberdevonischem Kalk besteht, endet.

Aufgelesene Fundstücke hatten folgende Gehalte: 39,6 % Fe, 9,82 % Mn, 0,49 % P und 10,6 % R.

Die Schiefervererzungen sind in der ganzen Umgegend von Döbraberg verbreitet und haben an verschiedenen Stellen Anlaß zu kleinen Gräbereien gegeben: nördlich Poppengrün, am Bärenhaus nordöstlich vom Dorf Döbra, am Stegenholz bei Lippertsgrün (Hoff auf Gottes Segen und Freudenglück in Cypridinenschiefern).

Die Lage des Vorkommens, „Bärenhaus", im devonischen Schiefer und die Struktur der Erze läßt darauf schließen, daß es sich auch hier um Verwitterungserze handelt. Die Untersuchung einer Probe von an den Pingen und Halden aufgelesenen Erzstufen ergab 35,84 % Fe und 5,8 % Mn.

Einen Übergang zwischen den gang- und stockförmigen Lagerstätten bildet ein Vorkommen am sogen. Schertlas, 1,5 km südöstlich von Selbitz. Hier ist, 500 m östlich von Weitesgrün, auf einer gegen das Selbitztal vorspringenden Anhöhe, am Kontakt von devonischem Diabas im Liegenden und Schiefer im Hangenden, eine Vererzungszone vorhanden, auf welcher früher (Pingen und Halden) und zuletzt im Jahr 1906 Bergbau umging. Das an den Halden liegende Erz ist teils dichter und derber, teils schiefriger und schaliger, unreiner Braun- und Roteisenstein. Letzterer zeigt jedoch vielfach einen Strich von braun-roter Färbung, so daß hier eine Zwischenstufe zwischen Hämatit und Limonit vorliegt

(Hydrohämatit). Ein im hangenden Schiefer angesetzter, 31,5 m tiefer Schürfschacht (vgl. die Figur) durchörterte vom Tage herein Verwitterungslehm mit
Schieferbruchstücken; darunter weißen, grauen und schwarzen Letten mit Schiefer-
einlagerungen und dann wieder weißen, ockerigen, grauen und schließlich roten
Letten, in dem bei 26,5 und 27 m Tiefe schwache gangförmige Adern von tonigem
Roteisenerz aufsetzten. Eine bei 15 m Schachttiefe gegen den alten Bergbau hin
ausgefahrene Strecke ergab vom Schacht aus auf 4,5 m Länge schwarzen und gelben

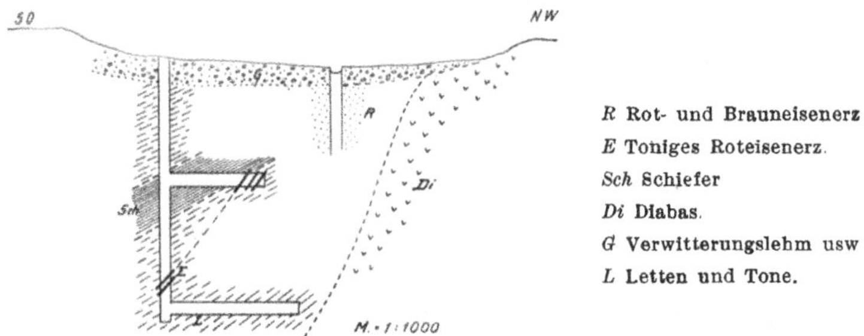

Schiefer, schwarzen und weißen sandigen Letten und roten Letten, bei 6, 7
und 8 m Streckenlänge mit 0,25—0,5 m mächtigen, gangförmigen Adern von
tonigem Roteisenerz mit Einfallen gegen den Schacht.

In einem zweiten Schächtchen, in geringer Entfernung vom ersten, wurde
ebenfalls im Hangenden Schiefer, unter 2,6 m Überdeckung, schiefriges Brauneisenerz in 1,0 m aufgeschlossen.

Die Untersuchung von zwei Proben aus dem tonigen Roteisenerz ergab 24,85
(28,80) % Fe und 39,15 (50,12) % R. Vom Rückstand ist ein größerer Teil als
Tonerde enthalten. Die Untersuchung von zwei Proben des schiefrigen Erzes
ergab: 29,89 % Fe bezw. 33,54 % Fe, 0,98 % P und 36,09 % R.

Aus den Ergebnissen der Schürfarbeiten ergibt sich, daß das Erzvorkommen
am Schertlas in einer tiefgründigen Zersetzungszone zwischen Diabas im Liegenden
und Schiefer im Hangenden aufsetzt. Die Mächtigkeit des Erzes nimmt nach der
Tiefe zu rasch ab, wie die Ergebnisse der bei 15 m Schachttiefe ausgefahrenen
Strecke zeigen, und keilt in geringer Tiefe darunter völlig aus. Es handelt sich
bei diesem Vorkommen daher um einen sogenannten Rasenläufer, d. h. um eine
Erzbildung aus absinkenden Verwitterungslösungen, welche auf der im Schiefer
am Kontakt gegen den Diabas vorhandenen Zerrüttungszone in die Schichten
eindrangen, diese zersetzten, die vorhandenen Hohlräume mit ihrem Erzabsatz
ausfüllten und auch das Nebengestein metasomatisch verdrängten. Die auf den
alten Halden liegenden Roteisenerzstufen zeigen die Umwandlung des tonigen
Gesteins von einer Imprägnierung einzelner Schichten über die Krustenbildungen mit eingeschlossenen, rötlich gefärbten Rückstandskernen bis zum
derben Erz. Charakteristisch ist der Gehalt an Phosphor. Dieser steigt von der
derben Roteisenerzbildung über die Zwischenstufe bis zum ausgesprochenen
Brauneisenerz ständig an und beträgt bezw. 0,18—0,81 und 1,11 %. Das Verhalten des Phosphors scheint darauf hinzudeuten, daß bei der Roteisenerzbildung

70

weniger Phosphor in das Erz übergeht, als bei der Brauneisenerzbildung. In dem schiefrigen Nebengestein entstanden Brauneisenerze, während in den zersetzten tonigen Partien Roteisenerze sich bildeten.

Die Form der Lagerstätte ist die eines gangförmigen Stockes, das Streichen ist NW.—SO.

In einem Kalksteinbruch in der Nähe des aufgeschlossenen Vorkommens wurde eine 0,3 m mächtige Kluftausfüllung von derbem Manganerz aufgefunden, welches einen Gehalt von 46,67 % Mn, bei 7,26 % Fe aufwies. Auch hier dürfte es sich, wie bei Räumlas, um die Ausfüllung eines vorgebildeten Hohlraumes im Kalk handeln.

Bei dem Vorkommen am Schertlas liegt eine starke Konzentration von teils hochwertigen Eisenerzen vor, doch ist die streichende Ausdehnung (rund 100 m) gering. Ähnliche Bildung treten nach BEYSCHLAG und KRUSCH im benachbarten sächsischen Vogtlande gangförmig zwischen Diabas und Tonschiefer mit Rot- und Brauneisenerzführung auf.

Ebenfalls in der Nähe von Hof liegt das Vorkommen der „Hermann-Zeche" bei Feilitzsch und des Grubenfeldes „Neuhof". Ersteres besteht aus mehr oder weniger zahlreichen Findlingen von derbem Brauneisenerz in Faust- bis Kopfgröße, die in einer sandig-lettigen Überdeckung über untersilurischem Tonschiefer auf eluvialer Lagerstätte sich vorfinden. Das Erz selbst zeigt auch kleine Hohlräume auf den Schichtflächen, welche teilweise aufgeblättert und mit Glaskopfkrusten überzogen sind. Die Schieferstruktur ist noch erhalten.

Die Untersuchung zweier Proben aus den derben Erzstufen ergab einen Gehalt von 46,68 % (40,37 %) Fe bei 15,2 % (11,1 %) R.

Das Vorkommen bei Neuhof besteht in einer oberflächlich aufgeschürften linsenförmigen Brauneisenerzbildung von 0,4—0,7 m Mächtigkeit und einer Erstreckung von 3 m. Das Vorkommen setzt mit steilem Einfallen in die Tiefe fort und stellt offenbar den Ausbiß einer stockförmigen Lagerstätte dar, deren Nebengestein Schalstein ist. Die Struktur des Erzes ist schalig und schieferig. Die Analyse ergab 42,66 % Fe, 3,02 % Mn und 7,8 % Röstverlust.   Bergrat HAF.

Über die Art des Erzvorkommens von Leimitz unweit Hof „Segen des Herrn" fehlen alle Anhaltspunkte. GÜMBEL schwankte zwischen einer Thuringitlagerstätte und einer an Diabas und Schalstein gebundenen „Kontakt"lagerstätte. Das Erz ist derbes wohl putzenartig verteiltes Brauneisen. Auffällig ist der geringe Mangan- und Phosphorgehalt. Trotzdem ist die Möglichkeit nicht ausgeschlossen, daß es sich um eine metasomatische Schiefervererzung handelt. Ein langer Stollen durchörterte zuerst Schalsteine; dann überfuhr man eine eisenerzhaltige Lage und weiterhin einen weißlichen verwitterten Dolomit von 25 m Mächtigkeit, der sich durch zahlreiche Versteinerungen als kulmisch erwies. Darüber folgte wieder Eisenerz, das sich an Alaun- und Kieselschiefer anlegte. Die Qualität des Erzes ist teilweise recht gut, wie folgende Analyse zeigt: Fe 59,78, Mn 0,68, R 1,64, P 0,055, H₂O 11,86 (Berg- und Hüttenamt Amberg).   Dr. A. WURM.

Weitere Brauneisenerzvorkommen sind bekannt in dem Devongebiet bei Neugattendorf, östlich von Hof, mit zahlreichen Stätten früherer Bergbautätigkeit. Die

hier gemachten Aufschlüsse sind mit wenigen Ausnahmen an Stellen alter Bergbauversuche angesetzt. Das wichtigste und bedeutendste Vorkommen liegt südwestlich von Oberhartmannsreuth, (Grubenfelder „Franz“, „Eiserner Johannes“
und „Karl Wilhelm“).

Der in einer kleinen Pinge an der Grenze von devonischen dunkelgrauen Tonschiefern und Diabas niedergebrachte Schacht schloß einen völlig zersetzten tuffigen

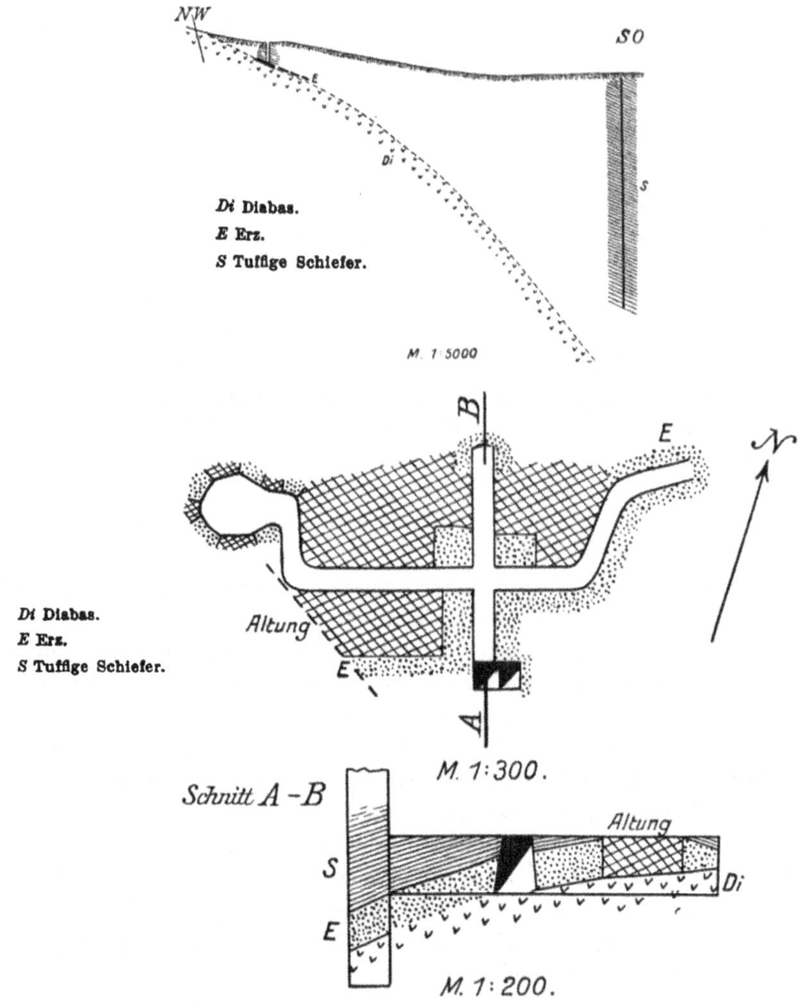

Schiefer auf, der nach unten in zersetzten, verockerten und vererzten Diabas
übergeht.

Das Erzlager setzt an der Grenze von Diabas im Liegenden und Schiefer im
Hangenden auf. Das auf der Skizze eingetragene Bohrloch wurde in einer Entfernung von 250 m vom Aufschlußschacht „Eiserner Johannes“ angesetzt und
stand bei 158 m Tiefe noch in teils milden, teils rauhen quarzitischen Tonschiefern.

Das Bohrloch hätte die Fortsetzung des Erzlagers bei dem im Aufschlußschacht
vorhandenen flachen Einfallen schon in etwa 90 m Tiefe treffen müssen. Da dies
nicht der Fall war, ergibt sich, daß das im Aufschlußschacht festgestellte flache
Einfallen des liegenden Diabases nach unten hin rasch sehr steil wird. Das Erzlager geht zirka 50 m nordwestlich vom Schacht zu Tage aus (zahlreiche Brocken
von schaligem Brauneisenerz auf den Feldern und starke Ockerfärbung des Bodens).
Hier steht auch der Diabas zu Tage an.

Fünf Erzproben aus dem aufgeschlossenen Lager hatten Gehalte zwischen 26,92
und 41,3 Fe und 1,52 und 3,6 Mn.

Das Erz ist teils dicht, in der Hauptsache aber schalig oder schieferig, vereinzelt
mit bis 1 cm dicken Krusten von Glaskopf. Die Analysen lassen in Verbindung
mit der geologischen Stellung des Vorkommens die Erzbildung durch Verwitte-
rungsprozesse erkennen.

Etwa 500 m in der Verlängerung der Streichrichtung des Vorkommens nach
SW. liegt ein alter Bergbau (Tagebau) („Karl Wilhelm"), der auf die gleichen Erze
baute. Die auf der Halde noch vorhandenen Erzstufen zeigen teils dichte, teils
netzförmige schalige Struktur.

In der gleichen Entfernung nach NO. gegen Oberhartmannsreuth war eine Handbohrung niedergebracht worden, welche unter einer Überdeckung von grauem Letten
und zersetzten tuffigen Schiefern bei 26 m Tiefe eine 2 m mächtige stark vererzte
Schicht mit einem Eisengehalt von $32,99\%$ durchbohrte. Darunter folgte wieder
tuffiger Schiefer und bei 32 m Tiefe der Diabas.

Die streichende Ausdehnung des Erzhorizontes ist also eine erhebliche, wobei
allerdings der lückenlose Zusammenhang in der Erzführung zwischen den beiden
1 km von einander entfernten Punkten nicht nachgewiesen ist.

$1^{1}/_{2}$ km südöstlich von dem Vorkommen bei Oberhartmannsreuth liegt in einem
Kalksteinbruch der Fundpunkt des Grubenfeldes „Fridolin". Das Vorkommen
besteht aus größeren und kleineren Konzentrationen von Brauneisenerz bis zu
Nestern von 1 qm, welche in dem über den flach gelagerten Kalkschichten liegenden
verockerten sandigen Schiefern auf eine Erstreckung von 30—50 m auftreten.
Das Erz ist teils dicht, teils schalig und enthält Nester von Manganmulm. Eine
Probe hatte $36,37\%$ Fe, und $15,79\%$ Mn. Bergrat HAF.

Noch weiter östlich bei Trogenau, Vierschan und Regnitzlosau häufen
sich diese kleinen Erzvorkommen und haben zur Eröffnung zahlreicher kleiner
Zechen Anlaß gegeben, die allerdings meist kaum über das Stadium des Versuchs
hinausgekommen sind. (Nordöstlich Döberlitz „Dreieinigkeit" und „Hoffnung", bei
Kirchgattendorf „Bärenholz" und „Walzzeche", westlich und nördlich Trogenau
„Dreieinigkeit", „Glück auf", „Vereinsglück"). Die meisten dieser Vererzungen
liegen in kulmischen Schiefern, die zu ockerigen mulmigen Massen zersetzt sind.
In ihnen finden sich nesterweise auch derbere schalenförmig aufgebaute Braun-
eisenerze. Dr. A. WURM.

Der gleiche Erztypus ist auch in dem südlich der von Hof über Neugattendorf
führenden Staatsstraße bei Kirchgattendorf gelegenen großen Kalksteinbruch,
500 m von dem obengenannten entfernt, vorhanden. Dr. SCHINDEWOLF, Marburg,

hat an diesem Bruch die genaue Gliederung des hier auftretenden kalkigen Oberdevons durchgeführt (vergl. „Über das Oberdevon von Gattendorf bei Hof“). Auch
hier liegen über den flach nach SW. einfallenden Kalkschichten „gelb-grüne sandige
oder glimmerhaltige feinblätterige Schiefer, die Cypridinenschiefer früherer
Deutung“, welche nach Schindewolf als Äquivalent der Gattendorfia-Stufe angesehen werden. An der Basis gegen den unterlagernden Kalk sind diese Schichten
auf der ganzen Erstreckung (zirka 200 m) in wechselnder Höhe von 0,5—1,0 m
stark eisenhaltig oder ockerig gefärbt. Das ganze etwa 6 m mächtige Schichten-
bündel über dem Kalk ist stark zersetzt und gebleicht. An mehreren Stellen ist
eine geschlossene 0,4 m mächtige Lage von derbem Brauneisenerz vorhanden,
mit ovalen Konkretionen, die einen zersetzten sandig-lettigen Rückstandskern enthalten. An diesem Vorkommen sind die Vorgänge seiner Entstehung aus Zersetzung und Anreicherung in allen Übergängen zu verfolgen. Eine Probe von
derbem schaligen Erz aus dem Vorkommen ergab 50,09 % Fe, 3,28 % Mn, 7,30 % R
und 0,05 % P (vgl. Abbildung).

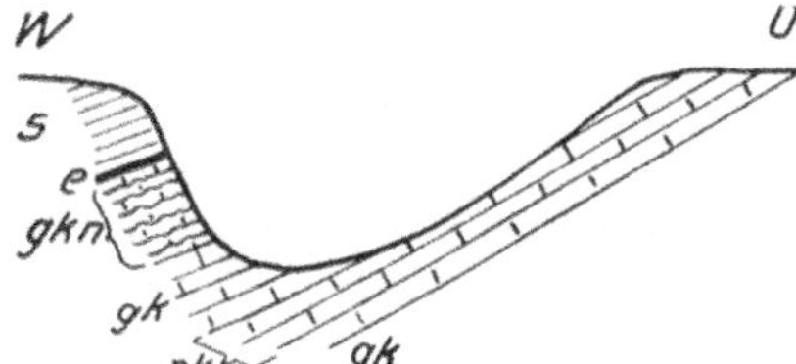

s Schiefer, 6 m
e Brauneisenerz, 40 cm.
gkn graue Knollenkalke, 9 m.
gk graue Kalke, 7 m.
rk rote Kalke. 7 m.

Auch das Vorkommen des alten Bergbaues im Grubenfelde „Christoph“ bei
Neuenreuth, 1500 m nordwestlich von Kirchgattendorf, gehört in dieses Gebiet.
Die Vorkommen weisen auf einen durchgehenden Horizont über dem Kalk hin,
wenn auch im Grade der Erzkonzentration auf kurze Erstreckungen hin weitgehende Unterschiede bestehen können.

Unweit Kirchgattendorf liegt auch der Aufschlußschacht des Grubenfeldes
„Friedrich“. In diesem wurde unter 7 m gelb verockertem Letten mit Rollstücken
von derbem Brauneisenerz und 2 m gelbem und grauem Ton mit Erzschnüren,
3,5 m völlig zersetzter kalkiger Tonschiefer (Kalkknollenschiefer) aufgeschlossen,
der mit zahlreichen größeren und kleineren Nestern von schaligem Brauneisenerz
dicht durchsetzt war. Das Liegende ist Kalk.

Proben aus den Rollstücken ergaben 42,5 bezw. 36,9 und 33,6 % Fe; eine
Durchschnittsprobe aus dem 3,5 m mächtigen Vorkommen ergab einen Gehalt
von 29,3 % Fe.

Die Stücke des Rollerzlagers stammen, wie die Rollstücke erkennen lassen, aus
einem zerstörten Vorkommen eines Verwitterungslagers.

Ein weiteres Brauneisenerzvorkommen ist das des Grubenfeldes „Hoffnung“,
einige 100 m nördlich von Döberlitz. Auch hier liegen Erzbildungen durch Verwitterungsvorgänge vor, die zum Teil jedoch wesentlich jünger sind als die
vorausgehend beschriebenen, da sie in der wahrscheinlich diluvialen Überdeckung
auftreten.   Bergrat Haf.

Auf manchen dieser Lagerstätten fand in früherer Zeit ein ziemlich reger
Bergbau statt. Bei dem meist kieseligen Gehalt der Erze, ihrem lokal beschränkten
und unregelmäßigen Auftreten kommt ihnen aber heutzutage nur eine geringe
bergmännische Bedeutung zu.   Dr. A. Wurm.

Ganz kurz sei noch der im allgemeinen unbedeutenden Eisenerzvorkommen
der Umgebung von Waldsassen und Tirschenreuth gedacht.

Das Vorkommen vom Teichelrangen hat an anderer Stelle (vgl. unten) eine
eingehende Würdigung erfahren. Die Alten bauten nur auf dem Eisernen Hut
eines Schwefelkieslagers, der aus Brauneisen-, Roteisen- und Manganerzen bestand.

Mächtige Pingen eines alten Bergbaus liegen östlich des Dorfes Zirkenreuth
am Koppenberg und weiter oberhalb auf der Bienhöhe. 1803 wurde der Bergbau, der zeitlich weit zurückreicht, wieder aufgenommen, 1841 auf der sogen.
Heid die Theresienzeche eröffnet. Auf den Halden findet man vorzugsweise vererzten Phyllit und derbes Brauneisen. Die Eisensteine enthielten nach Gümbel
30,5 % $Fe_2 O_3$, 1,5 % Mn O, 63,5 % Si O_2 und Bleimengungen, 4,75 % H_2 O. Das
Erz hatte großen Rückstand und war schwer schmelzbar.

Von ähnlicher Beschaffenheit waren wohl auch die Erze von Leonberg
(St. Wolfgang), St. Felix und St. Katharina bei Grün und Mariahilfzeche bei
Konnersreuth. Der Eisengehalt all dieser Vorkommen entstammt wohl Einsprengungen von Schwefelkies und Magneteisen in Quarzitschiefer und Phyllit.
Diese Erze wurden zersetzt, das Eisen in Lösung weggeführt und auf Klüften
in Form von Imprägnation oder metasomatischer Umwandlung des Nebengesteins
wieder abgesetzt.

Vielleicht gehören zu diesen Oberflächenvererzungen auch das Brauneisenerzvorkommen in der Umgebung von Tirschenreuth im Gneis und Glimmerschiefer.
Die wichtigste Grube war St. Petrus am Schedlhof bei Hofen, unweit Großklenau.
Alle die andern Vorkommen bei Großensees, Wondreb, Altmugel u. s. w. waren
nur unbedeutende Versuchsbaue.

Was weiter südlich im Bayrisch - Böhmischen Wald an Eisenerzvorkommen
bekannt geworden ist, gehört wohl auch ähnlichen Oberflächenvererzungen an.
Es ist zwar an vielen Punkten geschürft worden (z. B. Gegend von Pfrentsch u. a.),
manchmal ist es auch zu einem vorübergehenden Abbau gekommen (Erzberg
bei Kellberg, unfern Passau), aber alle diese Vorkommen besitzen nur ganz untergeordnete Bedeutung.   Dr. A. Wurm.

Rollerzvorkommen.[1]

Rollerzvorkommen finden sich in der Nähe bezw. in den beiden Kalkstein-
brüchen auf schwarze Kulmkalke bei Poppengrün, 7 km südwestlich von Selbitz
(Grf. Döbraberg II u. IV des Bä). Sie liegen 0,5 m unter dem Humus, zum Teil
auf Kalk, zum Teil in der Überdeckung und bestehen aus mehr oder weniger
großen abgerollten Stücken von derbem Brauneisenerz, welche sich in dem südlich des Fahrweges von Poppengrün nach Döbra befindlichen Steinbruche auf

---

[1]) Bearbeitet von Bergrat Haf.

eine Erstreckung von 50 m verfolgen lassen. Die Untersuchung von Proben aus den beiden Fundpunkten ergab: Fe = zwischen 40,04 % und 30,12 %, Mn = zwischen 14,14 % und 10,40 %.

Ein ähnliches Vorkommen befindet sich östlich von Rothenbürg in der Überlagerung von Kulmkalk in einer Mächtigkeit von 0,7 m.

Bei beiden Vorkommen handelt es sich um kleine Rollerzlager, welche aus der sekundären (fluviatilen) Umlagerung von Lagerstätten des Hunsrücktypus, wie die Analysenergebnisse zeigten, entstanden sind. Solche Lagerstätten stehen unmittelbar nordöstlich von Poppengrün an und sind hier durch einen alten Bergbau nachgewiesen.

Brauneisenerzvorkommen bei Stegenwaldhaus. Das Erzvorkommen liegt ca. 1 km östlich von Stegenwaldhaus in einer breiten Senke, zwischen der Bahnlinie Stegenwaldhaus—Hof im Süden und dem Seebächlein im Norden in nordöstlicher Richtung gegen Köditz hin.

Die auf das Erzvorkommen ausgeführten Arbeiten bestanden in mehreren Schächten, von denen drei am westlichen Rande der Senke und ein vierter innerhalb derselben in der Nähe des südwestlichen Endes eines großen, jetzt wassererfüllten Tagebaues niedergebracht worden waren. Unter dem Humus war in einem Schacht von Tag aus eine 0,7 m mächtige, wagrechte Brauneisenerzschicht, aus einzelnen dicht gelagerten, derben Brauneisenerzstufen in Letten eingebettet, aufgeschlossen. Das Liegende war gelber Letten, unter dem gebleichter, verwitterter, dünnblättriger Tonschiefer folgte. An andrer Stelle waren unter 0,5 m Überdeckung zwei Erzschichten von je 0,3 m Stärke, durch ein gleich starkes Zwischenmittel von gelbem Letten getrennt vorhanden. Wieder anderwärts war unter 1,8 m Humus und Geröllüberdeckung ein 1,0 m mächtiges Brauneisenerzvorkommen teils derber, teils mulmiger Beschaffenheit. Von der Schachtsohle aus wurde das Erz in einer Mächtigkeit von 1,7 m durchörtert. Es bestand aus großen Blöcken von teils kieseligem, teils derbem Brauneisenerz mit Nestern von Manganmulm. Ein andrer Fundschacht hatte eine Tiefe von 21,0 m und stand bis dahin in lehmig-sandigen, grauen und gelben Überdeckungsschichten. Bei 21 m wurde das Erz angefahren; gleichzeitig stellten sich so starke Wasserzuflüsse ein, daß das Abteufen eingestellt werden mußte. Mit einer Handbohrung durchsank man dann bis zu einer Tiefe von 46,0 m von der Schachtsohle ab brauneisenerzhaltige Schichten, welche von 21—31 m Tiefe geschlossene, reiche Brauneisenerzpartien bis zu 2 m Mächtigkeit mit vereinzelten kieseligen Einlagerungen enthielten. Nach unten hin stellten sich vererzter Quarz und Schiefer und schließlich graublauer Tonschiefer ein. Die reichsten Partien wurden zwischen 4 und 10 m Bohrlochtiefe aufgeschlossen. Zwischen 8 und 10 m Bohrlochtiefe zeigten die Bohrproben reichlich derbes Hartmanganerz (Psilomelan).

Eine Probe aus dem Fundschacht Anni II zeigte folgende Gehalte: Fe = 31,30 %, Mn = 7,08 %, R = 33,20 %, P = 1,08 %.

In einem 32,0 m tiefen Aufschlußschacht traf man verockerte Überdeckungsgebilde mit Geröllen von Lydit, Alaunschiefer, sandigen Quarziten und zersetzten Tonschiefer in mehreren Lagen. Die mächtigen Geröllschichten sind als fluviatile

76

Sedimente zu bezeichnen, die mit Rücksicht auf den hohen Grad ihrer Zersetzung vielleicht doch einer starken Abtragung der Schichten zur Tertiärzeit ihre Entstehung verdanken.

Figur zeigt das Vorkommen einer Vererzung in der 30 m Sohle in quarzitischen Schichten, in denen auch Nester und auf Rissen und Klüften schwache krusten- und netzförmige Bildungen von Brauneisenerz und Manganmulm auftraten.

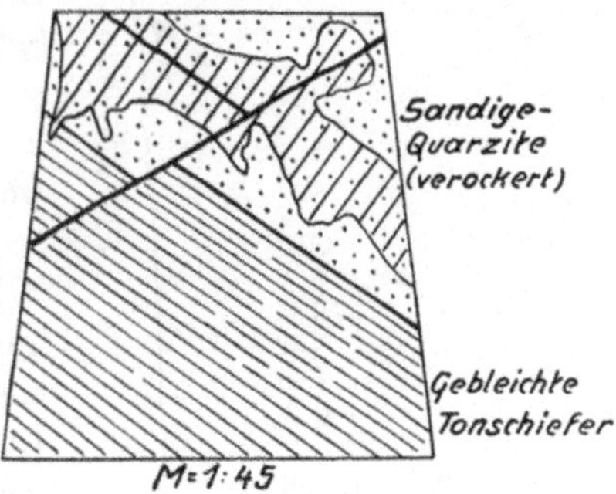

Die verzackte Umrahmung wird von einer Brauneisenerzkruste gebildet; innerhalb ist die Verockerung des Gesteins wesentlich stärker als außerhalb. Die Vererzung beschränkte sich fast ausschließlich auf die quarzitischen Schichten, während die darunter anstehenden dünnbankigen, gebleichten und tonig zersetzten Schieferschichten fast keine Vererzung und Verockerung zeigten. Diese Schiefer traten auch vielfach in dünnen Bänken als Zwischenlagerung in den sandigen, quarzitischen Schichten auf und zeigten auch in diesen Fällen fast gar keine Vererzung. Diese Erscheinung ist einerseits wohl auf die Wasserundurchlässigkeit der tonigen Schichten zurückzuführen; andererseits sind die porösen Quarzitschichten besser geeignet gewesen, die eisenhaltigen Lösungen kapillar festzuhalten.

Auf Grund der neuen Aufschlüsse läßt sich im Verein mit den Ergebnissen der früheren Schürfarbeiten das folgende Profil herstellen, aus dem sich die Form und Art der Lagerstätte ergibt. Das Profil ist durch die Verbindungslinie des Fundschachtes Anni II mit dem Bohrloch gelegt (vgl. S. 78).

Das untersuchte Gebiet stellt darnach, wie bereits erwähnt, ein Erosionsbecken dar, das von jungen Schuttmassen erfüllt ist. Die Brauneisenerzvorkommen erscheinen nach den Aufschlüssen an die unter den Schuttmassen anstehenden Schichten gebunden, die offenbar einer alten Landoberfläche entsprechen. Über Art und Entstehung der Erzvorkommen geben außer anderen die Aufschlüsse bei den Schürfarbeiten Aufschluß.

Schon der in weiten Grenzen schwankende und zum Teil erhebliche Mangangehalt der Erze, der stark wechselnde Eisengehalt und der zum Teil hohe Rückstand kennzeichnen die Erze als Eisenmanganerze aus Verwitterungslösungen. Die Erze sind teils derb und dicht, teils schalig, teils mulmig, schwarz und pechglänzend; Derberzstücke zeigen im Innern einen Kern von braungelber Farbe und ebensolchem Strich, während der Strich des den Kern einhüllenden schwarzen Erzes dunkelbraun ist. Auch im helleren Kern dringt das schwarze Erz auf Rissen und Klüften ein; von den Klüften aus schreitet die Vererzung weiter fort und erfaßt die dazwischen liegenden Partien, welche nach und nach zu derben Erzpartien angereichert werden. In letzteren zeigen sich noch häufig kleine Einschlüsse von dem gelbvererzten Gestein. Es sind also typische Verdrängungsvorgänge, welche zur Bildung der reineren Erzpartien geführt haben. Andere derbe Erzstücke wiederum lassen ihre Entstehung aus dem Gestein deutlich durch ihre Schichtung ersehen, welche sich in einer Aufblätterung zu erkennen gibt. Die derben Erze haben zahlreiche kleine Hohlräume und Poren, welche zum Teil mit dünnen Glaskopfkrusten überzogen sind. Sie sind als primäre Drusenbildungen anzusehen. Andere Hohlräume erweisen sich als jüngere Auslaugungsprodukte. Die Form der Lagerstätte ist eine absetzige und unregelmäßige. Die beiden Erzvorkommen im Bohrloch und im Schürfschacht Anni II stehen, wie der Aufschlußschacht ergeben hat, nicht miteinander in Verbindung, sondern sind durch eine erzleere Zone, welche nur schwache Spuren von Vererzung zeigt, voneinander getrennt.

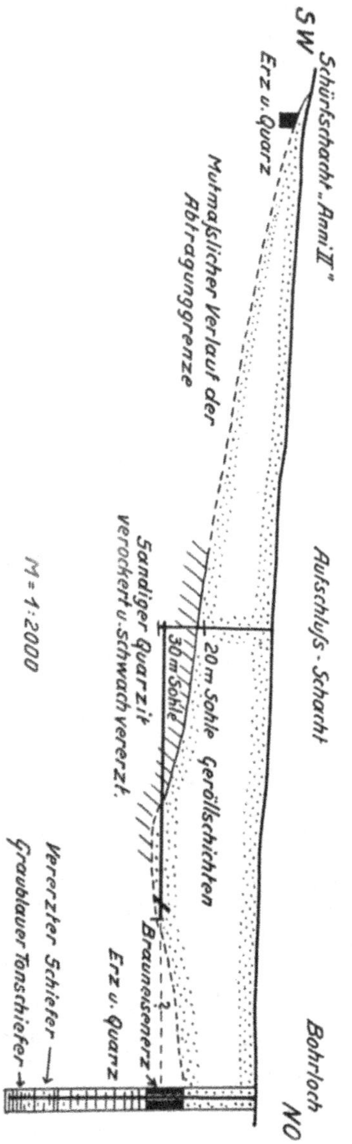

Die Erzlagerstätte ist nach ihrer Bildung zum Teil von der Abtragung erfaßt worden, wie die oberflächlich gelagerten Erzrollstücke in den Überdeckungsschichten und die Einschlüsse von vererztem Schiefer in den tiefer gelegenen Schuttmassen beweisen. Außerdem ist auch eine sekundäre chemische Umlagerung ihres Erzgehaltes eingetreten, welche sowohl zur Bildung von Glaskopfkrusten und zur Konzentration des Mangangehaltes in Form von derbem Hartmanganerz in Hohlräumen und Klüften des Erzlagers selbst als auch zur teilweisen Vererzung der jüngeren an das Lager angrenzenden fluviatilen Sedimente geführt hat, wie die Vererzung der Geröllschichten in der 30 m Sohle bei 74 m Streckenlänge beweist.

Eine auffallende Erscheinung ist bei dem Erzvorkommen bei Stegenwaldhaus das Auftreten von großen Quarzmassen (zum Teil Quarzbreccien), welche an den Rändern des Erzgebietes allenthalben an der Oberfläche in Geschieben von zum Teil sehr großen Dimensionen anzutreffen sind. Die Quarzblöcke zeigen starke Korrosionserscheinungen und enthalten in Drusen und auf Rissen teils Hartmanganerze, teils krustenförmige Vererzung mit Brauneisenerz. Sie erwecken zunächst ganz den Eindruck von Gangquarz aus dem Eisernen Hut eines Ganges. Der Quarz ist hauptsächlich zuckerkörnig und teils farblos, teils gelblich gefärbt. Auch in dem im Bohrloch aufgeschlossenen Erzlager sind größere Quarzpartien im Liegenden der Derberze aufgeschlossen worden. Möglicherweise sind auch sie das Produkt der säkularen Verwitterung der Festlandoberfläche, da sie im Liegenden der von der Verwitterung betroffenen

Schichten konzentriert sind. Nach den Aufschlüssen erscheint der Quarz an die Vererzungszone gebunden.

Wichtig für die geologischen Verhältnisse der Lagerstätte ist auch das Auftreten von Hornsteinknollen in den Schuttmassen, welche als umgelagerter Verwitterungsschutt von in der Nähe anstehenden Kalk- bezw. Dolomitschichten (Kieselkalk Stegenwaldhaus) gedeutet werden müssen. Im Schürfschacht Anni III wurde auch bei 21 m Tiefe nach Angabe des Steigers Dolomit angehauen. Ein Stück ergab bei einer Untersuchung 40 % Fe und 2,39 % Mn und erwies sich als derber Spateisenstein. Auffallenderweise wurde aber mit der auf der Schachtsohle angesetzten Bohrung der angebliche Dolomit nicht angetroffen, sondern von Anfang an nur Brauneisenerz durchbohrt. Bergrat HAF.

Brauneisenerze in tertiären Ablagerungen.

Die tertiären Sande und Tone, die auf der Naab-Wondrebhochebene namentlich in der Gegend von Wiesau und Mitterteich weit verbreitet sind, enthalten häufig streifen-, linsen- und nesterförmig mit Sand und Ton vermengte Eisensteinschwarten, manchmal auch mulmigen, tonigen Brauneisenstein mit oft ziemlich hohem Mangangehalte. Solche Eisenerze sind früher an vielen Stellen allerdings nur vorübergehend abgebaut worden, so in der Gegend von Kleinsterz, Preisdorf, Oberteich, Hofteich, Pechofen, Hoher Parkstein. Der Bergbau reicht an manchen Orten bis ins 17. Jahrhundert zurück (Kleinsterz, Oberteich). Die geringe Mächtigkeit der Vorkommen (10 cm—$^1/_2$ m) und die Geringwertigkeit des ockerigen Erzes, das meist verwaschen werden mußte, brachten die Gruben wieder zum Erliegen.

Bei Pechofen und an der Zottenwies bei Pilgramsreuth war das Erz an basalttuffartige Ablagerungen gebunden. Der alte Bergbau auf der Sattlerin ging auf mulmigen Brauneisenerzen um, die Basalttuffen zwischengeschaltet waren und häufig das Hangende von Braunkohlenflözen bildeten. Seltener kamen auch dichte Brauneisenerze vor. (Rudolphzeche Herzogöd). Bei dem Bergbau auf Eisenstein am Basaltkegel des Schloßberges bei Waldeck scheint es sich um eine ähnliche Lagerstätte zu handeln.

Die ganze Art dieser Erze erinnert etwas an Raseneisensteine. Ihr Vorkommen in Gebieten, die früher der Schauplatz basaltischer Eruptionen waren, ihre stellenweise räumliche Verknüpfung mit Basalttuffen machen es wahrscheinlich, daß bei ihrer Bildung Mineralquellen und zwar Eisensäuerlinge, wie sie häufig im Gefolge von Eruptionen auftreten, eine wichtige Rolle gespielt haben, wie dies ja auch an allen rezenten Eisensäuerlingen als Absatz beobachtet werden kann. In einzelnen Fällen mögen aber auch reine Verwitterungsvorgänge die Anreicherung des Eisens bewirkt haben. Dr. A. WURM.

Farberde.

Öfters nehmen die unteren Graptolithenschiefer den Charakter von erdigen, sehr kohlenstoffreichen, leicht abfärbenden Schiefern an. Der Kohlenstoff, der unter der Einwirkung gebirgsbildender Vorgänge in eine graphitähnliche Substanz umgewandelt ist, erscheint als schwarzes Pulver in Nestern und Putzen angehäuft. Solches Material dient als Zeichenschiefer oder zur Herstellung von Farberde. Bei

Ludwigstadt soll früher eine solche Schwarzfarbengrube bestanden haben. Im Kriege wurde der Alaunschiefer im Bergwerk „Silberne Rose" bei Brandholz in einem unterirdischen Steinbruche abgebaut und auf Farberde verarbeitet. Neuerdings sind auch in der Gegend von Hallerstein bei Völkenreuth Versuchsschürfe auf solche Farberde gemacht worden.

Eine ähnliche Verwendung hat ein Vorkommen von erdigem bis feinschuppigem Chloritschiefer in der Gegend von Ebnath nördlich Schwarzenreuth gefunden. Es wurde gemahlen und zu grüner Farberde verarbeitet. Schon Flurl erwähnt in seiner „Beschreibung der Gebirge von Bayern und der oberen Pfalz" 1792 (S. 438) diese Chloritschiefer, welche damals zu mancherlei Drechslerarbeiten besonders zu Gewichten Verwendung fanden.   Dr. A. Wurm.

Feldspat.[1]

Die Mineralien der Feldspatgruppe sind Tonerdesilikate mit einem Gehalt an Alkalien oder Kalk, welche z. T. monoklin, z. T. triklin kristallisieren. Die hauptsächlichsten Vertreter dieser Gruppe sind einesteils die reinen Kalifeldspäte Orthoklas und Mikroklin, andererseits die Plagioklase, welche Kali-frei sind und an dessen Stelle Natron und Kalk enthalten. Für die keramische Industrie sind ausschließlich Kalifeldspäte von Bedeutung und diese stellen, was Zahl und Menge ihrer Vorkommnisse betrifft, sehr wichtige Rohprodukte dieser Industrie dar, welche auch in Bayern in nicht untergeordnetem Maße gewonnen werden.

In zahlreichen größeren, gut ausgebildeten Kristallen findet sich der Orthoklas in manchen Graniten des Fichtelgebirges, des Oberpfälzer und Bayerischen Waldes. So sind als solche die Vorkommnisse von Fichtelberg — Neubau am Ochsenkopf, aus der Gegend von Marktredwitz und Tirschenreuth — bekannt. Aber derartiger Orthoklas ist zu unrein und zu sehr mit den Gemengteilen des Granites verwachsen, als daß er für die Zwecke der keramischen Industrie zu benützen wäre. Technisch brauchbarer und abbauwürdiger Feldspat ist immer an das Auftreten von Pegmatiten gebunden, jener sauren Spaltungsgesteine des Granites, die als spätere Nachschübe diesen oder die angrenzenden Gneise gang- oder stockförmig durchsetzen. Man wird also derartige Feldspataufschlüsse im Bereich von Granit und Gneis aufzusuchen haben, wie sie in Bayern, besonders der Bayerische und Oberpfälzer Wald und das Fichtelgebirge aufweisen. Ein kleineres Gebiet findet sich dann noch in der Gegend von Aschaffenburg, wo Gneis und Granit des Vorspessartes ebenfalls von Pegmatitgängen durchsetzt werden, das aber für eine technische Ausbeutung kaum in Betracht kommt.

Die Pegmatite des Bayerischen und Oberpfälzer Waldes, die fast durchwegs im Gneis aufsetzen, zeigen gegenüber von jenen des Fichtelgebirges, die vor allem innerhalb des Granites selbst vorkommen, sowohl in ihrer äußeren Erscheinung, wie in ihrer Mineralführung einen auffallenden Unterschied. Mineralogische Prunkstücke von Drusen mit vollendet ausgebildeten oder flächenreichen Kristallen von Orthoklas, Rauchquarz, Flußspat, Apatit, Topas, von großblättrigem Zinnwaldit und

---

[1] Kapitel Feldspat und Flußspat bearbeitet von Dr. H. Laubmann.

Büscheln von Turmalin wie sie vom Epprechtstein und Reinersreuth am Waldstein im Fichtelgebirge bekannt sind, wird man bei den Pegmatiten des Bayerischen und Oberpfälzer Waldes vergebens suchen. Um so mehr aber überrascht bei diesen ihre mannigfaltige und interessante Mineralführung, die sie zu ganz eigenartigen Minerallagerstätten macht. Einerseits sind es eine Reihe von Silikatmineralien, wie Turmalin, Granat, Staurolith, Andalusit, Kordierit resp. Pinit, die vielen unserer Pegmatite eigen ist; es sei hier nur an die längst bekannten Vorkommnisse am Hörlberg bei Lam, von Kötzting, von der Frath und Blötz bei Bodenmais, vom Bärenloch am Arber, vom Tillenberg bei Waldsassen erinnert: Bei anderen Pegmatiten dagegen treten teils massenhaft, teils in seltenen Kristallen, Phosphate als „Pegmatitmineralien" auf, hin und wieder in solchem Maße, daß man an eine Ausbeutung derselben gedacht hat. Hierher gehören der altbekannte Quarzbruch am Hühnerkobel bei Zwiesel, die neueren Aufschlüsse von Marchaney bei Tirschenreuth, von Pleystein, Hagendorf und Plößberg-Wildenau, wo Triplit, Triphylin, Kraurit, Apatit, Vivianit, Kakoxen, Beraunit, Strengit, Phosphosiderit zu den typischen Mineralvorkommnissen dieser in Deutschland einzigartigen Phosphatpegmatite zählen.

Je nach der Entwicklung des Pegmatites, d. h. je nach der Art und Weise wie seine Gemengteile Feldspat, Quarz und Glimmer sich abgeschieden haben und je nach dem Umfang, in welchem der verwitternde Einfluß der Oberflächenwässer auf das Gestein einzuwirken Gelegenheit hatte, wechselt die Qualität des Feldspates. Sind Quarz und Feldspat gesetzmäßig, d. h. schriftgranitisch miteinander verwachsen, so repräsentiert dies ein Material von nur beschränkter Verwertbarkeit, ebenso wie die von Glimmer durchsetzten Feldspatpartien wenig begehrt sind. Durch Infiltrationsprozesse sind die ausstreichenden Pegmatitgänge und mithin auch ihr Feldspat öfter durch Eisen- und Manganoxyde mehr oder weniger rostfarbig geworden. Derartiger Feldspat ist nur bedingt, d. h. wenn er weiß schmilzt, verwendbar. Mit zunehmender Tiefe des Aufschlusses verschwindet jedoch diese braune Färbung gewöhnlich und es steht dann meist reiner Feldspat an.

Reiner Orthoklas findet sich in grobspätigen Partien, welche oft sehr bedeutende Massen darstellen und das wertvollste Material für die Technik liefern. Der öfter mit solchen verwachsene Quarz nimmt dabei eine Korngröße an, die zuweilen ins Riesenhafte geht; er kann daher beim Betrieb leicht ausgehalten werden. Derartige Pegmatite treten im Bereiche der Gneise des Bayerischen und Oberpfälzer Waldes nicht allzuselten auf und sie sind es, die von den Interessenten mehr als seither aufgesucht und abgebaut werden sollten. Denn neben dem Feldspat kommt hier als nicht minder begehrtes Material noch Quarz von großer Reinheit für den Abbau in Betracht; der Pegmatitquarz stellt die technisch reinste und beste Qualität dieses Minerales dar.

Ihrer chemischen Zusammensetzung nach, die aus den beigegebenen Analysen ersichtlich ist, zählen die technisch verwerteten Feldspäte Bayerns fast durchgängig zu den Kalifeldspäten. Der Gehalt an Alkali (Kali und Natron) kann im Material der gleichen Fundstelle manchmal sehr wechseln, vergl. die beiden Analysen des Garmersreuther Feldspates, ein Umstand, der bei ihrer Verwendung

für fein keramische Zwecke zu berücksichtigen ist; an anderer Stelle wird darüber
eingehend zu sprechen sein.

F u n d o r t	Ka_2O	Na_2O	CaO	Al_2O_3	SiO_2	Sa.	
Hühnerkobel . . .	12,24	2,23	0,55	21,42	63,47	99,91	*) 0,21 Fe_2O_3,
Tirschenreuther Wald.	13,65	2,35	0,44	19,32	64,03	99,88	0,14 MgO,
Selb	12,64	2,53	0,13	20,93	63,74	100,86	0,47 H_2O
Garmersreuth I . . .	10,07	3,02	0,16	20,15	65,14	99,17	
Garmersreuth II . .	0,54	10,65	0,22	20,99	67,70	100,92 *)	

Das Hauptverbreitungsgebiet abbauwürdiger Feldspatgruben ist im Siedlungsgebiet der einstmals weit verbreiteten Glasfabrikation des Bayerischen Waldes, also im nördlichen Teil des Bayerischen Waldes und dem sich anschließenden Teil des Oberpfälzer Waldes zu suchen, wo der Gneis von zahlreichen, teils altbekannten, teils später erschlossenen bezw. neu zu erschließenden Pegmatitgängen durchsetzt wird. In den Anfangsstadien und der Blütezeit dieser bodenständigen Industrie war man bestrebt, das Hauptrohmaterial derselben, den Quarz, aus unmittelbarer Nähe zu beschaffen und so entstanden damals schon eine Reihe von Quarzbrüchen, die ausschließlich diesem Zwecke und nicht der Feldspatgewinnung dienten. Letzteres Mineral wurde vielmehr als wertloser Ballast beiseite geworfen; es ist heute sehr gesucht und man wird jetzt zu seiner Beschaffung zweckmäßig diese altbekannten Quarzbrüche wieder aufsuchen. In erster Linie ist die Umgebung von Zwiesel, Bodenmais und Lam reich an derartigen Pegmatitgängen, von denen auch schon Gümbel zahlreiche anführte.

So findet sich mitten im Orte Zwiesel selbst, hinter dem neuerbauten Lehrlingsheim, der schon seit den 1840er Jahren verschüttete alte Zwieseler Quarzbruch und in nächster Umgebung des Städtchens ist bei Klautzenbach, am Lindberg, bei der Zimmerhütte, Buchenhütte, Zwieseler Gefällhütte, Pegmatit festgestellt. In weiterer Umgebung des Ortes sind es der als Minerallagerstätte weltbekannte Quarzbruch am Hühnerkobel bei Rabenstein, bei dem heute noch guter Quarz und Feldspat anstehen, die Umgebung von Brandten und Langdorf, die Gegend am Zwieseler Waldhaus und das Tal der Defernick, die in Betracht kommen. Südlich von Zwiesel treten Pegmatitgänge nur auf der Taferlhöhe und an der Hilsenhütte bei Frauenau auf; in dem für den Transport sehr abseits gelegenen Rachel-, Lusen- und Dreisesselgebiet sind sie nur äußerst spärlich beobachtet worden.

Ebenso häufig sind derartige aufgelassene Quarzbrüche im inneren Walde bei Bodenmais, die zum Teil noch reich an gutem Orthoklas sind. Ich erinnere nur an die auch durch ihre interessante Mineralführung längst bekannten Aufschlüsse auf der Frath, dem Stanzen zwischen Eck und Maisried, am Bärenloch am Arber, am Hühner- oder Hammerloch bei Maisried, auf der Blötz (Plätz) am westlichen Gehänge der Hochzell, eines Vorsprungs des Arbers, am Hörlberg zwischen Bodenmais und Lam und am Harlachberg bei Bodenmais.

82

Auch am Schneiderberg bei Böbrach, im Rinnacher Wald, am Sattel-
brunnen nordöstlich von Arnbruck, bei Ottmannszell, bei Arnbruck und
Baumgarten bei Arnbruck, im Rehberger Eisenschacht bei Drachselsried ist
pegmatitischer Feldspat festgestellt.

Weiter nordwestlich des Zwiesel-Bodenmaiser Gebietes treten dann noch in
der Gegend von Kötzting bei Gebersdorf, Weißenregen und bei Haibühl,
bei Lam und Neukirchen, bei heilig. Blut (Hofberg, Vorderbuchberg) Pegmatitgänge auf, die nicht unbeachtet bleiben sollten.

Ob die südlich des Pfahles liegenden und von Gümbel bereits erwähnten Vorkommnisse von Feldspat und Schriftgranit von Schneeberg, Handling bei
Ruhmannsfelden, Birka bei Viechtach, Neurandsberg, Unterboxberg, aus
der Gegend von Deggendorf und Vilshofen für keramische Zwecke brauchbar
sind, läßt sich bei den derzeitigen mangelhaften Aufschlüssen und Untersuchungen
nicht feststellen. Voraussichtlich sind diese Gebiete durch die starken, diesem Teil
des Bayerischen Waldes eigenen Störungen, sehr in Mitleidenschaft gezogen worden.

Nicht minder aussichtsreiche Gebiete zur Ausbeutung des Feldspates finden
sich im Bereiche des Oberpfälzer Waldes, jenes Hüggellandes, zwischen Bayerischem Wald und Fichtelgebirg. So wurde früher in Herzogau bei Waldmünchen für die Glasfabrik des letztgenannten Ortes aus einem leider ganz
vergessenen, aber durch seine Mineralführung beachtenswerten Pegmatitgang,
Quarz abgebaut. Und späterhin wurden bei Döfering, zwischen Waldmünchen
und Rötz, Pegmatite für den Straßenbau aufgeschlossen. Auch das von Gümbel
festgestellte Auftreten von Schriftgranit in der Steinlohe, bei Schwandt und
Stadlen nördlich von Waldmünchen läßt darauf schließen, daß auch diese Gegend
vielfach von Pegmatitgängen durchsetzt ist.

Zu beiden Seiten des Schwarzachtales, das sich bei Schwarzenfeld ostwärts
erstreckt, waren Spatgruben zwischen Weiding und Krandorf im Betrieb,
während eine solche mit scheinbar sehr brauchbarem Material bei Unterkatz-
bach (Station Willhof der Bahn Nabburg—Schönsee) wieder abgebaut wird. Auch
in der Gegend von Weiden am Ostgehänge des Naabtales wurde bei Tröglers-
richt, Mugelhof und Irchenrieth zeitweise Feldspat abgebaut.

Nach neueren Beobachtungen sind besonders im Gneisgebiet bei Pleystein
reichlich pegmatitische Einlagerungen festgestellt worden und es steht zu erwarten, daß neben den bereits seit Jahren im intensiven Feldspatabbau be-
griffenen Gruben zu Hagendorf (nordwestlich von Pleystein) und Burkhards-
rieth noch weitere erschürft werden. Auch bei Zeßmannsrieth unfern
Vohenstrauß hat man gutes Material aufgefunden.

Ein ähnliches Verhalten weist noch in der nördlichsten Oberpfalz die Gegend
von Tirschenreuth auf, wo an der Sägmühle bei Tirschenreuth, zu Leichau
bei Stein, bei Beidl, Schönficht, Schirnbrunn und besonders bei Wildenau-
Plößberg schon früher auf Feldspat gegraben und neuerdings Pegmatitgänge
für Straßenbaumaterial und für keramische Zwecke aufgeschlossen wurden. Auch
an der Lenkermühle bei Püllersreut unfern Windischeschenbach hat man ein
aussichtsreiches Feldspatvorkommen festgestellt.

Während in den Graniten des Fichtelgebirges kleinere, an prächtigen Mineraldrusen reiche Pegmatitgänge äußerst zahlreich sind, kennt man in diesem Gebiete doch verhältnismäßig wenig bedeutendere Vorkommnisse, welche eine technische Ausbeutung ermöglichen. Nur bei Garmersreuth unweit Arzberg, am Steinberg bei Hohenberg und in der Reuth, am Laubbühl, bei der Papiermühle, bei den Linden, am Goldberg und bei Geiersbrunn in der Umgebung von Selb liegen Versuche vor, die vorübergehende Förderung dieses Minerales bezwecken.

In ihrer Zusammensetzung entsprechen den Pegmatiten die Aplite, welche sich durch feinkörniges Gefüge von jenen unterscheiden. Manche stellen sehr reine Gemenge von Orthoklas und Quarz dar, die zu vielen keramischen Zwecken recht brauchbar sind, im allgemeinen aber in Deutschland recht wenig verarbeitet werden. Zu ihnen gehören auch die von Gümbel als Granulite bezeichneten Vorkommnisse der Oberpfalz, welche in zahlreichen Gängen das Gebiet der Gneise und Granite durchsetzen und als Granat und Turmalingranite unterschieden wurden. Manche enthalten Sillimanit, Staurolith, Disthen u. s. w. So z. B. in der Gegend von Tirschenreuth (besonders bei Marchaney, Ahornberg, Lauterbach, Ellenfeld) und in der Mähringer Gegend bei Dippersreuth, Poppenreuth und Pilmersreuth. Der Abbau dieser Aplitgänge erscheint nicht ausgeschlossen, sobald sie rein und massig genug auftreten.

In vorteilhafter Weise wird bereits seit längerer Zeit auf einigen Gruben im Forste von Mantel und Steinfels bei Parksteinhütten unfern Weiden ein Keupersandstein (granitische Arkose) für keramische Zwecke abgebaut, den man irrtümlicherweise als Pegmatit bezeichnete. Er ist durch den natürlichen Schlemmprozeß praktisch glimmerfrei und besteht aus einem Gemenge von Quarz- und Feldspatkörnern, dem etwas Kaolin beigemengt ist Man verwendet dieses Naturprodukt als Grundsubstanz technischer Porzellane, die man entsprechend korrigiert.

Ohne Zweifel besitzt das östliche Bayern in seinen Feldspatvorkommen ziemlich reiche Bodenschätze, die trotz ihrer günstigen Lage zu dem Siedlungsgebiet unserer hochentwickelten bayerischen Porzellanindustrie, welche bekanntlich fast ausschließlich in der Oberpfalz und in Oberfranken heimisch ist, verhältnismäßig wenig wirtschaftlich ausgenützt wurden. Für die Ausfuhr von bayerischem Feldspat, die bei rationellem Abbau und gutem Material nicht ausgeschlossen erscheint, kämen noch die ebenfalls sehr günstig gelegenen thüringischen und böhmischen Porzellanfabriken in Betracht, die an Zahl und Bedeutung unseren bayerischen kaum nachstehen. Der Hauptbedarf unserer Porzellanindustrie an Feldspat wurde seither durch Einfuhr aus Skandinavien und nur ein verhältnismäßig geringer Anteil aus heimischen Gruben gedeckt. Die günstige Lage der skandinavischen Feldspatgruben mit dem billigen Wassertransport und die vorzügliche Qualität und leichte Schmelzbarkeit des Produktes erleichterten ihm die erfolgreiche Konkurrenz gegen den inländischen Spat. Dazu kommt noch seine immer gleichbleibende Zusammensetzung, die wesentliche Änderungen der Betriebsrezepte unnötig macht, im Gegensatz zu vielen von unseren Feldspäten, die in ihrem Alkaligehalt vielfach wechseln und so eine aufmerksame Betriebskontrolle erfordern. Unsere Porzellanindustrie wird daher das nordische Produkt auch späterhin für Glasuren und feine transparente Qualitätsporzellane wohl nie ganz entbehren können; trotzdem aber steht zu erwarten, daß die Verwendungsmöglichkeit unseres heimischen Feldspates zur Massenproduktion der gewöhnlichen Gebrauchsporzellane, die sich während des Krieges zweifelsohne erwiesen hat, im Laufe der Zeit in noch erhöhtem Maße zunehmen wird.

In der Beschaffung von Feldspat sollte man sich jetzt, wo die Brauchbarkeit des bayerischen Spates erwiesen ist, von dem ausländischen Bedarf nach Möglichkeit unabhängig machen und es bedarf hiezu in erster Linie nur, daß man die zahlreichen alten und zum Teil schon längst eingegangenen Aufschlüsse wieder aufsucht und sich fachmännisch über die Qualität des Materiales und die Möglichkeit eines Abbaues unterrichtet. Zudem dürfte die Aussicht, den stets mit einbrechenden Quarz vorteilhaft mit zu verwerten, einen derartigen Betrieb heutzutage weitaus lebensfähiger gestalten als ehedem, wo man Pegmatitgänge nur des Quarzes wegen abbaute. In früherer Zeit waren es meist die Grundeigentümer selbst, welche durch Raubbau den Spat abzubauen und zu verwerten suchten. In der Regel wurde das Ausgehende des Pegmatitganges im Tagebau gefördert; sobald aber der Betrieb sich irgendwie komplizierte, wurde er eingestellt. Man baute also meist nur die obere eisenschüssige Decke des Ganges ab und ließ den tiefersitzenden reinen Feldspat unberührt. Heutzutage scheitert zudem mancher Versuch der Spatgewinnung noch durch die übermäßige Forderung an Bruchgeld, das von seiten der Grundeigentümer verlangt wird, und man sollte daher auf Mittel und Wege bedacht sein, diese Hemmungen auszuschalten. Kommt dann zu hohen Bruchabgaben noch reichliche Belastung für Achsenfrachten, wie sie durch die wenig günstige Lage der meisten Feldspatgruben abseits der Verladestationen bedingt werden, so hat das Unternehmen von vornherein gegenüber der ausländischen Konkurrenz mit seiner billigen Wasserfracht einen schweren Stand.

Flußspat.

Der Flußspat findet sich in Bayern vorzugsweise auf ziemlich selbständigen abbauwürdigen Gängen, die bei Bach unweit Regensburg und in der Umgebung des Wölsenberges bei Nabburg in der Oberpfalz auftreten und von großem praktischen Interesse sind. Daneben stellt er sich vereinzelt auch auf gewissen Erzgängen als Gangart — wie z. B. auf der Fürstenzeche bei Lam, bei Steben, am Gleisingerfels bei Fichtelberg — in den drusenreichen Pegmatiten des Fichtelgebirges (Epprechtstein, Waldstein) und in den kontaktmetamorphen Kalken bei Wunsiedel und Pullenreuth ein. Doch besitzen diese Vorkommnisse nur mineralogisches Interesse.

Auf den Oberpfälzer Flußspatgängen bricht das Mineral in der Hauptsache in grobkristallinischen, körnigen bis stenglichen Massen, deren Farbe in weiten Grenzen, von lichtgrün bis schwarzviolett, wechselt und die besonders schön an den häufig vorkommenden, prächtig gebänderten Stücken zu beobachten ist. Auf den körnigen Flußspatmassen sitzen nicht allzu selten prachtvolle Drusen, die aus Würfeln von oft recht ansehnlicher Größe und dunkelvioletter oder honiggelber Farbe gebildet werden. Kleine wasserklare oktaedrische Kristalle finden sich selten. Vielfach sitzen auf diesen Drusen als jüngere Bildungen gut ausgebildete Tafeln oder blätterige Aggregate von Schwerspat und Inkrustationen von Eisenrahm, Eisenglimmer und granatrotem Eisenkiesel.

Als Begleitmineralien treten in erster Linie Quarz und Schwerspat auf, von denen der letztere wegen seines massenhaften Vorkommens ein willkommenes Nebenprodukt der Flußspatgewinnung bildet. Er tritt in den Gängen zum Teil in recht mächtigen, blätterigen bis dichten Massen auf, während der Quarz in meist hornsteinartiger Ausbildung vielfach eine vollständige Verkieselung der Gänge hervorbringt. Zu diesen beiden Gangmineralien gesellt sich häufig ein schwach silberhaltiger Bleiglanz mit seinen Umwandlungsprodukten Weiß- und Grünbleierz und endlich ist eine merkwürdige, nicht allzu seltene Erscheinung der Uranglimmer, der den tief dunkelvioletten Flußspat des Wölsenberges und das anliegende Gestein in Blättern und Krusten durchsetzt.

Die abbauwürdigen Flußspatgänge der Oberpfalz setzen durchgehends im Granit auf; sie zeigen eine SO.—NW. Streichrichtung und gehören zum Teil dem Spaltensystem des Pfahls selbst an, zum Teil, wie bei Bach, setzen sie in Parallelspalten auf. Das Nebengestein der Gänge ist ein meist rötlich gefärbter Granit, der an den Salbändern zum Teil stark ausgebleicht und dessen Feldspat vielfach in Kaolin und Nontronit umgewandelt ist. Er wird sehr häufig von Flußspatadern durchzogen, die ein anschauliches Bild der Gänge im Kleinen geben, oder an den Gangwänden mit Flußspat zu Brekzien verkittet. Die Gangfüllung beginnt für gewöhnlich an den Salbändern mit einer Lage von hornsteinartigem Quarz, dann folgen körniger oder stenglicher Flußspat, Schwerspat mit Flußspat, dann wieder reiner Flußspat und die Gangmitte schließt sich durch kristallinischen Quarz. Im Verlauf der Gänge wird öfter der vorherrschende Flußspat, der von wenigen Zentimeter bis zu 3—4 m Mächtigkeit auftreten kann und sich auskeilt, durch Schwerspat ersetzt oder durch den fast nie fehlenden Quarz fast vollständig verkieselt. Das Charakteristische dieser Gänge ist also eine außerordentliche Unregelmäßigkeit ihrer Füllung als auch ihres Verlaufes. An dem aufgewühlten Boden und den aufgeschütteten Halden lassen sich Verlauf und Form der Gänge auf weite Strecken hin verfolgen und studieren. Diesen Verhältnissen war auch der frühere Abbau angepaßt, der in Tagröschen geschah. Erst bei den neu angelegten Gruben am Wölsenberg, bei Stulln, bei Liesenthan und in der Freihung erfolgt im Schachtbetriebe Förderung und Wasserhaltung durch elektrische Kraft.

Das Erz dieser Flußspatgänge, das aber nur in geringen Mengen auftritt, ist großblättriger bis dichter silberarmer Bleiglanz mit etwas Weiß- und Grünbleierz, sowie geringfügige Schwefel- und Kupferkiesimprägnationen mit ihren Zersetzungsprodukten. Der Bleiglanz tritt sehr unregelmäßig und nur an einigen Stellen wie bei Krandorf und Altfalter und in der Bauerschen Grube oberhalb der Bahnstation Wölsendorf in etwas verstärktem Maße auf, doch ohne einen Abbau zu lohnen. Nach der ganzen Art ihrer Erz- und Mineralführung sind die Gänge der erzarmen, an Gangart reichen, flußspatführenden Silber-, Bleierzformation zuzuzählen, die als juvenile Bildungen auf den durch tiefgehende Störungen entstandenen Spalten des Granites abgesetzt wurden.

Von diesen oberpfälzischen Flußspatgängen, wie sie eben im allgemeinen charakterisiert wurden, sind wohl diejenigen am Wölsenberg und bei Stulln, bei Liesenthau und in der Freihung zwischen Schwarzenfeld und Nabburg, bergwirtschaftlich am wichtigsten, denn sie werden seit der ersten Hälfte des vorigen Jahrhunderts, wo sie zum erstenmale bekannt wurden, mit wenig Unterbrechung abgebaut und sie sind das eigentliche Produktionsgebiet des Flußspates in Bayern. Sie verdanken ihre Entstehung einem Bergbau auf Bleiglanz, der in der zweiten Hälfte des 18. Jahrhunderts vorübergehend am Wölsenberge einsetzte und der besonders in der Gegend von Altfalter, das durch das Schwarzachtal getrennt, östlich vom Wölsenberg liegt, schon vor mehr als 300 Jahren umging, denn bereits im Jahre 1534 erschien für die Bergwerke zu und um Altfalter eine Bergordnung. Die Gänge setzen auch dort im Granit auf und streichen, von Krandorf und Altfalter in NW.-Richtung längs des Wölsenberges, wo sie besonders oberhalb der Haltestelle Wölsendorf und auf dem Leherbühl am Naabdurchbruch am besten aufgeschlossen und in Abbau sind. Sie setzen über der Naab in gleicher Richtung durch den Mühlberg, wo sie neuerdings auch wieder ausgebeutet werden und streichen nordwestlich von Stulln bei Liesenthan und am Weiler Freihung aus.

Der Flußspat bricht auf den Wölsenberger- und Stullner Gängen fast durchgehends als tief dunkelvioletter, oft fast schwarzer Stinkfluß oder Antozonit, der beim Anschlagen einen auffälligen, an Chlor erinnernden Geruch verbreitet. Er führt als ständigen Begleiter sehr wenig Kalk- und Kupferuranglimmer, die in schönen gelbgrünen Blättchen das Mineral und den anliegenden Granit durchschwärmen. Bei Altfalter und Krandorf dagegen und ebenso in den auslaufenden Gängen bei Liesenthan und Freihung, wo der Uranglimmer fehlt, tritt er nur als farbloser oder schwach grünlich oder rötlich gefärbter Flußspat auf. Über Ursache und Zusammenhang der dunkelvioletten Färbung und des merkwürdigen Geruches werden schon seit über 50 Jahren, seit Schönbein als Ursache dieser Erscheinung das Antozon darin entdeckt haben will, die bis heute noch widersprechendsten Theorien aufgestellt. Das Auftreten von Uranmineralien — Uranpecherz ist noch nicht aufgefunden, doch liegt die Möglichkeit seines Vorkommens vor — sowie die radioaktiven Grubenwässer und Quellen der Umgebung, machen es wahrscheinlich, daß es radioaktive Einwirkungen sind, die diese auffälligen Erscheinungen hervorriefen, ähnlich wie z. B. auf den Freiberger Silbererzgängen, da wo dieselben Uranpecherz führen, der sonst lichtgefärbte Flußspat violett, der gewöhnlich fast farblose Braunspat lebhaft rötlich und der Schwerspat grau gefärbt erscheinen.

Neben den schon erwähnten Gang- und Begleitmineralien sind es noch Kalkspat, Eisenspat, besonders schöne Drusen von dunkelvioletten oder honiggelben Flußspatkristallen und granatroter Eisenkiesel, sowie eine Reihe merkwürdiger Pseudomorphosen von Quarz nach Kalkspat, Schwerspat und Flußspat und von Roteisenstein nach Spateisenstein, die hier vorkommen und die auch die Wölsenberg-Stullner Gänge zu dankbaren Minerallagerstätten machen.

Die Produktion findet für die Zwecke der metallurgischen, chemischen und keramischen Industrie guten Absatz.

Der Flußspatgang dicht am Parkhaus unweit Kittenrain bei Bach, südöstlich von Regensburg, der ebenfalls im Granit aufsetzt, ist von den Oberpfälzer Gängen am längsten bekannt. Nach Berichten von Flurl[1]) wurde er bereits im Jahre 1703 ausgebeutet und wegen seines schön gefärbten Flußspates als sogen. „schönfärbiges Bergwerk" betrieben. Da sich ein höherer Erzadel nicht einstellte, wurde der Betrieb wieder aufgelassen. Nach den vorhandenen Belegstücken und den wenigen, die man vereinzelt an Ort und Stelle noch aufsammeln kann, ist das Material farblos oder schwach grünlich oder violett gefärbt und entspricht in seiner Qualität allen Anforderungen. Erst in allerneuester Zeit wurde der Abbau von Flußspat wieder aufgenommen.

Der Gang von Bach hat eine Fortsetzung in nordwestlicher Richtung, wie denn überhaupt das ganze Gebiet des fürstlich Thurn u. Taxis'schen Tiergartens reich durchsetzt ist von zum Teil verkieselten, zum Teil intakten Flußspatgängen. Sie zeigen sich in der Nähe des fürstlichen Jagdschlosses, unweit der Hammermühle u. m. O. und so hat denn auch die rege Schürftätigkeit, die in allerneuester Zeit nördlich von Sulzbach a. D. einsetzte, auf einen 2—3 m mächtigen Flußspatgang geführt, der bereits abgebaut wird. Er verläuft ebenfalls im Granit und liefert ein lichtgefärbtes Material von vorzüglicher Qualität, das nur wenig von Quarz durchsetzt ist. Neben kristallisiertem Flußspat in Oktaëdern finden sich hier auch die Pseudomorphosen von Quarz nach Flußspat in den gleichen Formen. Das Vorkommen ist also auch hierin das Analogon der Wölsenberger Gänge.

Zur gleichen Gangformation gehört ferner das bis jetzt in der Literatur noch nicht aufgeführte Flußspatvorkommen am Weiler Kaaghof bei Nittenau im oberen bayerischen Wald. Der dort wenig zu Tag tretende Gang setzt in einem grobkörnigen Granit auf und zeigt ein ungefähres Streichen ven SO.—NW. An dem zu Tag liegenden Material kann nur konstatiert werden, daß ein farbloser oder schwach rosagefärbter, blätteriger bis dichter Schwerspat, in dem ab und zu Bleiglanz eingesprengt ist, überwiegt, während der Flußspat in farblosen Würfeln oder in körnigen Massen eingewachsen ist. Inwieweit dieser Gang brauchbares Flußspatmaterial liefern kann, müßten erst Schürfversuche dartun.

Nur mineralogisches Interesse dagegen hat das Flußspatvorkommen am Kolmberg bei Pingarten, nordwestlich von Bodenwöhr, das in der Nähe des Pfahls, der bei Taxöldern in charakteristischer Entwicklung streicht, auftritt. Es sitzt im Porphyr auf, der in Adern und Schnüren ganz von Flußspat und hornsteinartigem Quarz durchschwärmt ist. Auf den Klüften und in Hohlräumen des Gesteines bilden gelblicher oder schwach violett gefärbter würfelförmiger Flußspat und blätteriger Schwerspat oft recht ansehnliche und schöne Drusen.

Die Angabe Gümbels[2]) von einem Flußspatvorkommen von Pottenhof unfern Winklarn in der Oberpfalz ist nach neueren Feststellungen irrtümlich.

Ein gangförmiges Flußspatvorkommen ist endlich noch aus dem Fichtelgebirge bekannt. Am Mittelberg bei Warmensteinach am Ochsenkopf wurde im vorigen Jahrhundert, als die dort heimischen Knopf- und Paterlhütten noch in hoher Blüte

---

[1]) Flurl, Beschreibung der Gebirge von Bayern und der oberen Pfalz, S. 326 u. ff.

[2]) Gümbel, Ostbayerisches Grenzgebirge S. 373 und 374.

standen, Flusspat für diese Industrie gegraben. Das Material brach rein und verwachsen mit Quarz in derben Massen, war farblos bis lichtviolett gefärbt und nach den noch vorhandenen Belegstücken von bester Qualität. Heute noch sind am Nord- und Südabhange des Mittelberges Schacht und Stollen sowie ein alter verfallener Tagebau vorhanden und man kann feststellen, daß der Flußspat hier im Phyllit aufsitzt und daß es sich nach den aufgefundenen Erzproben und den Pseudomorphosen von Brauneisenstein nach Spateisenstein zweifellos um Eisenerzgänge handelt, die Flußspat als Gangart führen, ähnlich wie solche mit Fluß- und Schwerspat in nächster Nähe auch am Stecherrangen streichen. Ob die Flußspatgänge am Mittelberg im heutigen Sinne abbauwürdig sind, müßte erst erneut untersucht werden.

Gneise und metamorphe Schiefer.[1]

Gneise gewinnen im Fichtelgebirge und Bayerischen Wald eine außerordentliche Verbreitung. Ein großes Gneismassiv, das Münchberger, liegt zwischen den Granitkernen des Fichtelgebirger Zentralstockes und den alten paläozoischen Schiefern des Frankenwaldes. Petrographisch besteht es hauptsächlich aus miteinander wechselnden hellen Glimmergneisen und dunklen Hornblendegneisen und Hornblendeschiefern. Die wenigen steinbruchmäßigen Aufschlüsse in diesem großen Gneismassiv zeugen schon von der geringeren technischen Verwertbarkeit der Gesteine.

Flasrige und feinkörnige Glimmergneise, manchmal augengneisartig entwickelt, werden an der Lehestenmühle bei Schauenstein als Schottermaterial gewonnen. Mehr plattige Glimmergneise liefern die Brüche von Haide und Absang in der Umgebung von Helmbrechts. Das Material von Haide ist in der Tiefe ziemlich massig, nach oben löst es sich in schiefrige Bänke auf. Ganz ähnlich ist der Gneis von Absang, der für den Brückenbau an der neugebauten Bahnlinie Schauenstein—Helmbrechts Verwendung gefunden hat. Auch in den Brüchen von Markersreuth und westlich davon an der Rothenmühle werden vorherrschend Glimmergneise gebrochen.

Die Durchmischung heller und dunkler Gneise zeigt prachtvoll ein Steinbruch nördlich Seulbitz, wo granatführende Hornblendegneise mit Bändern von weißen Glimmergneisen abwechseln. Brauchbares Schottermaterial liefern namentlich die feinkörnigen Hornblendeschiefer und Hornblendegneise. Solche sehr zähe Gesteine wurden früher in dem großen Steinbruch am Goldberg bei Marktschorgast abgebaut und werden neuerdings nördlich vom Goldberg an der Straße Marktschorgast bis Gefrees gewonnen. Weiter südlich an der Zottasche bei Berneck ist der Urgebirgsrand durch einen mächtigen Steinbruch entblößt (Schotterwerk Neuper) Amphibolite und Hornblendegneise, denen Glimmergneise und Augengneise zwischengeschaltet sind, stehen hier in prachtvollen Faltenbildern an. Hauptsächlich die zähen hornblendereichen Lager liefern einen guten Schotter.

Der Nordwest-Rand der Münchberger Gneismasse ist durch eine vielfach unterbrochene Zone von Augengneisen ausgezeichnet. Es sind das von Graniten abstammende grobflasrige Gesteine, die von großen, rundlich länglichen Feldspateinsprenglingen erfüllt sind. Besonders typisch treten sie bei Hohenreuth und

---

[1] Bearbeitet von Dr. A. Wurm und Dr. H. Arndt.

an der Eulenburg bei Grafengehaig (NO 99/1) und südlich davon im Rehbachtal zwischen Guttenberger Hammer und Mehltaumühle auf. Dieselben Augengneise bauen in gewaltigen übereinandergetürmten Felsblöcken zusammen mit Granit den Gipfel der Nusshardt (NO 91/10) im Fichtelgebirge auf und haben weiter östlich gegen Vordorf zu größere Verbreitung. Ich erwähne diese Vorkommen, weil die flasrige Struktur und die grobporphyrische Ausbildung dem Gestein in geschliffenem Zustand eine schöne Zeichnung verleihen.

Um den West- und Südrand des Fichtelgebirger Zentralstockes legt sich ein mächtiger Mantel von Phylliten und phyllitischen Gneisen, denen in der Gegend von Ebnath schmale Züge von Hornfelsen und Kalksilikatfelsen eingelagert sind. Schon die Nähe des großen granitischen Hauptmassivs, dann auch die Durchdringung dieser Gesteine durch Pegmatit- und Aplitgänge weisen auf ihren kontaktmetamorphen Ursprung aus kalkig mergeligen Schichtgesteinen hin. Bei Ebnath wechsellagern die Kalksilikatfelse mit Bändern grauschwarzen Kalkes und erinnern dann völlig an ähnliche Vorkommen bei Wunsiedel, die dort in Begleitung der Urkalkzüge auftreten. Die Hornfelse und Kalksilikatfelse sind graugrüne, manchmal aber auch schwarze, feinkörnige Gesteine von großer Härte. Sie werden in der Gegend von Ebnath als Schottermaterial gebrochen (Selingau und im Fichtelnaabtal an der Bahnlinie Ebnath—Brandt). Die Gneisphyllite, die am West- und Südrande des Fichtelgebirges große Verbreitung haben, aber auch im Osten bei Redwitz und gegen die böhmische Grenze zu auftauchen, werden nur an wenigen Stellen, z. B. am Galgenberg bei Redwitz, zwischen Netzstahl und Waldsassen gewonnen. Von den eigentlichen Phylliten in der Umrandung des Fichtelgebirges oder im Osten südlich der Wondrebtalung werden nur jene als Schotter gebrochen, welche durch Aufnahme von Quarz in sogenannte Quarzlagenphyllite übergehen und mehr quarzitischen Habitus annehmen, z. B. in der Gegend von Neualbenreuth.

Eklogit. Dies berühmte Gestein, das als linsenförmige Einlagerung in der Münchberger Gneismasse auftritt, besteht aus einem Gemenge von rotem Granat, grünem Augit (sogen. Omphacit) und einer grünen Hornblende (Smaragdit) und anderen accessorischen Mineralien. Das im rohen Bruch farbenprächtige Gestein verliert im Schliff, weil die ungleiche Härte der Gemengteile keine gleichmäßige Politur gestattet und die leuchtenden Farben in der Politur verschwinden. Die größte Ausdehnung hat der Eklogitzug südlich von Stammbach am Weißenstein, allbekannt sind auch die Vorkommen von Silberbach, Fattigau, Eppenreuth, Epplasmühle. An einigen dieser Punkte wird das sehr zähe und harte Gestein in kleinen Steinbrüchen als Schottermaterial gewonnen. Dr. A. Wurm.

Im Oberpfälzer Wald und dem südlich angrenzenden Bayerischen Wald haben Gneise eine außerordentlich weite Verbreitung. Nach Gümbel unterscheiden wir zwei Gneisformationen, eine ältere oder bojische und eine jüngere oder herzynische Gneisformation.

Die Gesteine der älteren Gneisformation, die charakterisiert sind durch ihre vorherrschend rötliche Färbung, zeigen in ihrem Aussehen häufig granitähnliche

Struktur, sind vielfach granitähnlich gebankt und stimmen mit zusammen auftretendem Granit in ihrer Zusammensetzung fast völlig überein. Das Hauptverbreitungsgebiet dieser sogen. bunten Gneise, liegt in der Oberpfalz zwischen Amberg, Luhe und Schwarzenfeld, dann beiderseits des Pfreimttales und erstreckt sich am Nordrand der Bodenwöhrer Bucht bis gegen Pösing bei Roding. In der südöstlichen Fortsetzung dieses Zuges treten zu beiden Seiten des Pfahles Gesteine auf, die als Pfahlschiefer bezw. Pfahlgneise bezeichnet werden; es sind dies mechanisch zertrümmerte, granitische Gesteine, bei denen die Zertrümmerung außerordentlich weit fortgeschritten ist, so daß gebänderte und schieferige hälleflintartige Bildungen entstanden. Auch diese Nebengesteine des Pfahlzuges werden von Gümbel noch zur bojischen Gneisformation gestellt.

Zwischen Straubing und Hengersberg treten am linken Donauufer in einem schmalen Zuge bojische Gneise und Granite, die hier nach ihrem Lokalvorkommen als Winzer-Gneise bezw. -Granite bezeichnet werden, auf.

Ihnen aufgelagert sind die Gesteine der jüngeren oder herzynischen Gneisformation, die überaus wechselnd in ihrer Ausbildung sind und gegliedert werden in:

Schuppengneise, glimmerreiche, flaserig-streifige, ziemlich feinkörnige, im allgemeinen graue Gesteine.

Körnelgneise. Gneise von grauer bis gelblicher Färbung, die eine körnigstreifige Struktur zeigen, lagenweise grob- und feinkörnig entwickelt sind und zur Augengneisbildung neigen.

Dichroit- oder Kordierit-Gneise, die im vorderen als auch im hinteren Bayerischen Wald überaus weit verbreitet sind. Ihrer Struktur nach schließen sie sich an die Körnelgneise an, unterscheiden sich aber von diesen hauptsächlich durch ihre Kordierit- und Granatführung. Innerhalb dieser Gesteine treten die bedeutendsten Lagerstätten des Bayerischen Waldes auf, die Graphitlagerstätten bei Passau, die Schwefel-Magnetkieslagerstätte vom Silberberg bei Bodenmais u. a. m.

Syenit- und Hornblende-Gneise sind in lokal begrenzten Vorkommen von zahlreichen Stellen bekannt.

Eine ähnliche praktische Verwendung, wie sie den im ostbayerischen Grenzgebirge weit verbreiteten Graniten zukommt, finden die Gneise nicht. Wo sie in frischem, unzersetztem Zustande auftreten, werden sie meist in kleinen Anbrüchen für den Schotterbedarf der Straßen gewonnen; sie werden (besonders die durch Granit injizierten Gneise) als Baumaterial für Wasserbauten an der Donau und bei Wildbachverbauungen im Innern des Bayerischen Waldes und schließlich als Eisenbahnbaumaterial zur Bestockung der Geleisstrecken, zur Aufführung von Stützwänden in größerem Maßstabe herangezogen. Dr. H. Arndt.

Grünschiefer.

Die Randzone der Münchberger Gneismasse ist vielfach durch ein Band von sogen. Grünschiefern ausgezeichnet. Sie werden gelegentlich zwecks Gewinnung von Bruchsteinen und Schottermaterial abgebaut, so bei Tauperlitz südlich von Hof und bei Hohenknoden nördlich Berneck. Dr. A. Wurm.

Goldvorkommen im Fichtelgebirge.[1]

Goldkronach. Da wo der junge Main das alte Gebirge bei Berneck verläßt, ist schon in urvordenklicher Zeit Gold gewaschen worden. Die damaligen Goldwäscher folgten dem Maintal aufwärts, drangen ins Zoppatental ein und wurden so die ersten Entdecker der dortigen Goldgänge. Vielleicht hat überhaupt der deutsche Bergbau von hier aus seinen Ausgangspunkt genommen.

Der Schauplatz des berühmten Goldkronacher Bergbaus ist das anmutige Zoppatental, das oberhalb Goldmühl ins weiße Maintal mündet. Mitten im Tal liegt der alte Bergort Brandholz, wo noch ein Grubengebäude und ein Pochwerk aus alter Zeit erhalten sind. Das Goldkronacher Revier umfaßte eine ganze Reihe von alten Bauen, deren Mittelpunkt die Fürstenzeche, südöstlich von Brandholz war. Nach Süden schlossen sich die St. Georgszeche und der Name Gottes-Zug an, am weitesten nach Süden vorgeschoben, am Abfall des Gebirges gegen das Sickenreuther Tal, lag die Schmutzler Zeche. Im Osten oberhalb Beerfleck ziehen sich die Pingen des sogen. Täschelzuges gegen den Fürstenstein hinauf. Im unteren Zoppatental endlich bauten einander gerade gegenüber die Zechen Silberne Rose und Schickung Gottes (vgl. Übersichtskarte).

Die Hauptperioden des Goldkronacher Bergbaus seien hier kurz wiedergegeben. Die Blütezeit von Goldkronach fällt in die Jahre 1365—1430. Damals war die Ausbeute außerordentlich reichhaltig. Später hat sich der Bergbau nie wieder zu der damaligen Höhe emporgeschwungen. Er schleppte sich bis zum Jahre 1791 fort, in dem Bayreuth an Preußen kam. Unter Alexander von Humboldts Einfluß, der auch in Goldkronach tätig war, kam wieder etwas neues Leben in den dortigen Bergbau.

Im 19. Jahrhundert wurden die Bergwerke durch den bayerischen Staat übernommen und der Betrieb bis 1861 aufrechterhalten (Bayerische Periode). Im Jahre 1920 ist eine Aktiengesellschaft Fichtelgold gegründet worden, die es sich zur Aufgabe macht, den alten Bergbau mit modernen Hilfsmitteln wieder aufzunehmen.

Was die stratigraphische Verbreitung der Goldkronacher Erzgänge anbelangt, so treten sie vorherrschend in einem graugrünen phyllitischen Tonschiefer (zum Teil mit Phycoden) auf, dessen Alter tiefsilurisch bis kambrisch ist. Das gilt für die Gänge der Fürstenzeche, den Name Gottes- und Schickung Gottes-Zug und zum Teil auch für den Täschelzug. In der Silbernen Rose sind auch silurische Graptolithenschichten und ein feinkörniger Mandelsteindiabas angefahren worden. Dieser bildet das Nebengestein eines Erzganges, während die silurischen Schiefer nirgends in unmittelbarer Berührung mit den Erzgängen zu treten scheinen. An der Schmutzler Zeche und zum Teil wohl auch am Täschelzug tritt als neues Nebengestein ein Gneisgranit, der sogen. Gneisphyllit, hinzu. Der Hauptgang der Schmutzlerzeche scheint ungefähr der Grenze des kambrisch-silurischen Tonschiefers gegen den Gneisphyllit zu folgen, einzelne Trümer von ihm setzen im Gneisphyllit selbst auf.

---

[1] Bearbeitet von Dr. A. WURM.

Das Streichen der Gänge schwankt zwischen NS. und NO. (bis h 4), lokale Abweichungen nach NW. scheinen eine Ausnahme zu bilden. Das Einfallen ist meist steil 60—80° nach Osten und Südosten gerichtet.

Wenn auch ein Anschwellen der Gänge bis zu 1¹/₂ m (am Kiesgang) und bis zu 1 m (am Spießglasgang) beobachtet worden ist, so dürfte doch die Durchschnittsmächtigkeit der Hauptgänge 50 cm nicht überschreiten. Weniger mächtige Trümer von 0,1—0,3 m sind recht häufig Auch ist bei den Mächtigkeitsangaben wohl nicht unterschieden zwischen eigentlicher Gangfüllung und der die Salbänder des Ganges begleitenden Imprägnationszone des Nebengesteins.

Zwischen dem Nebengestein, dem graugrünen Tonschiefer und der Erzführung hat man schon früh eine sehr auffallende Beziehung feststellen können. Die Erzgänge setzen nur in dem lichten Schiefer auf, während sie in dem dunkelgefärbten fehlen. Diese Abhängigkeit der Erzführung vom Nebengestein, die den Alten sehr wohl bekannt war, läßt sich, wenn man Ursache und Wirkung vertauscht, auf die allbekannte Erscheinung der Veränderung des Nebengesteins in der Nähe von Erzgängen zurückführen. Die ausbleichende Wirkung mußte hier um so stärker sein, als sich der Schiefer in der Nachbarschaft der Gänge häufig mehr oder minder stark mit Erzen imprägniert zeigt.

Was nun die Ausfüllung der Gänge anbelangt, so stehen goldhaltiger Schwefelkies, Arsenkies und Antimonglanz ihrer Masse nach an erster Stelle, sie bilden die Haupterze dieser Gänge. Schwefelkies tritt in kleinen Kristallen als Gangfüllung wie als Imprägnation des Nebengesteins auf. Arsenkies gesellt sich häufig in inniger Verwachsung dem Eisenkies zu, von dem er sich durch seinen Kristallhabitus und seine helle Farbe deutlich abhebt. Seltener beobachtet man derbe feinkörnige Schnüre von Arsenkies. Eine Analyse von Goldkronacher Arsenkies ergab nach Sandberger: Schwefel 20,84 %, Arsen 41,36 %, Antimon 3,73 %, Eisen 34,07 %, Kobalt Spur, Silber 0,002 %, Summe 100,002 %, außerdem einen sehr kleinen Goldgehalt.

Neben den Kiesen ist der Antimonglanz das häufigste Gangmineral. Er tritt in großblättrig oder strahlig entwickelten, seltener feinkörnigen Massen auf; frei ausgebildete Kristalle sind selten. Er ist schwach silber- und goldhaltig, eine Probe ergab nach Sandberger[1]) 0,0016 % Silber neben Spuren von Gold. Schwefelkies, Arsenkies, Antimonglanz sind neben Freigold die einzigen Erze, welche bergmännisches Interesse besitzen; sie treten wohl mitunter alle drei vergesellschaftet auf, in der Regel aber ist eine gewisse räumliche Trennung vorhanden, in der Weise, daß entweder die Kiese oder der Antimonglanz vorherrschen.

Von Wichtigkeit ist das Vorkommen von Freigold. Es wurde hauptsächlich bei der oberflächlichen Zersetzung der goldhaltigen Kiese frei und hat sich in früheren Zeiten in dem jezt abgebauten Ausgehenden der Lagerstätte auch in reichlicheren Mengen gefunden. In der Sammlung des Oberbergamts liegt eine Probe von Goldflittern und Körnern, die durch Waschen gewonnen wurde. Freigold kommt aber auch in größerer Tiefe in der primären Zone vor.

---

[1]) Vergl. Sandberger, Sitzungsber. d. math. phys. A. d. bayer. Akad. d. Wissensch. 1894. S. 237.

Was nun die Gold- und Silbergehalte der Goldkronacher Erze anbelangt, so weisen die bekannt gewordenen Zahlen recht bedeutende Unterschiede auf. In der beigegebenen Tabelle sind nur die Zahlen aus der jüngeren Bergbauperiode der fünfziger Jahre des vorigen Jahrhunderts herangezogen worden, welche aber nur mineralogische, keine wirtschaftliche Bedeutung haben.

Am reichhaltigsten war entschieden der Spießglasgang.

Neben dem Schwefel- und Arsenkies und dem Antimonglanz spielen die übrigen Erze nur eine geringe Rolle, zum Teil sind es auch nur Zersetzungsprodukte der obengenannten Haupterze. So stellt sich in derben Nestern metallisches Antimon ein, ferner gelblich weiße und rote Überzüge von Antimonocker und Zundererz, in strahligen Büscheln Antimonblüte. Mineralogisches Interesse haben die Blei-antimonverbindungen, das haarförmige Federerz oder der Jamesonit, der Plagionit und der Meneghinit. Ganz vereinzelt wurden Bleiglanz, Zinkblende, Magnetkies und Kupferkies beobachtet.

Die Gangart der Goldkronacher Erzgänge ist fast ausschließlich Quarz. Daneben erscheint nur noch Braunspat. Als Seltenheit haben sich Schwerspat gefunden (Schickung Gottes), in drusigen Kristallen aufgewachsen Kalkspat und Eisenspat. Häufig enthält die Gangmasse Brocken des Nebengesteins mit eingeschlossen.

Die Teufenverhältnisse sind außerordentlich wichtig für die Beurteilung der Goldkronacher Lagerstätte. In der Tiefe von 40 m unter Tag waren die Gänge am reichsten. Es war die Zone, in der der Goldgehalt der oberflächlich zersetzten Erze angereichert war, die sogen. Zementationszone. Es kann gar kein Zweifel sein, daß der Abbau dieser Zone zusammenfiel mit der Blütezeit des Goldkronacher Bergbaus am Ausgang des 14. Jahrhunderts. Damals fand man nach alten Berichten in 20 m Tiefe vom Tage das Gold gediegen und Schliche, welche 3 (= 50 g), 6 (= 100 g) und mehr Lot Gold im Zentner hatten.

In genetischer Hinsicht stehen die Gänge jedenfalls mit dem Empordringen des Fichtelgebirgsgranits im Zusammenhang. Sie gehören unzweifelhaft der alten Golderzganggruppe an. Dafür spricht auch der geringe Silbergehalt.

Wie sich die Gänge in größerer Tiefe verhalten, darüber lagen bisher nur wenig Angaben vor, da die alten Baue wegen Wasserschwierigkeiten große Tiefen nicht erreichten. Aus alten Berichten konnte man den Eindruck gewinnen, als ob die Gänge in größerer Tiefe sich verdrückten. Die neueren Aufschlüsse im Ludwig-Wittmann-Schacht haben ergeben, daß der Hauptgang auf der 150 und 193 m-Sohle eine zersplitterte Ausbildung zeigt und noch gewissen Gold-gehalt führt.

Im Mittelpunkt des Goldkronacher Bergbaues stand zu fast allen Zeiten der Jahrhunderte langen wechselvollen Geschichte die Fürstenzeche bei Brandholz. Schon früh (1370—1385) wurde zu ihrer Wasserlösung der Schmidtenstollen ge-trieben, der im Lauf der Zeiten immer wieder von neuem hergestellt wurde und eine Länge von 527 m erreichte. Im Jahre 1539 wurde der tiefe Fürsten- oder Christianstollen wieder aufgewältigt. Er hatte bei den ersten Häusern von Gold-mühl sein Mundloch und zog sich 2300 m lang durch das ganze Zoppatental hin

	Prozente Schlich	Goldgehalt in g		Silbergehalt in g	
		im Zentner Schlich	pro Tonne Roherz	im Zentner Schlich	pro Tonne Roherz
1. Kiesgang . . . . (nach Beck)	1—4	3—6	1,2—2,4 (bei 2 % Schlich)	—	—
2. Kiesgang . . . . (nach Gümbel)	—	4,1—5,5	—	—	—
3. Erzproben (Fürstenzeche) . . . . Durchschnitt von 63 Analysen aus den Jahren 1851—1854 (von Bergingenieur Spengler zusammengestellt)	12.3	36,0	88,8	16,7	41,2
4. Trum Spießglasgang (Jacobischacht) . [1]) (nach Beck)	22	5,3	23,33	—	—
5. Trum Spießglasgang (Jacobischacht) . [1]) (Bergakademie Claustal)	—	—	52 (n. Hand-scheidung)	—	93
6. Trum Spießglasgang (Jacobischacht) . [1]) (Bergakademie Claustal)	—	—	52 (n. Hand-scheidung)	—	103
7. Trum Spießglasgang (Jacobischacht) . [1]) (Bergakademie Claustal)	—	—	19 (n. Hand-scheidung)	—	86
8. Quarzgang . . . . (nach Gümbel)	4—5	8,3	—	25—33	—
9. Silberrose . . . . Gang I (nach Beck)	—	—	1,53	—	—
10. Silberrose . . . . Gang II (nach Beck)	—	—	0,53	—	—
11. Silberrose . . . . Schwarte (nach Beck)	—	—	18,27	—	—

[1]) Die Proben 4—7 entstammen möglicherweise der Zementationszone. Die Proben wurden einem Gangtrum des Jacobischacht entnommen, der damals nur bis 28 m Tiefe fahrbar war.

bis in das Gangrevier der Fürstenzeche. Er brachte der Fürstenzeche, der Schickung Gottes und der Silbernen Rose Wasserlösung.

Nach den Berichten des letzten Betriebsleiters, Bergamtmanns HAHN, waren auf der Fürstenzeche neben verschiedenen Gangtrümern folgende Hauptgänge Gegenstand des Abbaus: Der Kiesgang, der Spießglasgang, der Name-Gottes-Zug-Gang und der Quarzgang. Die neue Pingenkarte läßt deutlich die beiden großen Gangzüge des Spießglasganges und des Name-Gottes-Ganges hervortreten (s. hint.).

Der Kiesgang hat ein Streichen von 2 h 4°, fällt mit 60° nach O. ein. Er wurde bis 1 ¹/₂ m mächtig, führte aber nur gering goldhaltige Schwefel- und Arsenkiese (4,1—5,5 g Gold im Zentner Schlich nach GÜMBEL).

Der Spießglasgang im Hangenden des Kiesganges lieferte wohl die reichste Ausbeute an Golderzen. Er hat ein nordsüdliches Streichen und östliches Einfallen. Die bei 1 m mächtige Gangmasse führt goldhaltige Antimonerze und Kiese. Die Schliche sollen im Zentner bis 10 Lot Gold = 166 g Gold enthalten haben (nach GÜMBEL).

Der Hauptspießglasgang ist nun neuerdings durch die Arbeiten der Aktiengesellschaft Fichtelgold neu erschlossen worden. Oberhalb Brandholz wurde ein 200 m tiefer Schacht, der Ludwig Wittmann-Schacht abgeteuft. Er hat den Gang in 140 m Tiefe hier allerdings in verdrückter Ausbildung angetroffen. Vom Schacht wurden Sohlen bis 150 m und 195 m aufgefahren. In der 150 m-Sohle war der Gang im Oktober 1922 bereits auf eine Längenerstreckung von 70 m aufgeschlossen. Der Gang ist ein typischer Erzquarzgang von einer mittleren Mächtigkeit von 40—50 cm, mit einer wechselnd mächtigen Imprägnationszone im Liegenden und Hangenden. Der Quarz enthält namentlich am Saalband angereichert feine Einsprengungen von Kies und Freigold. Antimonglanz ist recht selten im Gegensatz zu den oberen Teufen.

Auf der 195 m-Sohle wurde der Gang ebenfalls bereits auf eine größere Strecke erschlossen. Kleinere Verdrückungen kommen vor, im übrigen zeigt er sich aber auch hier gut entwickelt.

Über die Rautenkranz-Zeche, im Süden der Fürstenzeche, liegen keinerlei Nachrichten vor. Noch weiter im Südwesten schloß sich etwas quer verschoben die Ritter-St.-Georg- und Name-Gottes-Grube an. Die sehr alten Baue wurden unter preußischer Herrschaft und später zu bayerischer Zeit neu aufgewältigt. Sie gehören wohl alle, wie die Pingenkarte zeigt, einem nordöstlich streichenden Gangzug an. Die Erze, hauptsächlich gold- und silberhaltige Schwefel- und Arsenkiese, seltener Antimonerze, scheinen nur spärlich eingebrochen zu sein. Sie ergaben nach einem alten Bericht 5 ¹/₄ % Schlich, aus dem im Zentner 74,7 g goldhaltiges Silber gewonnen wurden. Der Hauptgang hat bei einem Streichen von 2 h 7° und einem Einfallen von 75—78° nach Osten eine wechselnde Mächtigkeit von 0,1—0,5 m.

Der mit dem Spießglasgang parallel streichende, im Hangendsten aufsetzende Quarzgang (= Hauptgang der Alten) war 0,2—0,7 m mächtig, aber erzarm. Das Haufwerk lieferte nur 4—5 % Schlich und im Zentner Schlich waren 8,3 g Gold und 25—33 g Silber enthalten.

96

Schmutzler Zeche. Diese Zeche liegt zum größten Teil schon jenseits des Zoppatentals, am Hang gegen das Sickenreuther Tal hin, wo noch im Wald das Mundloch des oberen Stollens erhalten ist. Die Gänge bezw. Trümer setzen zum Teil in festem Gneisphyllit auf, dessen Bewältigung den Alten bei ihren Bauen große Schwierigkeiten bereitete. Noch heute trifft man die Spuren von Feuersetzen. Die Gangart ist Quarz mit eingesprengtem goldhaltigem Arsenkies oder Schwefelkies, auch das Vorkommen von Antimonglanz ist nachgewiesen, der sich aber wohl nur ganz spärlich einstellt. Der Hauptgang hat ein Streichen von 3 h 20° und fällt gegen O. ein. Neuerdings wurden von der Gesellschaft Fichtelgold einzelne Schächte dieser Zeche aufgewältigt. Man hat hier eine etwa 7 m breite kiesige Imprägnationszone aufgeschlossen mit einem schwachen Goldgehalte.

Täschelzug (östlich von der Fürstenzeche). Berichte fehlen. Der Hauptgang hat nach den Pingen zu schließen N.-S. Streichen.

Schickung Gottes. Diese Grube führte meist nur schwach goldhaltige Antimonerze. Als man in späterer Zeit dazu überging, aus den Erzen auch Rohantimon zu gewinnen, wurde auch diese Grube energischer in Angriff genommen. Haupterz ist massiger derber Antimonglanz in quarziger Gangmasse mit etwas Braun- und Kalkspat; gold- und silberhaltige Kiese treten zurück. Die Lagerstätte besteht aus einem Hauptgang mit einem Hangend- und einem Liegendtrum. Der Hauptgang mit einem Streichen von 1 h 8° und einem Einfallen von 66° nach O. wechselt in seiner Mächtigkeit von 0,2—0,4 m, keilt sich aber nach der Tiefe aus. Das Hangendtrum setzt in größere Tiefe hinab, hält aber im Streichen wenig aus.

Silberne Rose. Diese Zeche auf der Westseite des Zoppatentales, der Schickung Gottes gerade gegenüber, diente ebenfalls weniger der Gold- als vielmehr der Antimongewinnung; sie spielte zuerst auch nur eine geringe Rolle. Erst im 18. und 19. Jahrhundert wurde sie in größerem Umfang aufgeschlossen. Im Anfang dieses Jahrhunderts wurde der untere Stollen oberhalb der Fahrstraße Zoppaten—Brandholz neu aufgewältigt. Gümbel erwähnt drei Gänge, die zwischen 3 h 5° und 3 h 8° streichen und mit 64—70° nach Osten einfallen.

Rich. Beck (Freiberg) berichtet in einem Gutachten 1912 von vier Gängen, die im kambrisch-silurischen Tonschiefer aufsetzen und teilweise auch Diabas zum Nebengestein haben. Der erste, 17 cm mächtig, bestand aus Antimonglanz mit wenig Arsenkies und Jamesonit; der zweite, von ähnlicher Beschaffenheit, war 15—16 cm mächtig, wovon jedoch nur die Hälfte Erzfüllung war; der dritte, ein Arsenkiesgang mit etwas Antimonglanz, war 25 cm mächtig und hatte als Hangendes Serizitschiefer, als Liegendes Diabas; der vierte, die sogen. Schwarte, führte reichlich eingesprengten Arsenkies. (Goldgehalte siehe Tabelle bei 9—11.)

Nach den heute sichtbaren Aufschlüssen scheint es sich um zwei Hauptgänge zu handeln, um einen vorherrschend Antimonglanz führenden von etwa 25 cm Mächtigkeit, mit nur geringem Goldgehalt (bis 2 g in der Tonne) und um einen Schwefel- und Arsenkiesgang mit spärlich Antimonglanz, die sogen. Schwarte. Der Antimonglanzgang streicht N. 50—60° O. und fällt mit 70° nach Osten ein, er liegt in einem dichten Diabas. Die Schwarte war 1920 vor Ort in zwei Trümer gespalten, das eine mit 15 cm, das andere mit 5,8 cm; das Hangende und Liegende ist gebleichter grauer Tonschiefer. Die Schwarte hat sich als goldführend erwiesen.

Auf der Silbernen Rose wurden von der Gesellschaft Fichtelgold neue Aufgewältigungsarbeiten durchgeführt. Die wenigen Tonnen, die bisher gefördert wurden, ergaben 30 %iges Antimonerz.

In geologischer Hinsicht ist für Goldkronach folgendes hervorzuheben:

Die Zementationszone ist wohl größtenteils abgebaut. Die Arbeiten im neuen Schacht bewegen sich in der primären Zone. Einunddreißig amtlich entnommene Proben wurden im Laboratorium der Geol. Landesuntersuchung analysiert; die nachgewiesenen Goldgehalte haben die in obiger Tabelle angeführten Werte älterer Analysen nicht bestätigt.

Noch an zwei anderen Stellen fand in Bayern eigentlicher Goldbergbau statt: 1. Der Bergbau am Burgholz bei Schachten, von dem noch ein Stollen und eine mächtige zirka 10 m tiefe Schachtpinge im Walde oberhalb der Troglauermühle Kunde geben, geht in seiner ersten Betriebsperiode ins 16. Jahrhundert zurück. Flurl gibt als Ausbeute von drei Quartalen neun Mark zehn Lot ein Quentchen feines 22 karätiges Gold an. Eine erneute Eröffnung des Bergbaus im Jahre 1675 kam nicht über Versuchsarbeiten hinaus. Im Jahre 1898 wurde der alte Stollen neu aufgewältigt, wobei man aber kein Erz antraf. Die Form des Lagers (ob Imprägnation in Quarzphylliten oder ein kieshaltiger Quarzgang) ist unbestimmt.

2. Etwa 1¹/₂ km südlich Neualbenreuth bei dem alten Goldbergwerk Güldenstern, das 1615 aufgegeben wurde, wurden im Jahre 1899 und 1900 neue Aufschlußarbeiten auf den Grubenfeldern Güldenstern und Churfürst vorgenommen. Am Buchgut bis Ernestgrün wurden ein alter Stollen und ein auf diesen herabgehender 28 m tiefer Schacht aufgewältigt und von hier aus Strecken vorgetrieben. Das Gebirge besteht aus oft stark zersetztem Phyllit, in dem Quarzgänge und Quarzlinsen aufsetzen. Das Erz, Arsen- und Schwefelkies, bildet putzenförmige Ausscheidungen von 1—5 cm Durchmesser im Phyllit und im Quarz. Wahrscheinlich ziehen sich diese Vererzungen nicht gleichmäßig durch das Gestein hindurch, sondern treten örtlich beschränkt auf.

Die Erze führen nicht nur Gold, sondern auch Silber, die Gehalte der untersuchten Proben unterliegen aber großen Schwankungen.

Ganz kurz soll hier noch Erwähnung finden was sonst noch an Goldvorkommen im östlichen Bayern bekannt geworden ist. In früheren Zeiten wurde Gold gewaschen: An der Kalmreuth bei Neualbenreuth am Fuß des Düllen, in der sogen. Planlohe am Lochhäusel bei Mähring, bei der Neumühle westlich Schönsee und an der Schwarzach östlich Schönsee, bei Bodenmais, am Dreisesselgebirge bei Duschelberg und Bischofsreuth. Alte Goldseifenwerke sollen ferner bestanden haben: am Gevattergraben bei Steinbach, am Seifenbach bei Obersteben, bei Tröstau in der Wunsiedler-Bucht, endlich an einer ganzen Reihe von Örtlichkeiten in der Münchberger Gneismasse, am Stockweiher bei Ahornberg, am Jossenbach und Untreugrund bei Konradsreuth, bei Plösen, am Röthenbach und am Goldgraben zwischen Münchberg und Hof. Von den meisten dieser Seifenwerke ist kaum mehr als ihr Name bekannt.

Grauwacken und Sandsteine.

Als Grauwacken bezeichnet man dunkle, meist körnig graue (klastische) Gesteine des Paläozoikums, die aus Quarzkörnern, Feldspatresten und Fragmenten von Ton- und Kieselschieferstücken oder anderen Gesteinen bestehen. Das Bindemittel bildet meist eine feine tonschieferige oder auch kalkige bezw. kieselige Masse. Die Grauwacken sind namentlich für die obere Kulmformation charakteristisch. Sie sind meist sehr harte und zähe Gesteine und liefern wertvolles Bau- und Straßenbeschotterungsmaterial, namentlich da, wo sie in geschlossenen massigen Bänken ohne Unterbrechung von Schieferzwischenlagen auftreten (ein Steinbruch nördlich der Bastelsmühle zeigt Bänke bis zu 6 m Dicke). Der Grauwackenschotter läßt infolge seines Quarzgehaltes das Wasser gut versickern, er bewirkt aber zugleich auch eine gute Bindung, indem seine weicheren Bestandteile Feldspat und Schieferbrocken in Form von Schlamm in die Hohlräume der Schotterdecke eingeschlämmt werden.

Größere Steinbrüche in Grauwacke liegen am Ausgang des Lauenhaimertals südlich von Ludwigstadt, wo die Schichten stark gefaltet sind, und an der Mündung des Steinbachtales in das Haßlachtal nördlich Förtschendorf. Ungünstig für den Steinbruchbetrieb ist manchmal die Wechsellagerung der Grauwacke mit Tonschiefern, die als Abraum beiseite geschafft werden müssen. Gute Abbaubedingungen trifft man in dem Steinbruch des Hartsteinwerkes Förtschendorf hart nördlich der Bahnstation. Hier steht Grauwacke in bis 4¹/₂ m dicken Bänken an und der Tonschiefer tritt ganz zurück. Der Stein wurde in der Bayerischen Landesgewerbeanstalt Nürnberg auf Frostbeständigkeit und Druckfestigkeit geprüft. Die Probewürfel erlitten durch die Frostprobe weder einen Gewichtsverlust noch sonstige wahrnehmbare Veränderungen. Die Druckfestigkeit erwies sich im trockenen, wie im ausgefrorenen Zustand zu 2640 kg/qcm. Auch in der Gegend von Tettau, Hesselbach, in dem von Nordhalben herabziehenden Rodachtal (Mauthaus), im Teuschnitz- und Kremmitztal werden die oberen Culmschichten in zahlreichen Steinbrüchen ausgebeutet. In der Umgebung von Hertwegsgrün (bei Geroldsgrün) und bei Wolfersgrün treten fossilreiche Kalkgrauwacken in dicken Bänken auf und werden in Brüchen zwecks Gewinnung von Schottermaterial abgebaut.

Dr. A. WURM.

Granit.[1]

Die im Fichtelgebirge und Bayerischen Wald vorherrschenden Gesteinsarten sind Gneise und Granite. Wegen seiner großen Verbreitung, seiner Härte, seiner Wetterbeständigkeit und Schwerangreifbarkeit gegen viele chemische Agenzien nimmt der Granit als verwertbare Gesteinsart eine hervorragende Stellung in technischer Hinsicht ein.

Der Granit ist ein körniges Gestein, das aus Feldspat, Quarz und Glimmer als Hauptbestandteilen zusammengesetzt ist, denen sich, gewöhnlich nur unter dem Mikroskop sichtbar, Zirkon, Apatit, Turmalin, Zinnstein, Granat, Topas, Hornblende, Epidot und andere seltenere Mineralien anschließen.

---

[1] Bearbeitet von Dr. F. W. PFAFF.

Die Ausbildung der Hauptbestandteile ist meist körnig, hievon macht der Quarz sehr selten, der Glimmer dann und wann, der Feldspat aber häufiger eine Ausnahme. Gerade der Feldspat zeigt sich in manchen Graniten neben seiner gewöhnlichen Körnerform in mehr oder weniger gut ausgebildeten, selbst mehrere Zentimeter großen Kristallen, wobei dann, wenn solche Kristalle in größerer Menge vorkommen, von porphyrischen oder Kristallgraniten gesprochen wird.

Es ist mehr von land- und forstwirtschaftlicher Bedeutung, daß sich in den Graniten Feldspäte (Orthoklas und Mikroklin) mit beträchtlichem Kaligehalt, der bis zu 17% ansteigen kann, neben solchen, die Natron oder Kalk und Natron enthalten (Anorthoklas, Oligoklas) befinden. Der Gehalt an Feldspäten in diesen Graniten macht im Durchschnitt ungefähr 64% aus, in einigen davon ist der Gehalt an Kalifeldspäten dreiviertel und mehr der ganzen Feldspatmenge, seine Menge beträgt in den Graniten durchschnittlich 32%.

Die Glimmer der Granite, ebenfalls Kieselsäureverbindungen, haben ziemlich wechselnde Zusammensetzung, der Muskovit (hell) enthält Kali bis zu 9%, die anderen die im frischen Gestein dunklen (Biotit), haben auch bis zu 9% Kali, daneben aber stets größere Mengen von Eisen- und Magnesiasalzen u. s. w. Die Glimmermengen schwanken zwischen 3—8%.

Von Kohlensäure werden diese Granitmineralien alle, wenn auch wenig, jedoch mit der Zeit immerhin merklich angegriffen. Viel leichter aber werden sie von kohlensaueren alkalischen Wässern zersetzt und dadurch allmählich vollständig umgewandelt. Nur auf Glimmer wirken die Mineralsäuren stärker ein.

Infolge dieser Mineraleigenschaften eignet sich dieses Gestein ganz hervorragend für große, in der chemischen Industrie u. s. w. nötige Bottiche.

Über die chemische Zusammensetzung einiger bayerischer Granite gibt nebenstehende Tabelle (Seite 101) Aufschluß.

Zu Beschotterungszwecken ist der Granit weniger geeignet, da zum Teil seine körnige Beschaffenheit, zum Teil auch die Spaltbarkeit der Feldspäte, dem Zerfall durch den Raddruck in Sand Vorschub leistet.

Die Granite haben hohe Druckfestigkeiten; so haben folgende Gesteine an Druckfestigkeiten (kg auf einen Quadratzentimeter): Flossenbürg (Besitzer Egerer) 1700 kg, Altenhammer (Bes. Vetter) 1800—2000 kg, Friedenfels (Bes. Siegel) 1800 kg, Steinberg (Bes. Bayer. Granit-Akt.-Ges.) 1800—2000 kg, Kothmeisling-Blauberg (Bes. Bayer. Granit-Akt.-Ges.) 1800—2000 kg, Rattenberg (Dorn) 1900—2200 kg, Epprechtstein 1500 kg, Gefrees 1580 kg, Büchelberg (Bes. Kerber) 2490 kg, Schachet bei Hauzenberg (Bes. Kerber, Büchelberg) 2020 kg, Tittling (Bes. Kerber, Büchelberg) 2260 kg, Fürstenstein (Bes. Kerber, Büchelberg) 1788 kg, Treidling bei Nittenau (Bes. Bayer. Granit-Akt.-Ges.) 1900—2300 kg, Nabburg 2018—1660 kg, Cham 1480 kg, Kirchenlamitz 1420—1380 kg, Metten 1350 kg, Kösseine (Bes. Grasyma) 1600 kg.

Weitere Druckfestigkeiten, bestimmt von Bauschinger: Selb (grobkörniger Granit) 824-795 kg, Hauzenberg (grobkörniger Granit) 950-1000 kg, Hauzenberg (schwarzweißer, mittelkörniger Granit) 1030 kg, Hauzenberg (sehr feinkörniger, schmutziggelber Granit) 900 kg, Fürstenstein bei Passau (ziemlich feinkörniger Granit)

	1	2	3	4	5	6	7	8	9	10	11	12	13	14	15	16
Kieselsäure	72,5	74,6	74,3	70,9	69,0	75,4	72,5	73,9	74,0	71,58	77,48	75,25	68,9	71,9	.5,46	69,0
Titansäure	—	—	—	—	—	1,0	0,6	0,7	—	—	—	Spur	Spur	—	0,6	0,3
Tonerde	12,1	10,5	10,6	9,4	11,0	9,9	12,1	10,3	13,6	14,1	11,61	12,18	16,56	15,27	9,8	11,09
Eisenoxyd	4,1	3,6	—	1,17	11,3[1]	6,5[2]	4,1[2]	6,4[1]	0,1	1,4	0,75	0,28	1,77	0,59	4,89	11,3[1]
Eisenoxydul	0,03	0,4	—	0,08	0,3	—	—	—	0,9	1,27	—	1,23	1,64	2,10	0,42	0.3
Manganoxydul	—	1,2	0,05	—	—	—	—	—	—	—	—	—	—	—	—	—
Kalziumoxyd	—	0,8	—	0,7	1,1	0,3	0,9	1,0	0,3	2,01	0,43	0,65	1,8	1,6	0,35	1,12
Magnesiumoxyd	—	—	5,3	Spur	—	—	—	—	0,15	0,93	0,27	0,02	1,34	0,46	—	—
Natriumoxyd	2,2	2,2	2,1	1,5	1,3	1,1	2,1	3,1	3,7	3,31	2,48	2,91	3,9	2,61	1,34	1,3
Kaliumoxyd	6,4	5,3	5,7	4,0	4,9	5,4	6,4	3,7	6,14	4,85	0,37	0,45	3,11	5,3	5,45	4,94
Phosphorsäure	—	—	—	—	—	—	—	—	—	0,3	0,23	0,18	0,24	0,27	Spur	—
Wasser	0,7	0,6	0,3	0,7	0,3	—	0,7	0,4	1,17	1,18	1,65	0,64	1,91	0,69	1,25	0,3

[1]) Zusammen mit Magnesiumoxyd. [2]) Zusammen mit Eisenoxydul.

1. Granit von Hauzenberg
2. Granit von Pamsendorf bei Pfreimt
3. Granit von Hagendorf
4. Granit von Eben bei Schwarzach
5. Granit vom Rollen bei Viechtach
6. Kristallgranit von Tirschenreuth
7. Granit von Bauzing, Monolithenbruch
8. Waldgranit von Auerbach
9. Granit vom kleinen Kornberg bei Niederlamitz
10. Granit von der Reuth bei Gefrees
11. Granit von Epprechtstein
12. Granit vom Schneeberg
13. Granit vom Strehlenberg bei Markt Redwitz
14. Granit von der Luisenburg
13. Rötlicher Winzergranit
16. Granit von Rattenberg

1000 kg, Vilshofen 2200 kg, Metten (heller Granit) 1450 kg, Metten (dunkler Granit) 1520 kg, Granit von der Luisenburg 1090 kg, Großer Waldstein (ziemlich grobkörniger Granit) 1430 kg, Cham (weißer, sehr feinkörniger Granit) 1400 bis 1560 kg, Gefrees (sehr glimmerreicher, feinkörniger Granit) 1010—1740 kg, Kirchenlamitz (sehr grobkörniger Granit) 1290 kg, Syenit-Granit, Wölsau 1380 kg, Kornberg (blauer Granit) 2060 kg.

Für die technische Verwendbarkeit eines Gesteins spielt die Härte, das heißt die Widerstandsfähigkeit gegen Abnützung u. s. w. eine große Rolle. Man kann aber die Härte der Abnützung proportional setzen und sagen: Die Härte ist gleich der Kraft, die erforderlich ist, um in einer Minute auf der Fläche von einem Quadratdezimeter bei dem Druck von 1000 g 1 mm Gesteinschichte wegzunehmen, oder man kann die Tiefe angeben, um die bei dem gleichen Vorgang, z. B. durch Schleifen mit Quarzsand, eine Gesteinsplatte von 1 Quadratdezimeter erniedrigt wird.

Zur weiteren Charakteristik wurden diese Granite auch petrographisch untersucht.

Nach diesen Gesichtspunkten lassen sich die bayerischen Granite in verschiedene Gruppen einteilen, deren Abgrenzung, da sie weniger wissenschaftlichen als mehr praktischen Interessen dienen soll, nicht so sehr auf rein petrographischen als mehr technisch wichtigen Eigentümlichkeiten beruht.[1]

Verbreitung des Granits im Fichtelgebirge.

Das Fichtelgebirge wird in seinen Haupterhebungen von zwei Granitzügen, die sich in SW.-NO.-Richtung erstrecken, aufgebaut.

Der nördliche Zug setzt sich aus drei im Phyllit stehenden Granitstöcken, der Reuth bei Gefrees, dem Waldstein mit Epprechtstein und dem Kornberg zusammen. Mit Ausnahme des eigenartigen Granites der Reuth weisen die erwähnten nur geringfügige Unterschiede auf; Kristallgranite sind hier nur selten, das Gestein ist mittel- bis grobkörnig, frisch von hellgrauer Farbe. Die Bruchgebiete selbst beschränken sich auf verhältnismäßig kleine Teile.

Da dieser Granitzug etwa 39 Quadratkilometer Grundfläche überdeckt, so darf wohl angenommen werden, daß noch an vielen Stellen wertvolle Gesteine in ihm gefunden werden können.

Der südliche Gebirgszug, der eigentliche Fichtelgebirgszug dagegen, überdeckt eine Grundfläche von etwa 205 Quadratkilometer.

Die Gesteinsunterschiede der hier vorkommenden Granite sind sehr merklich. Es finden sich grobkristalline Granite (nahe Reichenbach) und sehr feinkörnige, wie an der Spitze des Ochsenkopfes, und dichte Granite, wie bei Selb, die fast schon das Aussehen eines Sandsteines haben. Stellenweise, wie bei Dürrenberg und Grub wird er von syenitähnlichen Gesteinen unterbrochen, auch finden sich in ihm Felsitporphyre oder ähnliche Gesteine, wie in der Umgegend von Thierstein.

Die einzelnen Granitarten des Fichtelgebirges.

Grob- bis mittelkörnige Granite, von heller, meistens etwas gelblicher Farbe. Das Korn ist ziemlich gleichmäßig, größere Einsprengungen fehlen, eine perlschnürähnliche Aneinanderreihung der Quarzkörner ist häufig.

---

[1] Es sind auch die geographischen Bezirke im Nachstehenden nicht immer streng eingehalten.

102

a) Der Waldstein-Epprechtstein-Kornberg-Granit.

Ein grob- bis mittelkörniges Gestein von grauer bis gelblicher Farbe, mit größeren Feldspäten und Feldspat-Quarzzusammenballungen; stellenweise häufigeres Vorkommen von selteneren Mineralien, wie Turmalin (Waldstein, Epprechtstein). Der Quarzgehalt ist hoch (im Mittel 31 %), der Glimmergehalt gering (4 %).

Der Große Waldstein, Brüche bei Weißenstadt und Reinersreuth. Die einzelnen Hauptmineralien des Gesteins lassen sich alle noch mit bloßem Auge erkennen, die Feldspäte erreichen 2—5 cm Ausdehnung, die Quarzkörner reihen sich gewöhnlich aneinander an (perlschnurähnlich), häufig fehlt Mikroklin (nur in den Graniten von Reinersreuth vorhanden); Turmalin kommt stellenweise bei Reinersreuth in bemerkbarer Menge vor. Die Gesteinsfarbe ist hellgrau bis hellgelblich. 62—63 % Feldspat, 32—34 % Quarz und 3—6 % Glimmer. Härte 3200—3800, Abnützung durch Quarzsand 1,3—1,8 mm. Volumgewicht ist 2,65—2,63. Bruchwerke: Vereinigte Fichtelgebirgs-Granit-, Syenit- und Marmorwerke, Wunsiedel; E. Haller, Reinersreuth; Steingut & Schöner, Weißenstadt.

Abbildung 7.   phot. Pfaff.

Grosser Waldstein.

Die Streuspitze, auf der ebenfalls beträchtliche Bruchanlagen sind, stellt sozusagen einen Ausläufer des Großen Waldsteines nach SO. dar. Das Bruchgestein ist dem des Waldsteines sehr ähnlich, nur ist der Feldspatgehalt etwas größer 72 %, der Quarzgehalt etwas kleiner 24 %, der Glimmergehalt mit 3 % derselbe. Volumgewicht ist 2,65. Härte 3200—3600. Abnützung mit Quarzsand 1,04 mm. Bruchwerke Gg. Heinritz, Rehau.

Der Epprechtstein liefert in großen Brüchen einen den erwähnten Gesteinen sehr nahestehenden Granit. Das Korn ist ziemlich grob, die Farbe des Gesteins grau bis graugelblich. Heller Glimmer ziemlich reichlich, Turmalin und auch Topas in größeren Kristallen zeigt sich gelegentlich. Der Quarz kommt hierin neben der gewöhnlichen Körnerform auch als Ausfüllungsmasse zwischen den Feldspäten vor, was für die Festigkeit von Belang ist. 79 % Feldspat, 17 % Quarz und 3 % Glimmer. Härte 2600—3000. Abnützung durch Quarzsand 1,48 mm. Das Volumgewicht ist 2,60. (Brüche von Karl Frank und F. H. Grimm in Kirchenlamitz u. a.)

Hackelstein bei Fuchsmühl. (Bruchbesitzer Girhl in Fuchsmühl.) Am Hackelstein bei Fuchsmühl, unweit Wiesau, wird ein grobkörniger Granit gewonnen, der große Ähnlichkeit mit dem vom Epprechtstein hat. Er hat dunkelgraue Farbe, große, helle Glimmerschuppen in beträchtlicher Menge, dunkler Glimmer tritt zurück. Quarz ist in erheblicher Menge in großen Körnern vorhanden, große Feldspatkristalle als Einsprenglinge sind selten. An frisch geschlagenen Stücken zeigen manche Feldspäte eine graue bis blaue Farbe. Wegen der Größe der Glimmerschuppen und der allgemeinen Grobkörnigkeit wurden Härte- und Mineralmengenbestimmungen nicht ausgeführt.

NO. von Niederlamitz erhebt sich der Große Kornberg als alleinstehende Bergkuppe. Der Granit, der hier in zahlreichen Brüchen von den Werken Künzel & Schedler in Schwarzenbach a. d. Saale, Heinrich, Rehau, Vereinigte Fichtelgebirgs-Granit-, Syenit- und Marmorwerke in Wunsiedel u.s.w. gewonnen und verarbeitet wird, ist, von geringfügigen Verschiedenheiten abgesehen, sehr einheitlich. Das Gestein ist als grobkörnig zu bezeichnen, seine Farbe hellgrau. Die Mineralausbildung ist eigenartig, mehrere Zentimeter lange Feldspataggregate werden von Quarzkornaggregaten umgeben. Heller Glimmer findet sich in geringer Menge neben dunklem. Der Gehalt an Feldspat schwankt zwischen 51 und 61 %, Quarz zwischen 37 und 43 %, Glimmer zwischen 4 und 7 %. Härte 2800—3200. Abnützung durch Quarzsand 1—1,38 mm. Volumgewicht 2,65—2,70.

Der Granit des Rudolfsteines ist ein ziemlich grob- aber gleichkörniges Gestein von grauer Farbe mit seltenen Feldspateinsprenglingen. Heller Glimmer in vereinzelten Schüppchen vorhanden. Orthoklas herrscht vor, Plagioklas tritt zurück. Der Quarz bildet ähnliche Aggregate wie am Kornberg. Feldspat 55 %, Quarz 41 %, Glimmer 4 %. Härte 2500. Abnützung durch Quarzsand 1,44. Volumgewicht 2,65. Brüche von den Vereinigten Fichtelgebirgs-Granit-, Syenit- und Marmorwerken in Wunsiedel, Retsch in Wunsiedel u. s. w.

b) Der Gefrees-Reuther Granit.

Ein dunkelgraues bis gelbliches Gestein, von schwach porphyrischer Ausbildung.

Der Granit von der Reuth bei Gefrees. (Bruchwerk Künzel & Schedler in Schwarzenbach a. d. Saale.) Eine feinkörnige, aus Orthoklas und Plagioklas, Quarz und dunklem Glimmer bestehende Masse umschließt bis 2 cm lange Feldspäte, neben denen sich bis ½ cm große Quarzkörner bemerkbar machen. Viel dunkler Glimmer gibt dem Gestein eine fast schon dunkle Farbe. Feldspat 63 %, Quarz 31 %, Glimmer 6 %. Härte 2690. Abnützung durch Quarzsand 1,17 mm Volumgewicht 2,68.

Der Granit von Gütern nahe Wiesau. Dieses Gestein besitzt mittlere Korngröße, größere Feldspateinsprenglinge sind nicht selten, Mineralputzen vereinzelt. Die Hauptbestandteile sind mit bloßem Auge noch erkennbar, der Quarz verschwindet größtenteils zwischen den übrigen Mineralien. Die Farbe des Gesteins ist blaugrau, besonders die größeren Feldspäte besitzen ebenfalls häufig einen blaugrauen Schimmer. Der Gehalt an dunklem Glimmer ist beträchtlich (vgl. den ähnlichen Schärdinger Granit). U. d. M. erscheint das Bild eines normalen Granites, die Mineralputzen setzen sich aus dunklem Glimmer, Feldspat, Eisenerz und Sillimanit zusammen, zu denen noch Titanit und Zirkon als seltenere Mineralien treten. Sein Volumgewicht ist 2,69. Bruchbesitzer Ekersdobler in Gütern.

c) Der Wunsiedler Granit.

Gesteine von meist mittlerem Korn und heller Farbe. Sehr ähnlich dem Waldstein-Kornberg-Granit, doch feinkörniger und ohne so starke Quarzkornzusammenballung.

Am Haberstein (Bruchwerk Retsch in Wunsiedel) bei Wunsiedel tritt ein heller mittelkörniger Granit auf von ziemlich gleichmäßigem Korn. Orthoklas herrscht vor, Mikroklin und Plagioklase sind selten. Die nicht so stark wie am Kornberg ausgebildeten Quarzkornaggregate bleiben an Größe nicht weit hinter dem Feldspat zurück. Neben dunklem Glimmer auch heller. Feldspat 51 %, Quarz 43 %, Glimmer 4 %. Härte 3300. Abnützung durch Quarzsand 1,82 mm. Volumgewicht 2,66.

Am Burgstein bei Wunsiedel (Bruchwerk Retsch) wird ein helles quarzreiches, noch als mittelkörnig zu bezeichnendes Gestein gebrochen. Das Korn ist gleichmäßig, doch treten Zusammenscharungen der einzelnen Mineralien auf. Heller Glimmer ist reichlich vorhanden. Orthoklas herrscht vor, Plagioklas zeigt ziemliche Verbreitung, Mikroklin ist selten. Feldspat 60 %, Quarz 36 %, Glimmer 4 %. Härte 3620. Abnützung durch Quarzsand 1,77 m. Volumgewicht 2,65.

Fuchsbau. Der Granit aus der Waldabteilung Fuchsbau am Ostabhang der Platte bei Tröstau, nahe Wunsiedel (Bruch: Vereinigte Fichtelgebirgs-Granit-, Syenit- und Marmorwerke, Wunsiedel u. s. w.) ist ein mittelkörniges Gestein von hellbräunlicher bis gelblicher Farbe; seine Struktur ist rein körnig, größere Einsprenglinge fehlen. Der Orthoklas ist sehr reichlich vorhanden, Plagioklas tritt zurück, Mikroklin fehlt (dem Kornberg-Granit ähnlich). Feldspat 56 %, Quarz 36 %, Glimmer 8 %. Härte 2570. Abnützung durch Quarzsand 1,19 mm. Das Volumgewicht ist 2,66.

d) Der Kösseine-Granit.

Ein grobkörniges Gestein von blaugrauer Farbe und eigenartiger Feldspatausbildung; der Quarzgehalt ist hoch (43 %), der Glimmergehalt niedrig.

Am Gebirgsstocke der Kösseine bei Wunsiedel treten für die Steinindustrie sehr bemerkenswerte Granite auf, die nahe Neusorg in den Brüchen der Vereinigten Fichtelgebirgs-Granit-, Syenit- und Marmorwerke, Retsch, Rümpel & Pfodter u. s. w. ausgebeutet werden. Hellgraue, fast blaue rundliche Feldspate (Mikrokline) werden von dunkleren, helleren, gelblichen Feldspatmassen, Quarz und dunklem, fast schwarzem Glimmer und Glimmerputzen umgeben und zeigen nicht selten einen rundlichen zonaren Aufbau. Orthoklas fehlt; dann und wann zeigt sich ein kleines

Granatkorn, wie neben viel dunklem Glimmer seltener auch heller. Recht häufig machen sich in ihm Einschlüsse von Phyllit und Gneis bemerkbar, die durch Einschmelzung die mannigfachsten Umänderungen erlitten haben. Feldspat 57 %, Quarz 41 %, Glimmer 3 %. Härte 2500—3030. Abnützung durch Quarzsand 2,1—1,9 mm. Volumgewicht 2,67—2,72.

Abbildung 8.   phot. Pfaff
Bruch auf der Kösseine.

Verbreitung des Granits in der Oberpfalz.

Das Oberpfälzer Wald- und Grenzgebirge wird fast vollständig von kristallinen Gesteinen aufgebaut; in den westlichen Teilen herrschen Granite vor, die aber häufig durch Gneise unterbrochen werden. Größere zusammenhängende Granitstöcke und -Gebiete finden sich im NW., im Steinwald, dann zwischen Tirschenreuth, Erbendorf, Neustadt an der Waldnaab und Vohenstrauß und schließlich im Süden bei Nabburg und Neunburg a. Wald. In den übrigen Teilen, die östlich der Linie Waldturm—Moosbach—Winklarn—Rötz gelegen sind, treten Granite nur in kleineren Durchbrüchen, wie bei Eslarn, Schönsee, Weiding und anderen Orten auf.

Die Granite sind hier sehr verschiedenartig; es finden sich großkristalline Kristallgranite, wie bei Störnstein, Liebenstein, nahe Tirschenreuth, oder grobkörnige, aber gleichmäßige Gesteine wie bei Fuchsmühl, oder auch großporphyrische wie bei Floßenbürg. Des weiteren fehlt es aber auch nicht an mittelkörnigen normalen Waldgraniten, wie bei Kothmeisling (Blauberg) und fein- bis mittelkörnigen dichten Waldgraniten, wie bei Zeinried u. s. w. Die Durchdringung von Granit und Gneis ist jedoch in diesem Gebiet viel inniger und mannigfacher, so daß häufig Gneisschollen im Granit, oder Gänge von Granit im Gneis angetroffen werden, wodurch die Verwitterungsvorgänge viel stärker wirken konnten. Das Auftreten von verhältnismäßig kleinen Granitdurchbrüchen oder -Kuppen im oder auf Gneis verhindert jedoch nicht, daß in ihnen sehr wertvolle Bruchgesteine, wie z. B. am Blauberg bei Kothmeisling und anderwärts enthalten sind.

Wie schon erwähnt, findet sich der Granit hauptsächlich auf der Westseite des nördlichen Oberpfälzischen Grenzgebirges, hier zieht er sich vom Steinwald über Neustadt a. d. Waldnaab bis Luhe in fast nordsüdlichem Zug hin, springt westlich Naabburg nach W. (bis zum Blauberg bei Hirschau) vor und reicht östlich bis Roding. Zwischen hier, Regensburg und Straubing stellt der südliche Teil des Oberpfälzer Granitgebirges wieder eine ziemlich einheitliche Masse dar, die nur an wenigen Stellen von Gneisen, Syeniten, Porphyren und anderen Gesteinsarten unterbrochen ist.

Die Lagerungsart ist nicht klar; das Auftreten der Gneisschichten in den Talungen läßt mutmaßen, daß die nach H. CLOOS im Passauer Gebiet vorhandene flache Auflagerung von Granitlagergängen auf Gneis vielleicht auch hier statt hat.

Die Granite, die in diesem Gebiete angetroffen werden, sind von wechselnder Beschaffenheit; teils sind es dichte Waldgranite, wie bei Steinberg, teils normale harte Granite, wie z. B. bei Karlstein und Kirchberg, stellenweise sind sie auch von rötlicher Farbe. In diesem Teile des Bayerischen Waldes sind Steinbruchbetriebe, die für den Export arbeiten, noch seltener, was vielleicht eine Folge der Zerrissenheit des Gebirges ist, das seit seiner Entstehung starke Pressungen und Zerrüttungen erlitten hat, wahrscheinlich aber auch auf Folge ungünstiger Abfuhrverhältnisse zurückzuführen sein könnte.

Der (Arzberger) Grafenreuther Granit. Mittel- bis grobkörniges Gestein von dunkler Farbe mit hohem Glimmer- und geringem Hornblendegehalt (dioritähnliche Granite). Der Quarzgehalt schwankt zwischen 9 und 33%, der Glimmergehalt zwischen 19—17%. Der Granit von Grafenreuth ist ein mittelkörniges dunkles Gestein mit bedeutendem Glimmergehalt. Neben den Hauptmineralien macht sich Hornblende und Eisenerz bemerkbar. Feldspat 48%, Quarz 33%, Glimmer 18—16%. Härte 3290. Abnützung durch Quarzsand 2,5 mm. Volumgewicht 2,76.

Der Kristallgranit. Hierher gehört das Gestein von Liebenstein bei Tirschenreuth, von Fürstenstein bei Passau und von Windisch-Eschenbach der Bruchwerke Künzel & Schädler in Schwarzenbach a. d. Saale, von Kerber in Büchelberg bei Passau, von E. Pohlt in Windisch-Eschenbach u. s. w.

Der Granit von Liebenstein bei Tirschenreuth ist ein typischer Kristalloder porphyrischer Granit. Die Feldspäte erlangen bis zu 6 cm·Länge, bei einer Breite von 2—3 cm, ihre Farbe ist weiß bis bläulichgrau, zwischen die sich hellbräunliche Quarzmassen eindrängen; dunkler und verhältnismäßig wenig heller Glimmer zeigt sich in zu der allgemeinen Größe der einzelnen Mineralien kleinen Schuppen in nicht großer Menge. Die Feldspäte bestehen vorwiegend aus Orthoklas und Mikroklin, Plagioklas ist seltener. Feldspat etwa 60—68%, Quarz 27—30%, Glimmer 4%. Die Größe der Feldspäte ließ Härtebestimmungen nicht zu.

Der Granit von Windisch-Eschenbach des Bruchwerkes Pohlt kann noch, obwohl die einzelnen Bestandteile nicht derartige Größen annehmen wie jene vom Liebenstein, als Kristallgranit bezeichnet werden. Die Orthoklase erlangen bis 4 cm Länge bei Breiten bis zu 1 cm, zwischen die sich ein kleinkörnigeres Gemenge von Quarz und kleineren Feldspatkriställchen, vermengt mit dunklem und wenig hellem Glimmer, einschiebt. Die Härte beträgt ungefähr 3500. Die Abnützung durch Quarzsand 2,3 mm. Das Volumgewicht ist 2,67.

Der Kristallgranit von Fürstenstein, Bruchwerk Kerber, entspricht dem von Windisch-Eschenbach. Seine Zusammensetzung ist: Feldspat 64 %, Quarz 32 %, Glimmer 4 %; seine Härte 3—5000; Quarzsandabnützung 2,26 m; Volumgewicht 2,68.

Der Flossenbürger Granit. Ein grobkörniges, fast großporphyrisches Gestein von hellgrauer bis hellgelblicher Farbe mit sehr hohem Quarzgehalt, der 50 % übersteigt. Das Gestein von Flossenbürg aus dem Bruchwerke Karl Egerer ist ein grobkörniges, großkristallines und porphyrisches Gestein, dessen Feldspäte 2—3 cm Größe erlangen, die mittlere Korngröße beträgt ungefähr 4—6 mm. Die großen Feldspäte zeigen häufig eine graublaue Farbe, der Quarz bildet nicht selten bis zu 1 cm Kornaggregate, heller Glimmer ist neben dunklem reichlich vorhanden. Feldspat 46 %, Quarz 50 %, Glimmer 4 %. Härte 3480—5300. Abnützung durch Quarzsand 1,8 bis 2,5 mm. Volumgewicht 2,65.

Das Gestein von Altenhammer entspricht dem von Flossenbürg.

Der Granit von Steinberg, Zeinried und Treidling siehe unter: Dichte Granite (Niederbayern).

Leugas bei Wiesau. Hier wird ein schon als Kristallgranit zu bezeichnendes Gestein gebrochen (Bruchbesitzer Vogel). Im Durchschnitt etwa 2 cm lange und 1 cm breite Feldspäte werden von Quarzkörnern und Quarzkornaggregaten mit dunklen Glimmerschüppchen umgeben. Heller Glimmer ist in geringeren Mengen vorhanden. Mineralmengen- und Härtebestimmungen sind wegen der Grobkörnigkeit u. s. w. nicht ausführbar.

Abbildung 9.
Flossenbürg.

108

Das Gestein vom **Rehberg** bei **Neuenhammer**, etwa 6 km nördlich von Pleystein, ist grobkörnig, von eigenartig dunkelgrauer Farbe, deren Träger hauptsächlich die dunkelgrau gefärbten Feldspäte sind. Heller Glimmer neben dunklem vorhanden. Die Feldspäte sind meist in die Länge gestreckte Rechtecke, deren Zwillingsbildung sich leicht bemerklich macht. Infolge der dunklen Farbe der Feldspäte tritt der Quarz nur wenig hervor. U. d. M. zeigt sich das Gefüge eines normalen Granites, in dem nur die Feldspäte (Orthoklase) stärkere Interpositionen führen. Reichlicher Plagioklas neben Orthoklas. Wegen der Grobkörnigkeit ist die Mineralmengenbestimmung schwieriger. Feldspat etwa 83 %, Quarz 14 %, Glimmer 3 %.

Verbreitung des Granits in Niederbayern.

Auch in Niederbayern zeigt sich das Hauptverbreitungsgebiet des Granits wieder im Süden des Pfahles, während nördlich davon, mit Ausnahme der etwas größeren Bergmassen um den Dreisessel und Lusen, nur kleinere öfters langgestreckte, meistens schmale Granit-„Inseln“, die in ihrer Längsrichtung die Pfahlrichtung einhalten, zu sehen sind. So findet sich eine große, ziemlich einheitliche Granitmasse nördlich Passau, die ungefähr zwischen den Orten Breitenberg, Hauzenberg, Salzweg, Eging und Schönberg gelegen ist. Von hier begleitet eine etwa fünf Kilometer breite Granitzone den Pfahl auf seiner Südseite bei Viechtach. An diese Granitzone legt sich südlich ein breiter Gneisbezirk, und mehrere meist langgestreckte Granitzüge. Der Fuß des Bayerischen Waldes wird längs der Donau hauptsächlich von Gneis oder gneisähnlichen Gesteinen, sogen. injizierten Schiefern usw. gebildet und nur an wenigen Stellen reicht der Granit bis zur Donauebene herab, wie bei Deggendorf und Schwarzach.

Südlich der Donau tritt Granit nur an wenigen Stellen auf, so bei Mattenham nahe Vilshofen, dann im Tale der Wolfach (Neustift), ferner in Anbrüchen nahe Fürstenzell und Neukirchen (Langdobel) und bei Neuhaus (Schärding) am Inn. Wenn auch der Granit nördlich Passau (Hauzenberg, Eging, Schönberg) mehr eine zusammenhängende wenig von Gneis unterbrochene Masse zu bilden scheint, so wird er doch an manchen Stellen von anderen Gesteinsarten wie Gabbro, Dioriten und Syenitgraniten, die stellenweise wie bei Namering zu Bildhauerarbeiten gewonnen werden, unterbrochen. Im Granit selbst trifft man sehr verschiedene Abarten, so daß sich, wie schon eingangs erwähnt, dichter Granit vom feinsten Korn bis großporphyrische Kristallgranite beobachten lassen.

Jene schon erwähnte, dem Pfahl parallel laufende ältere (?) Granitzone wird in ihren SO-Teilen dem Syenitgranit zugerechnet, ebenso jene kleineren südlich davon im Gneis liegenden Granitgebiete. Es treten aber auch hier wie bei Ruhmannsfelden, bei Teisnach und bei Frankenried sehr schätzenswerte Bruchgranite auf. Ebenso liefern die kleineren Granitgebiete die näher der Donau im Gneis liegen, wie die Brüche nahe Deggendorf (Metten), Egg usw. zeigen, einen vorzüglichen Bruchgranit. Ein Hauptverbreitungsgebiet für Bruchgesteine ist aber jene große nördlich Passau gelegene Granitmasse, deren Gesteine die im folgenden angeführten lang bekannten Werksteine liefern.

a) Der Passauer Waldgranit. Ein fein- bis mittelkörniges Gestein von normaler Zusammensetzung und ziemlich gleichmäßigem Korn, mit geringen Mengen von Einsprenglingen; der Gehalt an dunklem Glimmer überwiegt den an hellem. Der Quarzgehalt erreicht im Mittel 24 %, der Feldspat 70 %, der Glimmer 6—7 %.

Das Hauzenberger Bruchgebiet liefert ein fein- bis mittelkörniges, gleichmäßiges Gestein von graublauer bis gelblicher Farbe mit seltenen Einsprenglingen. Orthoklas überwiegt den annähernd in gleicher Menge wie Plagioklas vorhandenen Mikroklin, dunkler Glimmer erscheint in bis 3 mm großen Schüppchen; heller

Abbildung 1^u. phot. Arndt

Granitsäulen am Monolithenbruch bei Hauzenberg.

ist selten oder fehlt. Feldspat 75 %, Quarz 17 %, Glimmer 7 %; Härte 2710 bis 3400; Abnützung durch Quarzsand 1,6 mm; Volumgewicht 2,69. Bruchwerke: Kinadeter in Hauzenberg, Stockhauer in Wotzdorf bei Passau, Kerber-Büchelberg und Passau u. a.

Der Granit vom Schachet besitzt mittlere Korngröße (1,5—2 mm), es zeigen sich in ihm einzelne Feldspateinsprenglinge, die bis zu 1 cm Größe erlangen; dunkler Glimmer ist deutlich sichtbar, heller fehlt. Seine Farbe erscheint als ein helles Graublau. 60 % Feldspat, 35 % Quarz, 5 % Glimmer. Die Härte schwankt zwischen 2440 und 3360, die Quarzsandabnützung zwischen 1,5 und 1,4. Sein Volumgewicht ist 2,69. (Bruchwerke von Kinadeter, Kerber-Büchelberg u. a.)

Der Granit von Büchelberg ist hellgrau bis hellgelb, mittelkörnig, von normaler Zusammensetzung. 81 % Feldspat, 17 % Quarz, 6 % Glimmer. Härte schwankend zwischen 4280 und 2250; Abnützung durch Quarzsand zwischen 1,5—1,7 mm; Volumgewicht 2,65—2,7. Bruchwerk: Kerber-Büchelberg.

Der Granit von Tittling ist mittelkörnig, hellgrau und enthält vereinzelte Feldspateinsprenglinge und kleinere Glimmerputzen. Orthoklas herrscht vor,

110

Mikroklin ist selten, Plagioklas ziemlich reichlich. Heller Glimmer fehlt. 62—81%
Feldspat, 11—21% Quarz, 5—7% Glimmer. Härte 5450—2980; Abnützung durch
Quarzsand 3,8—1,2 mm; das Volumgewicht ist 2,09. Bruchwerke: Hausinger in
Tittling, Käser in Tittling u. a.

Der Granit von Egg bei Metten ist ein normales, mittel- und gleichkörniges
Gestein von bräunlich-grauer Farbe. Orthoklas herrscht vor. Mikroklin und Plagioklas ist seltener. 62% Feldspat, 36% Quarz und 2% Glimmer. Die Härte beträgt
3000—2500, die Quarzsandabnützung 2,1 mm. Bruchwerke: Meisel in Innenstetten.

Der Granit von Metten ist ein fast schon grobkörniges Gestein von hellgrauer
Farbe mit häufigen Feldspateinsprenglingen, die 1 cm Größe überschreiten. Die
einzelnen Mineralien drängen sich häufig zusammen, (erinnert an den Waldstein-
granit). 70% Feldspat, 22% Quarz und 8% Glimmer. Härte etwa 2400—3000.
Die Quarzsandabnützung 3,3—3,9. Volumgewicht 2,65—2,68. Bruchwerke: Adler
in Metten, Bayerische Granit-Akt.-Gesellsch. Regensburg, M. Kufner in Metten u. a.

Auch die Umgebung von Fürstenstein liefert wertvolle Bruchsteine, so wird
in dem Bruchwerk von P. Schütz ein gleichmäßig, mittelkörniger dunkelgrauer
Granit gebrochen, der bei reichlichem Orthoklasgehalt und wenig Plagioklas nur
dunklen Glimmer, der auch in kleineren Putzen vorkommt, aufweist. Ein geringer
Hornblendegehalt zeichnet ihn von anderen Gesteinen aus. 75% Feldspat, 18%
Quarz, 12% Glimmer. Härte = 4270. Abnützung durch Quarzsand 1,3 mm. Das
Volumgewicht ist 2,76. Ein anderes Gestein aus dieser Umgegend (Bruchwerk
Weißhäupl) ist ein schwach porphyrischer hellgrauer Granit mit bis 1 cm großen
Feldspateinsprenglingen und großen stark zersprungenen Quarzkörnern. Es enthält
nur dunklen Glimmer; Granat ist in einzelnen Körnchen zu beobachten. 71%
Feldspat, 18% Quarz und 11% Glimmer. Härte 2400—4360. Quarzsandab-
nützung 3,1 mm. Volumgewicht 2,69. Ein weiteres Gestein aus diesem Bruchwerke
s. unten „dichte Granite".

Nahe Edenstetten in dem Granitwerk von A. Prebeck bei Egg wird ein je
nach Lage graues bis gelbes, fein- bis mittelkörniges Gestein von gleichmäßiger
Kornausbildung gebrochen, mit seltenen Feldspateinsprenglingen und einzelnen
bis erbsengroßen dunklen Glimmerputzen. Orthoklas ist reichlich, Plagioklas nicht
selten neben dunklem und hellem Glimmer. 60% Feldspat, 33% Quarz und 7%
Glimmer. Härte 2950. Quarzsandabnützung 2,19 mm. Volumgewicht 2,68.

Der Granit von Grünbach bei Teisnach (Bruchwerk Bayerische Granit-
Aktiengesellschaft Regensburg) ist ein fein- bis mittelkörniges, graublaues Gestein,
von gleichmäßigem Korngefüge und seltenen bis etwa 1 cm großen Feldspateinsprenglingen. Der Orthoklas- ist bedeutend, der Plagioklasgehalt untergeordnet.
Glimmer nur dunkler. Härte bis zu 5100. Quarzsandabnützung 1,9 mm. Volumgewicht 2,67. (Siehe Abbildung 11 Seite 112.)

Bei Schönberg nahe Ruhmannsfelden wird von demselben Bruchwerke ein
sehr ähnliches Gestein gebrochen, das sich aber nach mikroskopischem Befund
durch die verschiedene Größe der einzelnen Mineralkörner von jenem unterscheidet. Die Härte steigt noch mehr an, bis 5450. Die Quarzabnützung ist infolge dessen geringer, 1,5 mm. Volumgewicht 2,77.

Sehr ähnlich dem letztangeführten Gestein ist der Granit von Prünst nördlich
Ruhmannsfelden (Bruchwerk Eckart). Seine Farbe ist hellgrau, sein Korn fein bis
mittelgroß. Nur dunkler Glimmer. Orthoklas herrscht vor. 60°/o Feldspat, 32°/o
Quarz, 8°/o Glimmer. Härte 3860. Abnutzung durch Quarzsand 1,22 mm. Volumgewicht 2,69.

Einen mittel- bis feinkörnigen Granit liefert das Bruchwerk von Dorfner bei
Oberpolling. Die Farbe ist grau, das Korn ziemlich gleichmäßig. Dunkler Glimmer
ist in beträchtlicher Menge in kleinen Schüppchen vorhanden, einzelne etwas größere
Feldspateinsprenglinge machen sich in geringer Anzahl bemerkbar. Plagioklas ist
neben Orthoklas in ziemlicher Menge, heller Glimmer unter dem Mikroskop nur
gering verbreitet. Mikroklin fehlt. Härte 4800. Abnützung durch Quarzsand 1,9 mm.
Volumgewicht 2,68. Quarz 26°/o, Feldspat 66, Glimmer 8.

Abbildung 11   phot. Pfaff.

Granitbruch Grünbach bei Theisnach.

Die Brüche O. Gleiritz bei Tännesberg (Bruchwerke Veith) liefern einen fein-
körnigen Granit von hellgrauer Farbe und gleichmäßigem Gefüge, ohne größere
Einsprenglinge. Beträchtliche Mengen von dunklem Glimmer erscheinen unter dem
Mikroskop neben hellem in kleinen Schüppchen. Die Hauptmenge der Feldspate
besteht aus Orthoklas, auch Plagioklas ist beträchtlicher verbreitet. Mikroklin fehlt.
Feldspat 71°/o, Quarz 25, Glimmer 4.

Am Zachenberg bei Gotteszell findet sich grauer, mittelkörniger Granit von
ziemlich verschiedenem Korn (Bruchbesitzer Vogel, ausgebeutet wird der Bruch
von Haberstumpf in Gefrees), mit einzelnen bis 1 cm großen Feldspateinsprenglingen. Für das bloße Auge ist Glimmer und Quarz kaum mehr zu erkennen.
Eine an Schieferung erinnernde Ausbildung kommt zum Vorschein. Unter dem
Mikroskop erscheinen neben Orthoklas beträchtliche Mengen von Mikroklin,
Plagioklas ist nur untergeordnet. Dunkler Glimmer ist häufig, heller fehlt. Für
die Abnützung ist die die größeren Feldspate verkittende „Grundmasse“, die

112

hauptsächlich aus feinsten Quarzkörnchen besteht, von Bedeutung. Feldspat 63%
Quarz 33, Glimmer 4. Die Härte 1800, die Abnützung durch Quarzsand 4—5 mm.
Volumgewicht 2,65—2,67.

Bei der Koth- oder Probstenmühle bei Gotteszell wird ein mittel- und ziemlich
gleichkörniges Gestein von hellgrauer Farbe gewonnen, das nur selten größere
Einsprenglinge führt. Der Quarz ist für das bloße Auge in der Masse der hellen
Feldspate nicht erkennbar, dunkler Glimmer ist in beträchtlicher Menge vorhanden.
Unter dem Mikroskop fällt das Vorherrschen des Orthoklases über den Plagioklas
und die starke Zerstückelung des Quarzes auf. Heller Glimmer zeigt sich nur
in sehr geringer Verbreitung. Feldspat 62%, Quarz 33, Glimmer 5. Die Härte 3600.
Abnützung durch Quarzsand 3,5—4 mm. Volumgewicht 2,66.

Am unteren Inn, in der Umgebung von Schärding findet sich ein mittelkörniger Granit von dunkelgrauer Farbe. Sein Korn ist gleichmäßig — die
mittlere Korngröße beträgt etwa 2 mm — größere über 1 cm gehende Feldspate
sind selten. Für das bloße Auge schon sehr bemerkbar sind die dunklen
Glimmerschüppchen (bis zu 4 mm Länge). Der Quarz dagegen verschwindet fast
zwischen den anderen Bestandteilen. Unter dem Mikroskop erscheint das Bild
eines ziemlich normalen Granites in dem sich selten ein Granatkorn erblicken
läßt. Volumgewicht 2,68.

Am Häuselberg, nahe Bleibach, unweit Kötzting wird in dem Bruch von
Josef und Johann Bergbauer ein mittelkörniges, helles Gestein gewonnen, das als
ein typischer Granit gelten kann. Dem bloßen Auge zeigt sich dunkler und etwas
heller Glimmer neben ziemlich beträchtlichen Mengen von kleinkörnigem Quarz.
Größere Feldspateinsprenglinge sind nur selten. Orthoklas und Mikroklin bilden
die Hauptmenge. Plagioklas ist untergeordnet. Die Härte 1850. Abnützung durch
Quarzsand 4,6 mm. Volumgewicht 2,68. Feldspat 71%, Quarz 26, Glimmer 3.

Aus dem Bruche Hof (Bruchwerk Kerber, Passau) nahe Kalteneck kommt je
nach Lage ein hellgraues oder gelbliches Gestein von feinem und gleichmäßigem
Korn, ohne Einsprenglinge. Orthoklas herrscht vor. Mikroklin ist nicht selten.
Plagioklase sind nur untergeordnet vorhanden. Das gelbe Gestein unterscheidet
sich von dem grauen nur durch stärkere Umbildung mancher Feldspate und
durch die Infiltration von Eisenlösungen. Feldspat 60%, Quarz 31% und Glimmer
8%. Härte 4810, Quarzsandabnützung 1,7 mm. Volumgewicht 2,65.

Der Granit von Steinhof bei Kalteneck (Bruchwerk Kerber-Passau) ist ein
feinkörniges, je nach Lage dunkelgraues oder gelbliches Gestein, von schwach
porphyrischer Ausbildung mit in einzelnen Zügen an Schieferung erinnerndem
Gefüge sowie erheblichen (mikroskopisch) Unterschieden in den Korngrößen. Ohne
Berücksichtigung der feinsten Mineralbestandteile: Feldspat 60—70%, Quarz
20—30%, Glimmer 10%—4. Härte 4440—3100. Die Abnützung durch Quarzsand 1,7—2,55 mm. Volumgewicht 2,73.

Die Brüche Blauberg bei Kothmeisling nahe Bodenwöhr (Bruchwerk:
Bayerische Granit-Akt.-Gesellsch. in Regensburg) liefern einen mittelkörnigen hellgrauen bis gelblichen Granit, der bis 1 cm große Feldspatkristalle enthält, neben
kleineren hellen Glimmerschüppchen. Quarz in verhältnismäßig großen einheitlichen

Körnern ist vorhanden. Feldspat 65%, Quarz 29% und Glimmer 6%. Härte 3840 bis 3650, Quarzsandabnützung 2,13—2,23 mm, Volumgewicht 2,67.

Am Bauzinger Berg, nahe Hauzenberg, wird ein schwachporphyrischer, hellgrauer, leicht spaltender Granit von feinem Korn gewonnen, mit je nach Lage gewissen Unterschieden in der Korngröße (mikroskopisch), in den Mineralmengen und der Gesteinsstruktur (grobporphyrisch und feinporphyrisch). Die grobporphyrische besteht aus 70—60% Feldspat, 30—25% Quarz, 3% Glimmer. Die feinporphyrische nur Feldspat 53%, Quarz 41%, Glimmer 3%. Die Härte schwankt nur wenig 5500—5300. Die Quarzsandabnützung 2,31—2,4 mm. Volumgewicht 2,65—2,67.

Dichte Granite (dichte Passauer Waldgranite).

Meistens helle Gesteine von sehr feinem Korn, ohne porphyrische Einschlüsse, mit feiner quarziger „Verkittungsmasse", von hoher Härte, hohem Quarzgehalt und mit wenig Glimmer. Der mittlere Quarzgehalt 30%, Feldspatgehalt 64%, Glimmergehalt 6%. Hierher gehören die Bruchbetriebe: Allmunzen, Fälsching, Grünbach, Taferl bei Vilshofen (Mettenham), Steinberg bei Schwandorf, Steinhof bei Kalteneck, Selb (am Gericht) und Schachet.

(Die Gesteinsausbildung ist derart, daß sie eine vermittelnde Stellung zwischen der einen und anderen Granitart einnehmen kann. Derartige Gesteine sind manchmal bei beiden Arten mitaufgeführt.)

Der Bruch von Dürnersdorf bei Oberviechtach (Bruchbesitzer Tausch) liefert einen hellgrauen, mittel- bis feinkörnigen Granit von ziemlich gleichmäßigem Korn, dessen Struktur aber durch die Lagerung der Glimmerschüppchen an Schieferung erinnert. Größere Einschlüsse fehlen, stellenweise sind helle und dunkle Glimmerputzen zu sehen. U. d. M. fällt der dunkle Glimmer durch seinen Gehalt an pleochroitischen Höfen auf, während heller fehlt. Orthoklas ist vorwiegend; Mikroklin fehlt; Plagioklas ist nur untergeordnet. Feldspat 74%, Quarz 22%, Glimmer 4%. Volumgewicht 2,67.

Der Granit von Allmunzen, nahe Kalteneck, der Bayerischen Granit-Aktien-Gesellschaft Regensburg, ist ein feinkörniges Gestein von grauer Farbe, mit einzelnen bis etwa ¹/₂ cm großen Feldspateinsprenglingen. Durch die kleinen Feldspatkristallästchen wird eine gewisse Bankung angedeutet. Die Korngröße (mikroskopisch) weist ziemlich beträchtliche Schwankungen auf; sie beträgt im Mittel, ohne die Feldspateinsprenglinge, etwa ¹/₂ mm. Von Glimmer zeigt sich nur dunkler. 48% Feldspat, 46% Quarz und 6% Glimmer. Härte 7030. Abnützung durch Quarzsand 1,02 m. Volumgewicht 2,67.   (Abb. 12 siehe S. 115.)

Der Granit von Taferl (Mattenham) bei Vilshofen der Bayerischen Granit-Aktien-Gesellschaft Regensburg ist ein feinkörniges graues Gestein, in dem sich dem bloßen Auge nur bis etwa 3 mm große Feldspäte und mehrere kleine dunkle Glimmerschüppchen bemerkbar machen. Neben reichlichem Orthoklas ist auch Plagioklas (mikroskopisch zu sehen). 54—55% Feldspat, 39—40% Quarz, 6—7% Glimmer. Härte 3930. Quarzsandabnützung 1,1 mm. Volumgewicht 2,66.

Der Granit von Steinberg bei Schwandorf desselben Bruchwerkes, ist ebenfalls ein sehr feinkörniges Gestein, das bis etwa 1 cm große Feldspateindringlinge und etwa 2 mm große Glimmerputzen enthält. Die feinkörnige, mikroskopische „Grundmasse" enthält verhältnismäßig viel Plagioklas, etwas Hornblende und seltene Granatkriställchen. „Grundmasse" 65 % Feldspat, 29 % Quarz, 6 % Glimmer. Härte 5260—6290. Quarzsandabnützung 1 mm. Volumgewicht 2,72.

Abbildung 12.   phot. PFAFF.
Bruch Allmunzen.

Der Granit von Fälsching bei Fürstenstein, unweit Passau, aus dem Bruche derselben Gesellschaft, zeigt hiermit viel Ähnlichkeit, nur fehlen die Feldspateinsprenglinge, doch zeigen sich bis 5 mm große dunkle Glimmerputzen. Orthoklas herrscht vor, heller Glimmer fehlt; etwas Hornblende erscheint unter dem Mikroskop. Feldspat 62 %, Quarz 26 %, Glimmer 11 %. Härte 6460. Quarzsandabnützung 1,1 mm. Volumgewicht 2,73.

Zu den dichten Graniten gehört auch das Gestein vom Gericht bei Selb der Vereinigten Fichtelgebirgs-Granit-, Syenit- und Marmorwerke in Wunsiedel, der Bruchwerke Künzel & Schedler, Retsch in Wunsiedel u. s. w. Es ist ein heller, gelblicher bis schwach grauer Granit, der infolge seines feinen und gleichmäßigen Kornes fast das Aussehen eines Sandsteines hat. Vereinzelte größere Feldspateinsprenglinge (5—6 mm), helle Glimmerschuppen und beträchtliche Mengen von 2—3 mm großen Quarzkörnern und kleine dunkle Glimmerschüppchen fallen auf, unter den Feldspäten herrscht Orthoklas vor. 51 % Feldspat, 44 % Quarz,

<table><tr><td>8*</td><td align="right">115</td></tr></table>

5 % Glimmer. Härte schwankend zwischen 4810 und 5380. Quarzsandabnützung 2,7—2,5 mm. Volumgewicht 2,65.

Auf der kleinen Anhöhe SW Einöd bei Vilshofen findet sich ein mittelkörniger grauer Granit von etwas ungleichmäßigem Korn, der stellenweise kleine dunkle Glimmerputzen enthält. Das Gestein ist jenem bei Mattenham ähnlich, einzelne bis 1 cm große Feldspateinsprenglinge treten auf. Plagioklas ist selten, Mikroklin fehlt, heller Glimmer nur ganz untergeordnet. Härte 4810. Die Abnützung durch Quarzsand 2,4 mm. Feldspat 69 %, Quarz 24 %, Glimmer 8 %. Das Volumgewicht ist 2,67.

Nahe Blindham (Bahnlinie Vilshofen—Ortenburg) wird in den Brüchen von Rieger & Seil ein hellgrauer bis blaugrauer Granit von feinem bis mittlerem, sehr gleichmäßigem Korn gewonnen. Zusammensetzung: Einzelne helle Feldspateinsprenglinge und dunkle Glimmerputzen, dunkler Glimmer in kleinen Schüppchen reichlich vorhanden, Quarz mit bloßem Auge kaum mehr erkennbar. Plagioklas neben Orthoklas reichlich, heller Glimmer zeigt sich u. d. M. in bemerkbarer Menge. Feldspat 70 %, Quarz 27 %, Glimmer 3 %. Härte 5800. Abnützung durch Quarzsand 1,7 mm. Volumgewicht 2,71.

Das Gestein von Zillberg bei Jandelsbrunn, nahe Waldkirchen (Besitzer Hack & Dorn, Nürnberg), ist ein fein- und gleichkörniger Granit von blaugrauer Farbe und ohne Einsprenglinge. Der Quarz ist für das bloße Auge kaum mehr erkennbar, kleine dunkle Glimmerputzen sind selten. U. d. M. ist Mikroklin neben Orthoklas in bemerkbarer Menge, Plagioklas ist fast in gleicher Menge wie Orthoklas vorhanden. Heller Glimmer ist neben dunklem nur untergeordnet vertreten. Feldspat 77 %, Quarz 14 %, Glimmer 9 % (ungefähr). Härte zwischen 4500 und 5100. Abnützung durch Quarzsand zwischen 1,7 und 3,14 mm.

Der Granit von Rußberg, nahe Hauzenberg, des Bruchwerkes Kinadeter, Hauzenberg, ist ein fast weißes mittelkörniges Gestein, in dem weißer Orthoklas vorherrscht ohne Einsprenglinge zu bilden, kleinere dunkle Glimmerschüppchen und einzelne, bis 3 mm große Quarzkörner sind für das bloße Auge noch erkennbar. 66 % Feldspat, 31 % Quarz, 3 % Glimmer. Härte 2610. Quarzsandabnützung 2,6 mm. Volumgewicht 2,68.   (Abbildung 13 siehe S. 117.)

Der Granit vom Kühstein bei Hauzenberg des gleichen Bruchwerkes, ist sehr ähnlich, nur ist sein Korn etwas größer; vereinzelt sind Feldspateinsprenglinge; Quarz tritt viel stärker hervor; seine Farbe ist nicht so hell, Orthoklas etwas geringer, Plagioklas beträchtlich stärker vertreten. 70 % Feldspat, 28 % Quarz, 2 % Glimmer. Härte bis 3000 an. Quarzsandabnützung ist 2,4 mm. Volumgewicht 2,67.

Der Granit von Zeinried, nahe Oberviechtach, der Bayerischen Granit-Aktien-Gesellschaft Regensburg, ist feinkörnig hellgrau, ohne größere Einsprenglinge, er enthält, mit Ausnahme einzelner kleiner dunkler Glimmerschüppchen, ein sehr gleichmäßiges Mineralgemenge. Der Orthoklas tritt ziemlich zurück, Plagioklas dagegen ist reichlich vertreten, daneben nur dunkler Glimmer. Härte 6650. Quarzsandabnützung 0,93 mm. Volumgewicht 2,73.

Der Granit von Treidling bei Nittenau der Bayerischen Granit-Aktien-Gesellschaft Regensburg ist ein graues, fein- bis mittelkörniges Gestein, von

gleichmäßigem Korn, mit nur seltenen, bis etwa $\frac{1}{2}$ cm großen Feldspateinsprenglingen; es hebt sich durch Hornblendeführung, verhältnismäßig geringem Orthoklas-,
dagegen reichlichem Plagioklasgehalt, von den übrigen Gesteinen ab und nimmt
eine vermittelnde Stellung zu den Quarzglimmerdioriten ein. 61% Feldspat,
25% Quarz, 8% Glimmer, 1% Hornblende. Härte 6820. Abnützung durch
Quarzsand 1,7 mm. Volumgewicht 2,68.

Aus der Umgebung von Fürstenstein gewinnt das Bruchwerk Weißhäupl
ein dunkelgraues Gestein, das durch zahlreiche kleine helle Feldspateinsprenglinge ein geflecktes Aussehen hat. Das Gefüge ist sehr dicht und sehr feinkörnig.

Abbildung 13.

Bruch Russberg,

Neben dem auch im feinkörnigen Gemenge die Hauptmasse bildenden Orthoklas
tritt nur dunkler Glimmer, etwas Plagioklas und vereinzelt Hornblende auf. Die
Feldspateinsprenglinge enthalten gewöhnlich einen schon mit bloßem Auge sichtbaren dunkleren Kern, bestehend aus einem Titanmineral (Titanit oder auch
Anatas). 76% Feldspat. 17% Quarz, 7% Glimmer. Härte 5100. Quarzsandabnützung 1,6 mm. Sein Volumgewicht ist 2,68.

Grob- bis mittelkörnige Waldgranite.

Grob- bis mittelkörnige Gesteine von heller, etwas ins gelbliche spielender Farbe.
Sie enthalten hellen und dunklen Glimmer; porphyrische Feldspateinsprenglinge
sind vorhanden. Der Quarzgehalt ist normal, der Glimmergehalt gering.

Bei Freudensee, nahe Hauzenberg, wird von den Bruchwerken Kerber, Passau
und Kinadeter, Hauzenberg, u. a. ein fast schon grobkörniger hellgelblicher Granit
gewonnen, der einzelne Feldspateinsprenglinge enthält. Orthoklas überwiegt beträchtlich. Der Quarz ist häufig in Kornaggregaten. 72% Feldspat, 25% Quarz, 3%
Glimmer. Härte 2590—3170. Quarzsandabnützung 2,5 mm. Volumgewicht 2,65.

In den Brüchen bei Prackendorf, nahe Oberviechtach (Bruchbesitzer Dausch), wird ein mittel- bis grobkörniger Granit gewonnen, in dem heller Glimmer und größere Feldspataggregate leicht sichtbar sind. Die Farbe des frischen Gesteines ist ein helleres Grau. Orthoklas herrscht vor (etwa 90%), Plagioklas ist nur untergeordnet; Mikroklin fehlt. Die Mengenbestimmung ist wegen der Größe der einzelnen Bestandteile nicht ausführbar. Die Härte schwankt in den vorliegenden Proben zwischen 1940—2200. Abnützung durch Quarzsand zwischen 4,4 und 3,4 mm. Volumgewicht 2,67.

In dem Bruch bei Leuchtenberg findet sich ein grobkörniger und feinkörniger Granit, der stellenweise durch allerlei Übergänge, stellenweise aber auch ziemlich unvermittelt von der einen Art in die andere übergeht. Das Korn ist ziemlich gleichmäßig, größere Einschlüsse fehlen. Die Farbe ist ein lichtes Grau bis fast weiß, die grobkörnige Art hat einen etwas gelblichen Ton. Neben dunklem Glimmer zeigt sich heller in größerer Menge. Eigenartig ist, daß neben den größeren Feldspataggregaten der Glimmer mit die größten Mineralausscheidungen bildet. Das Mikroskop zeigt einen normalen Granit, in dem nur hin und wieder sich, sowohl in der fein- wie grobkörnigen Art, ein Granatkorn bemerkbar macht. Bei der feinkörnigen Art: Feldspat 69%, Quarz 24%, Glimmer 7%. Bei der grobkörnigen ist die Zählung zu unsicher. Härte zwischen 2950 bis 3100. Abnützung durch Quarzsand zwischen 3,7 - 4,2. Volumgewicht 2,66. Dr. F. W. PFAFF.

Anschließend an den Granit sei hier behandelt:

Redwitzit (Syenitgranite GÜMBELS).[1]

In der Phyllitmulde im Süden des Fichtelgebirger Zentralstockes tauchen aus meist stark vergrustem Kristallgranit sehr harte dunkle Gesteine auf, die von GÜMBEL als Syenitgranite, von WILLMANN[2] als Redwitzite bezeichnet wurden. Ihrer Zusammensetzung nach bestehen sie aus Biotit, der oft in großen Tafeln auftritt, aus Hornblende, Feldspat und meist wenig Quarz. Charakteristisch für diese Gesteine ist ihre schlierige Beschaffenheit und ihre wechselnde Struktur, die alle Übergänge von dichten oft etwas porphyrischen zu mittelkörnigen bis zu grobkörnigen pegmatitartigen Typen zeigt. Es handelt sich um basische Vorläufer der Fichtelgebirgsgranite, nicht, wie WILLMANN glaubt, um spätere Nachschübe. Das geht unzweifelhaft aus ihrem Verbandsverhältnis hervor, das sehr schön in den Steinbrüchen auf der Wölsauer Höhe bei Redwitz aufgeschlossen ist. Der Redwitzit ist hier durch Klüfte in parallelipipedische Gesteinskörper zerlegt, aus deren randlichen Verwitterungsschalen sich kugelige und wollsackartige Kerne des frischen Gesteins herausschälen, eine Erscheinung, die schon ALEX. V. HUMBOLDT im Kosmos beschrieben hat. Längs der Klüfte und unregelmäßig netzartig ist der Krystallgranit in den Redwitzit eingedrungen.

Der Hauptgewinnungsort dieser Gesteine ist die Gegend von Redwitz, die Wölsauer Höhe, Lorenzreuth und Seussen, ihr Verbreitungsgebiet reicht aber weit nach Süden in die Oberpfalz (Reuth bei Erbendorf) und in den Bayerischen Wald.

---

[1] Bearbeitet von Dr. A. WURM.

[2] Die Redwitzite, eine neue Gruppe von granitischen Lamprophyren. Zeitschr. d. Deutsch. geol. Ges. 1919. Abh. S. 1ff.

Ob ihrer Härte und Widerstandsfähigkeit gegen Verwitterung liefern sie sehr geschätztes Material für Pflastersteine. Recht umfangreich ist auch die Verwendung des Redwitzits für ornamentale Zwecke und hier wird er seiner dunkleren Tönung wegen dem hellen Granit vorgezogen und mit Vorliebe auch für Grabsteine und Denkmalsockel verschliffen.

Graphit.[1]

Im rechtsrheinischen Bayern ist Graphit, eine Modifikation des Kohlenstoffes, die sowohl in amorpher, wie in kristallinischer Form in der Natur auftritt, an zahlreichen Stellen gefunden worden, wobei es sich jedoch meist nur um eng begrenzte, mineralogisch merkwürdige Vorkommen handelt, die bisher ohne wirtschaftliche Bedeutung geblieben sind. Eine Ausnahme hiervon machen nur die Graphitvorkommen des Bayerischen Waldes in der Passauer Gegend, die im nachfolgenden ausführlich behandelt werden sollen.

Außer den niederbayerischen Graphitvorkommen im Bezirksamt Wegscheid finden sich im Bayerischen Wald, dem angrenzenden Oberpfälzer Wald und dem Fichtelgebirge solche noch bei Zwiesel und rechts der Ilz bei Tiefenbach, die während des Krieges in Abbau standen, ferner ein unbedeutendes Vorkommen in Roggersing bei Hengersberg und zwischen Regen und Bodenmais bei Langdorf.

In der Oberpfalz, in der Nähe von Floß, bei Groß-Klenau am Mühlberg, bei Plößberg, Woldau, Wampenhof und Schönsee.

In Oberfranken bei Rehau, Wallenstein und Erbendorf, wo rußkohlenähnliche, graphitisierte karbonische Schiefer auftreten; bei Arzberg, Hohenberg, Wunsiedel und Sinnatengrün als amorphe Einlagerungen in den sog. Urkalken.

Mit Ausnahme der Vorkommen im Bayerischen Wald tritt der Graphit sonst in Bayern fast überall in seiner amorphen Form auf, d. h. er bildet in den Gesteinen derbe, nicht kristallinische Einlagerungen.

Im südlichen Bayerischen Wald hingegen, hauptsächlich in dem bekannten Graphitgebiet östlich von Passau, bei den Zwieseler Vorkommen, dem bei Roggersing, Tiefenbach und einigen anderen untergeordneten findet sich der Graphit in seiner kristallinischen Form. Hier bildet er in den Gneisen dieser Gegend mehr oder minder mächtige Einlagerungen schuppiger Aggregate, die als Flinz bezeichnet werden.

Diese Flinzform des Graphites eignet sich besonders zur Herstellung feuerfester Tiegel für die Metallindustrie. Hierauf beruht hauptsächlich seine technische Wichtigkeit. Die Passauer Graphite finden aber auch Verwendung in der Bleistiftindustrie, in der Farbenindustrie, zur Herstellung von Trockenelementen und nicht zuletzt als Schmiergraphite.

Der Graphitbergbau im Passauer Gebiet reicht bis in das 14. Jahrhundert, die Kenntnis des Passauer Graphites aber vermutlich schon bis in prähistorische Zeit zurück; denn bei Ausgrabungen in Franken wurden in Hünengräbern neben rohen, ungebrannten Tongefäßen, die teils aus einer mit Graphit gemischten Ton-

---

[1] Bearbeitet von Dr. H. Arndt.

masse bestanden, teils mit Graphit bestrichen waren, auch größere Brocken rohen Graphites, ähnlich dem Passauischen aufgefunden.

Hauptsitz der Graphitindustrie war Obernzell an der Donau, wohin der in der Nähe geförderte Graphit gebracht und von den Schwarzhafnern, nach denen der Ort früher Hafnerszell benannt war, zu feuerfesten Geschirren und Schmelztiegeln verarbeitet wurde. Obernzell besaß damals in der Schmelztiegelfabrikation ein Weltmonopol und verfrachtete seine Fabrikate in aller Herren Länder. Eine der ältesten Urkunden dieses Gewerbes, eine Bestätigung der Handwerksrechte der „Schmelztiegelmacher in der Zell" aus dem Jahre 1613 spricht schon von alters Herkommen dieser Industrie.

Aus welchen Graphitgruben diese ältesten Schmelztiegelmacher und Schwarzhafner ihre Rohware bezogen haben, läßt sich nicht mehr mit Sicherheit feststellen, doch dürften es vermutlich die Gruben im sogen. Grubhölzl bei Leizesberg und am Taxberg bei Niederbrünst gewesen sein, die im Gebiete selbst allgemein als die ältesten Bauten angesehen werden. Gleichzeitig mit diesen sollen auch die Abbaue in Nebling, Hundsrück und Leopoldsdorf stattgefunden haben. Erst viel später wurden die heute ergiebigsten Fundorte bekannt; so begann man im Pfaffenreuther Gebiet erst um 1730, in der Stierweide auf Germannsdorfer Flur um 1750/1760, bei Hastorf im Ficht um 1780 und bei Haar im Kugelholz um 1791 zu graben. Die Gruben im Unterötzdorferholz, bei Schaibing und Diendorf wurden noch später in Betrieb genommen.

Bis vor wenigen Jahren waren ausschließlich ortsansässige Bauern Eigentümer der Graphitgruben, mit Ausnahme der Grube Kropfmühl, die sich schon seit mehreren Jahrzehnten in industriellem Besitz befindet. Erst um die Jahrhundertwende begannen weitere Kreise der Industrie auf das Graphitgebiet aufmerksam zu werden und suchten mit mehr oder weniger Erfolg sich von den Bauern Graphitgründe zu erwerben und Abbaurechte zu sichern.

Als bei Ausbruch des Krieges eine völlige Abschnürung der Zufuhr fremdländischen Rohgraphites für unsere Industrie eintrat und der einheimische Graphit, früher wenig geschätzt und schlecht bezahlt, plötzlich ein sehr gesuchtes und kostbares Material wurde, begann ein allgemeiner Ansturm auf das Passauer Graphitgebiet zur Ausnützung der günstigen Konjunktur, bis daß der groß einsetzenden Spekulationslust durch staatliche Maßnahmen ein Riegel vorgeschoben wurde.

Während des Krieges, von 1915—1919, war der Graphit beschlagnahmt, der Abbau stand unter staatlicher Kontrolle und die Graphitpreise, sowohl für Rohgraphite als auch für die aufbereitete Ware wurden auf Grund amtlicher chemischer Analysen, die in der eigens dazu geschaffenen amtlichen Graphituntersuchungsstelle (angegliedert an das chemische Institut des Lyzeums Passau) ausgeführt wurden, reguliert. Seither ist die Zwangsbewirtschaftung des Graphites aufgehoben und sowohl der Abbau als auch die Preisregulierung dem Grubeneigentümer und dem Aufbereiter überlassen.

Der Passauer Waldgranit Gümbels, bisher als einheitliche, gleichaltrige magmatische Intrusion aufgefaßt, umschließt östlich und nordöstlich von Passau ein im Süden von der Donau begrenztes nach Nordosten zu sich erstreckendes Gneisgebiet, das an zahlreichen Stellen von Granit durchbrochen ist und durch die Punkte der topographischen Karte Löwmühle-Hauzenberg-Meßnerschlag-Wegscheid-Jochenstein-Landesgrenze fixiert wird.

Die neuesten Untersuchungen von H. Cloos im Gebiete dieses Granites haben ergeben, daß an dem einheitlichen Alter dieser Intrusion nicht mehr festgehalten werden kann. Cloos hat nachweisen können, daß zwei zeitlich deutlich unterscheidbare Granitintrusionen vorliegen. Die ältere Intrusion hat die Umwandlung bestehender Tonschiefer, sowie darin eingeschlossener Kalk- und Mergellagen zu Gneisen, injizierten Schiefern, kristallinen Kalken und Kalksilikatfelsen hervorgebracht.

Für die jüngeren Granite, die sich durch ein gröberes Korn, zum Teil durch grobkristalline Ausbildung von den älteren unterscheiden, nimmt Cloos den Pfahl als Wurzelzone an. Sie durchbrechen stellenweise die älteren Granite und durchsetzen mehr oder weniger lagerartig diskordant die kristallinen Schiefer.

Dieses Ergebnis der Untersuchungen von H. Cloos, daß im Passauer Gebiete Granite verschiedenen Alters auftreten, rückt die schon viel umstrittene Frage der Entstehung der dortigen Graphitlagerstätten wieder in den Vordergrund.

In der Passauer Gegend tritt der Graphit im Kordieritgneis der herzynischen Gneisformation (Gümbels) auf. In der Regel bildet er lagerartige, gewissermaßen flözbeständige Partien, größere und kleinere Linsen, die dem Streichen und

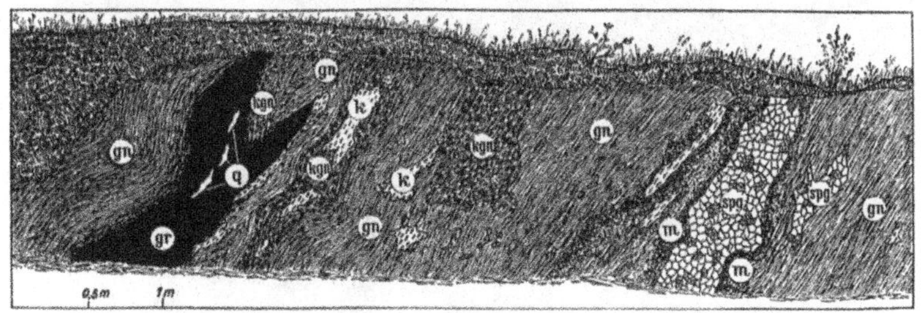

Ausstreichen einer Graphitlinse zu Tage.
Aufschluß bei der Kropfmühle; infolge Straßenkorrektur jetzt verbaut.
gn zersetzter Gneis, *gr* Graphit, *q* Quarz, *k* Kaolin, *kgn* kaolinisierter Gneis,
spg Syenitpegmatit, *m* Mog.

Fallen der Gneisschichten folgen. Diese Linsen sind meist parallel zu einander gelagert, lassen sich oft auf weite Entfernungen hin verfolgen und sind von überaus wechselnder Mächtigkeit. Nicht selten hängen sie untereinander sowohl im Streichen als auch im Einfallen zusammen, verschmälern sich zu dünnsten Lagen, keilen mitunter vollständig aus und schwellen dann plötzlich auf kurze Entfernung hin wieder zu großer Mächtigkeit an.

Der Graphit findet sich sowohl im unzersetzten Kordieritgneis, wo die Graphitlinsen verhältnismäßig scharf gegen das Nebengestein abgrenzen und sehr häufig größere und kleinere Nebengesteinsbestandteile eingeschlossen halten. Die Graphitlinsen bilden hier ein festes Gestein, das nur durch Sprengarbeit gewonnen werden kann. Dieser sogen. „harte Graphit" wird als „Boos" im Graphitgebiet bezeichnet. Er galt früher, infolge der Schwierigkeiten, die er seiner Aufbereitung entgegenstellte als ein wertloses „Erz", das auf die Halde geworfen oder mit welchem aufgelassene Strecken verstürzt wurden. Heute zählt dieser Boos zu den besten und wertvollsten Graphiten des Gebietes.

Oft unvermittelt angrenzend und kaum ohne Übergang stößt an den frischen Kordieritgneis ein Gneis, der alle Stadien der Zersetzung zeigt und meist zu einem sandigen Grus verwittert ist, der jedoch die Gneisschichtung noch deutlich erkennen läßt. In diesen zersetzten Gneisen, die recht weit verbreitet sind, tritt gleichfalls der Graphit auf, manchmal in ausgesprochenen Linsen, die dann meist sehr reinen Graphit führen, dann wieder mehr oder weniger die Gneisschichten imprägnieren. Diese sogen. „weichen Graphite" werden „Doher" oder „Dachel" genannt. In der Pfaffenreuther Gegend ist in diesen Gneisen mehrfach gangförmiger Graphit beobachtet worden, der in schmalen kleinen Adern, aber in großschuppiger Ausbildung, ähnlich dem Ceylon-Graphit, auftritt.

Abbildung 14.

phot. Arndt.

Carl-Schacht bei Kropfmühle.
Zersetzter, teilweise kaolinisierter Graphitgneis (weiß) umgibt weniger
zersetzten Gneis (dunkel).

Im Pfaffenreuth-Kropfmühler Lagerzug, der infolge seines ausgedehnten Abbaues am besten aufgeschlossen ist und hier vor allem zur Beschreibung herangezogen wird, treten die Graphitvorkommen ungefähr parallel zu dem nördlich angrenzenden Granit auf, mit dessen Empordringen WEINSCHENK die Entstehung dieser Graphitlagerstätten in genetischem Zusammenhang setzte. Im Bereiche dieser Lagerstätte trifft man auf eine Reihe von Eruptivgesteinen, die bald lagerartig dem Gneis eingeschaltet sind, bald die Gneisschichten gangartig durchsetzen und verwerfen. Es sind dies:

1. Teils fein- bis mittelkörnige weiße Syenite, die verhältnismäßig wenig Pyroxen und Titanit führen, teils grobkörnige Syenitpegmatite, die außerordentlich reich an Pyroxen, Titanit und stellenweise Skapolith sind. In frischem Zustand sind sie selten anzutreffen; die Feldspäte, vorherrschend Orthoklas und Mikroklin, und der Skapolith zeigen alle Grade der Umwandlung zu Kaolin.

Abbildung 15.   phot. ARNDT.

Heinrich-Schacht in der Haagwiese bei Kropfmühle.

Der Augit ist, wo er in Einzelkristallen auftritt, meist uralitisiert, bei fortschreitender Zersetzung beginnt vom Kern des Kristalles aus die Umwandlung in Nontronit und schließlich in Brauneisen. Eckige, scharf umgrenzte, aus dem Nebengestein resorbierte Fetzen eines körnigen Diopsides, zeigen großenteils die gleichen Umwandlungserscheinungen. Graphit tritt in diesen Syenitpegmatiten sehr spärlich auf; nur hin und wieder sind kleine Schüppchen oder Nesterchen in ihnen eingesprengt.

2. Schwarze bis grünlichschwarze, teils grob-, teils feinkörnige Gesteine, die gleichfalls in weiter Verbreitung auftreten. Sie sind in frischem Zustand ebenfalls äußerst zäh und setzen, wo sie sich finden, dem Vordringen im Bergbau erheblichen Widerstand entgegen. Es sind dies Gabbrogesteine — Bojite —, die in der Regel gangförmig auftreten, deren Altersstellung aber noch nicht restlos geklärt ist.

3. Lamprophyrische Ganggesteine, die jedenfalls jünger als die Graphitbildung sind und die als Spaltungsgesteine des jüngeren Granites aufgefaßt werden. Es sind dies Kersantitporphyrite, graugrüne bis grünliche Gesteine, im frischen Zustand von großer Verbandfestigkeit. Die oft gleichmäßig dichte Grundmasse weist stellenweise einen hohen Schwefelkiesgehalt auf. Abarten, in denen in der Grundmasse Hornblendenädelchen in langprismatischen Kristallen eingesprengt liegen, werden als Nadeldiorite (GÜMBEL) bezeichnet. Die Kersantitporphyrite durchsetzen meist gangförmig kreuz und quer die Graphitlagerstätten,

123

treten jedoch auch lagerartig auf. Die Absonderung des frischen Gesteines ist im allgemeinen parallelepipedisch, zuweilen kugelig. In vollkommen zersetztem Zustande bilden sie eine lockere hellbraune bis braune Masse, die mit dem ursprünglichen Gestein keinerlei Ähnlichkeit mehr besitzt.

Abbildung 16.

Pfaffenreuth.

phot. Arndt.

Körnige, kristalline Kalke, kontaktmetamorphe Umwandlungsprodukte ehemaliger kalkreicher Einlagerungen in den Tonschiefern, treten als konkordante

Abbildung 17.

Graphitwerk Kropfmühl.

phot. Maurer.

Einlagerungen in den Kordieritgneisen des bayrischen Waldes an zahlreichen Stellen auf und sind besonders großartig entwickelt im Graphitgebiet bei Passau.

Es sei hier kurz auf das bedeutendste dieser Vorkommen hingewiesen, das am Steinhag bei Obernzell, eine halbe Stunde östlich vom Markt aufgeschlossen ist (vgl. S. 135).

124

Die im Bereiche der Graphitlagerstätten auftretenden Kalke, so besonders die im Graphitlagerzug Pfaffenreuth-Kropfmühl, fallen durch ihre Reichhaltigkeit an Kontaktmineralien auf, welche sich, je nach den Anbrüchen in der Grube, am besten auf den Halden sammeln lassen. Es ist eine, nicht nur im Passauer Gebiet sondern auch in böhmischen und andern Graphitgebieten im Bergbau gewonnene Erfahrungstatsache, daß die reichhaltigsten und mächtigsten Graphitvorkommen in der Nähe von Kalklagern auftreten. Die Graphitvorkommen stehen, darauf wird von verschiedenen Kennern der Graphitgebiete immer wieder hingewiesen, mit den Kalkvorkommen in einem gewissen Zusammenhang. Die Kalke, die alle Umwandlungsstufen, vom grobkristallinen Kalk, stellenweise Dolomit, bis zum ausgesprochenen Kalksilikathornfels zeigen, führen immer in geringer Menge Graphit, der meist in großen, wohl begrenzten Kristallen sich findet, am reichhaltigsten in den grobkristallinen Kalken.

phot. ARNDT.

Abbildung 18.
Bäuerliche Graphitgrube im Pfaffenreuther Grubenfeld.

Schließlich wären noch als typische Begleiter des Graphites einige Mineralien zu nennen, deren Vorkommen zum Teil nur an Graphitlagerstätten gebunden ist und die sich auf den Passauer Lagerstätten sehr häufig vorfinden.

In großer Menge, aber für technische Zwecke meist in nicht genügender Reinheit, tritt K a o l i n als Umwandlungsprodukt hauptsächlich der Feldspäte der zersetzten Gneise und Syenitpegmatite auf (siehe an späterer Stelle).

Wo auf den Graphitlagerstätten Kaolin auftritt, besonders in der Nähe von Syenitpegmatiten, findet sich häufig das schon erwähnte gelbgrüne, erdige Eisenoxydhydrosilikat, der N o n t r o n i t und der durch seine schokoladebraune Farbe auffallende M o g, ein Mangansuperoxydhydrosilikat. Als ein bisher nur von den Passauer Graphitlagerstätten bekanntes Mineral tritt im Mog ein glimmerähnliches, silberweißes wasserhaltiges Magnesiatonerdesilikat, der B a t a v i t, auf. Durch Opallösungen hat häufig eine Verkittung dieser meist wir durcheinander gemengten Mineralien stattgefunden, wobei C h l o r o p a l und L e b e r o p a l entstand, selten auch H y a l i t h und E d e l o p a l zur Ausscheidung kam.

125

In der recht zahlreichen Literatur über das Passauer Graphitgebiet, trifft man auf zwei entgegengesetzte Meinungen über die Bildungsweise des dortigen Graphites.

Hauptsächlich von Weinschenk wird der Graphit der bayerisch-böhmischen Lagerstätten als eine im engsten Zusammenhang mit den vulkanischen Vorgängen beim Aufdringen des Granites entstandene pneumatolytische Bildung angesehen, bei welcher in gasförmigen Exhalationen von verhältnismäßig niederer Temperatur, Metallkarbonyle von Eisen und Mangan in Zerfall kamen. Weinschenk nimmt hierbei an, daß für die Passauer Graphite, speziell für den Pfaffenreuth-Kropfmühler Lagerzug die Exhalationen dem nördlich das Graphitlager begrenzenden Granit entstammen. Die Untersuchungen von H. Cloos haben aber nun gezeigt, daß dieser Granit zu den jüngeren Graniten des Bayerischen Waldes gehört; er ist jünger als die Graphitbildung, durchsetzt lagerartig diskordant die Graphitvorkommen.

Von anderer Seite wird der Graphit hauptsächlich als metamorphes Umwandlungsprodukt kohlenstoffhaltiger Bestandteile der ehemaligen Sedimente, also von Kohle, Bitumen, Asphalt oder Petroleum angesehen.

Es ist hier nicht der Ort, im Einzelnen auf die Graphitentstehung im Passauer Gebiet einzugehen. Es sei nur nochmals auf die enge Vergesellschaftung von Kalk und Graphit hingewiesen. Die Kalke sind gegen den Graphit hin fast immer reichlich mit Graphitschüppchen imprägniert, sie geben beim Anschlagen den bekannten Stinkkalkgeruch von sich und treten, wie dies Weinschenk schon hervorgehoben hat, in der Regel im Liegenden der Graphitlager auf.

Neuerdings versucht nun Mohr[1]) den Vorgang der Graphitbildung am Rande der böhmischen Masse als pneumatische Lateralsekretion zu erklären, derart, daß aus bituminösen Lagerkalken infolge von Kontakt- bezw. Regionalmetamorphose eine Abwanderung des Kohlenstoffes in gasförmigem Zustande von der Hitzequelle weg in die benachbarten Schiefer (Gneise) stattgefunden hat. Durch anorganische Katalysatoren, unter denen der Schwefelkies wohl die Hauptrolle spielte, kam aus diesen Gasen der Graphit zur Abscheidung. Diese pneumatische Lateralsekretion würde sowohl in gewissem Sinne den Anschauungen Weinschenks über die Graphitbildung als auch der Anschauung derjenigen entsprechen, die von der Annahme ausgehen, daß diese Graphite organischem Kohlenstoff ihre Entstehung verdanken.

Alte Marmore im Fichtelgebirge.[2])

In die phyllitischen Schiefermassen, die den Zentralstock des Fichtelgebirges im Süden mantelartig umhüllen, sind zwei schmale Kalkbänder eingeschaltet, die in spitzem Winkel konvergierend sich in der Gegend von Hohenberg und Schirnding vereinigen. Der nördliche Zug beginnt bei Mehlmeisel und setzt sich über Eulenloh, Wunsiedel, Holenbrunn, Sinatengrün, Göpfersgrün, Thiersheim bis nach Hohenberg im Egertal fort; der südliche nimmt schon in der Gegend von Unter-Wappenöst seinen Anfang und läßt sich über Riglasreuth, Neusorg, Dechantsees, Pullenreuth, Waldershof, Markt Redwitz, Arzberg bis Schirnding

---

[1]) Mohr, H.: Über die Entstehung einer gewissen Gruppe von Graphitlagerstätten. Berg- und Hüttenmännisches Jahrbuch, Bd. 68, 1920, S. 111—145.

[2]) Bearbeitet von Dr. A. Wurm.

verfolgen. Die Schichten fallen in beiden Zügen nach Südosten steil ein; Gümbel faßt sie deshalb als eine nach Norden umgelegte Mulde auf, eine Vorstellung, die aber bei dem verwickelten Einzelaufbau des Gebietes kaum aufrecht erhalten werden kann. Über das geologische Alter dieser Kalke fehlen jegliche Anhaltspunkte. Sie sind durch die Einwirkung des Granits kontaktmetamorph zu hochkristallinen Gesteinen umgewandelt worden. Meist sind es grobspätige, seltener feinkörnige weiße oder blaugrau gestreifte Kalkmarmore, denen stellenweise auch dolomitische Lagen zwischengeschaltet sind. Mineralogisch sind diese Marmore durch das Vorkommen von schönen Kontaktmineralien seit alters berühmt und ausführlich untersucht worden. Aber auch das bergbauliche Interesse haben sie schon früh auf sich gezogen; es knüpft sich an sie das Auftreten einstmals recht ergiebiger Eisenerze (Spat- und Brauneisenstein). Die technisch sehr wertvollen Marmorlager sind noch heute Gegenstand einer lebhaften Steinindustrie, deren Anfänge weit bis ins Mittelalter zurückreichen. Schon im 14. Jahrhundert standen bei Wunsiedel Kalkbrüche im Betrieb und lieferten das Material zu einer mittelalterlichen Stadtmauer. Namentlich aber bediente sich das Kunstgewerbe dieser Kalke zu Grabsteinen und Votivtafeln. So stellt ein Grabstein aus diesem Kalk im Kloster Himmelkron bei Berneck den 1358 verstorbenen Stifter dieses Klosters (Grafen von Orlamünde) dar und die Kirche zu Sparneck und zu Kupferberg, die Friedhofkirche zu Weißenstadt schmücken ähnliche Grabsteinplatten, die unzweifelhaft aus Wunsiedler Marmor verfertigt sind.[1] Vom 16. Jahrhundert bis zur Mitte des 18. fand dieses Material für derlei bildhauerische Arbeiten Verwendung. In dem im Jahre 1724 bei Bayreuth errichteten Zuchthaus wurden die Sträflinge mit Schleifen von Wunsiedler Marmor und andern Kalken des Frankenwaldes beschäftigt. Mit der Erfindung der Ringöfen in der zweiten Hälfte des vorigen Jahrhunderts gewannen diese Kalklager erhöhte wirtschaftliche Bedeutung. In den neunziger Jahren des vorigen Jahrhunderts begann man den Kalk zu mahlen und von da an fand er auch auf dem Gebiete der Industrie immer ausgedehntere Verwendung. Für ornamentale Zwecke eignet sich das Material im allgemeinen wenig, wenigstens in der vorherrschenden grobspätigen Ausbildung, davor soll hier ausdrücklich gewarnt werden; feinerkörnige dolomitische Abarten mögen ein etwas günstigeres Urteil rechtfertigen.

Wie die beigefügte chemische Analyse zeigt, besteht das Gestein in seinen guten Lagen aus einem sehr reinen hochprozentigen Kalk, der nur sehr wenig tonige oder kieselige Beimengungen enthält.

Analyse eines Marmors von Neusorg: Kieselsäure 0,52 %, Tonerde 0,56 %, Eisenoxyd 0,12 %, Kalkerde 54,95 %, Bittererde 0,31 %, Glühverlust 43,67 %, Summe 100,13 %.

Der Kalkstein enthält demnach 98,14 % kohlensauren Kalk. Er löscht sehr gut ab. Bei der Löschung zu Kalkbrei lieferte 1 kg gebrannter Kalk 3,04 kg Kalkbrei. Die Ausgiebigkeit des Kalkes ist also eine 3,04 fache.

---

[1] Eine ganze Reihe von solchen Grabdenkmälern liegt auch im Friedhof zu Wunsiedel.

Zur Ergänzung seien noch zwei Analysen eines Kalkes und eines Dolomites aus dem nördlichen Zug mitgeteilt:

I. Kalk von Sinatengrün: Kohlensaurer Kalk 97,44%, Kohlensaure Magnesia 1,29%, Tonerde und Eisenoxyd 0,10%, Kieselsäure 1,27%, Summe 100,10%.

II. Dolomit Zitronenhaus Sinatengrün: Kohlensaurer Kalk 55.82%, Kohlensaure Magnesia 36,67%, Eisenoxyd 2,31%, Tonerde 2,01%, Unlöslich in Salzsäure 2,20%, Phosphorsäure Spuren, Summe 99,01%.

Bei der Kalkarmut der ganzen Gegend kommt den beiden Kalkzügen besondere Bedeutung (auch zur Ausfuhr) zu und sie sind deshalb an zahlreichen

Abbildung 19.

Kalkbruch Sinatengrün.

Stellen steinbruchmäßig erschlossen. Es können hier nur größere Betriebe Erwähnung finden. Im nördlichen Zug wird der Marmor bei Furthammer und an der Stollenmühle gewonnen. Namentlich häufen sich aber die Steinbrüche nordöstlich von Wunsiedel. Bei Holenbrunn liegen dicht beieinander die ausgedehnten Gruben der Kalk- und Mineralmahlfabrik von Lang & Co. und von Retsch & Co. Mit letzterem Betrieb ist auch ein Kalkofen verbunden. Das Gestein ist ein grau und weiß gestreifter, seltener rein weißer, spätiger Marmor, der nicht allzu selten Putzen von Graphit enthält; die Lagerung ist sehr unruhig und deutet auf intensive Verstürzung. In Taschen und Klüften des Marmors liegen im großen Bruch von Retsch tertiäre Sande und Sandmergel, die einen ziemlich mächtigen Abraum verursachen. Kaum 2 km entfernt liegt der große Marmorbruch von Sinatengrün (A. Meinel G.m.b.H.), der deutlich das Nordoststreichen und steile Einfallen der hier sehr regelmäßig gelagerten Marmorbänke veranschaulicht (vgl. Abbildung). Wenige Schritte nördlich davon, gegen das

128

Dorf zu, ist noch ein kleinerer Bruch eröffnet, in dem neben kalkigem auch feinkörniges dolomitisches Gestein gebrochen wird.

Der Kalk, welchen die obengenannten größeren Werke gewinnen, wird an Ort und Stelle vermahlen. Die feinere Mahlung findet für Glas- und Porzellanfabrikation und in der chemischen und Lack-Industrie Verwendung oder wird zu Kalkstickstoff verarbeitet; die rauhere Mahlung dient hauptsächlich in der Landwirtschaft zu Düngezwecken. Außerdem wird das Gestein auch gebrannt und in diesem Zustand im Baugewerbe, der chemischen Industrie und der Landwirtschaft verwendet. Als Fundstätte interessanter Mineralien, wie Tremolit, Pyroxen, Granat, allbekannt ist der Marmorbruch von Stemmas. Das Gestein ist großenteils dolomitisch und führt Zonen von grün gebändertem Ophikalzit (d. i. Serpentin in Kalk) und von Kalksilikatfels, was jedenfalls auf kontaktmetamorphe Einflüsse durch den in der Nähe empordringenden Granit zurückzuführen ist. Diese innigen Beziehungen zum Granit treten auch schon äußerlich durch einen Pegmatitgang in die Erscheinung, der ungefähr im Streichen den Marmor durchbricht (vgl. Abbildung). Das Vorkommen von Kalksilikatfels im Kalk schließt seine Verwendung zu Weißkalk aus, der Marmor wurde

Abbildung 20.　　phot. Wurm.

Pegmatitgang im Dolomitmarmor bei Stemmas.

früher in großen Blöcken für ornamentale Zwecke gebrochen und in der Tat lassen die größere Feinkörnigkeit und die etwas lebhaftere Zeichnung des Gesteins diese Verwendung aussichtsvoll erscheinen.

Im südlichen Kalkzug, nicht weit von der Bahnstation Neusorg, liegen die ausgedehnten Bruchanlagen des Marmorwerkes Neusorg (Hoffmann & Trösch). In dem neben der Station gelegenen Werk wird das Material zu Weißkalk gebrannt. Der Marmor enthält in einzelnen Lagen phyllitartige Einlagerungen und reichlich Quarzknauern. Die alten Brüche von Dechantsees werden von einer böhmischen Gesellschaft neu in Angriff genommen. Die Brüche von Waldershof sind alle aufgelassen, nur in der Gegend von Redwitz, halbwegs

gegen Meusselsdorf, wird noch Kalk gebrochen. An der Thölauerstraße, am
sogen. Strählenberg bei Redwitz, liegen die Steinbrüche der Marthahütte und
der „Marmor-Weiß- und Schwarzkalkwerke Marktredwitz". Hier setzen neben
kalkigen auch dolomitische Lagen auf. Weitaus der größte Teil des Materials
wird gemahlen und findet in der Landwirtschaft als Düngemittel Verwendung.
Für reineres Material sind Glasfabriken, Porzellanfabriken, chemische und Farben-
fabriken Abnehmer.

Die Gesamtförderung an Kalk hat im Jahre 1920 auf den beiden Kalkzügen
etwa 47 898 t betragen (nach der bayer. Landesmontanstatistik).   Dr. A. WURM.

Marmor im Bayerischen Walde.[1]

Körniger Kalk oder sogen. Urkalk tritt in den Gneisen des südlichen und östlichen Bayerischen Waldes in ziemlicher Häufigkeit auf, als konkordante, im Streichen
und Fallen gleichbleibende Einlagerung innerhalb derselben. Nur aus der Nähe von
Bogen bei Straubing erwähnt GÜMBEL ein gangförmiges Auftreten dieser Kalke.

Diese Vorkommen sind meist gut aufgeschlossen, da sie bei der Kalkarmut
dieser Gegenden schon von jeher für den örtlichen Bedarf an Brennkalken Verwendung fanden.

Der körnige Kalk stellt ein kontaktmetamorphes Umwandlungsprodukt ehemaliger sedimentärer Kalke dar. Er besitzt im allgemeinen eine grobkörnige
Struktur, die bei besonders reinen Kalken gegen den Kontakt hin auffallend
hervortritt. Im Gegensatz zu diesem Kalk ist der häufig mit ihm zusammen
auftretende Dolomit viel feiner struiert und grobkörnige Ausbildung desselben
eine Seltenheit. An Stellen, an denen ursprünglich organische Bestandteile
auftraten, die durch die Kontaktmetamorphose zu Graphit umgewandelt wurden
und nun die Kalke staubförmig oder in lichtgrauen Schnüren und Bändern
durchziehen, besitzen diese Kalke eine wesentlich geringere Korngröße, als der
graphitfreie reine weiße Marmor.

Infolge der kontaktmetamorphen Umwandlung der ursprünglichen, durch tonig-
kieselige Bestandteile verunreinigten Kalksedimente, kam es häufig zur Bildung
von Kalziphyren, das sind Kontaktmineralien führende Kalke, die sich stellenweise durch einen ungeheueren Reichtum an diesen Mineralien auszeichnen.
Auf diese Mineralien wird bei der Besprechung der einzelnen Vorkommen besonders verwiesen werden.

Von Bärnau in der Oberpfalz erwähnt GÜMBEL (ostbayer. Grenzgeb. S. 520)
ein Lager körnigen Kalkes, das in früherer Zeit dort innerhalb des Glimmer-
gneises aufgeschlossen gewesen sein soll. Das Vorkommen ist jedoch gänzlich
in Vergessenheit geraten, auch die Fundstelle nicht mehr auffindbar.

Die Vorkommen von körnigem Kalk in der Nähe von Winklarn sind von
rein geologischem Interesse. Der Kalk tritt dort in dünnen Lagen innerhalb
zum Teil geschichteter Serpentine des Michelsbergs, Kalvarienbergs und Galgen-
bergs bei Winklarn auf. Das umgebende Gestein besteht aus Hornblendegneis.

---

[1] Bearbeitet von Dr. H. ARNDT.

130

Eine praktische Verwendung scheinen diese Kalke infolge ihrer geringen Mächtigkeit nicht gefunden zu haben.

Größere Vorkommen von körnigem Kalk finden wir auf der West- und Ostseite des „hohen Bogens“ bei Furth i. Wald, südöstlich von Arnschwang bei Tretting und dicht an der Landesgrenze in der Nähe der Ortschaft Rittsteig bei den Helmhöfen.

Bei Tretting durchsetzen den Gneis zahlreiche Einlagerungen von Syenitgneis und Hornblendeschiefern, die schon auf die Nähe des benachbarten großen Hornblendegesteinsgebietes hinweisen, das sich von hier aus, am „hohen Bogen“ beginnend, über Furth i. W. nach Norden zu erstreckt und vor allem seine Hauptverbreitung in nordöstlicher Richtung nach Böhmen hinein findet. Der Kalk tritt dort innerhalb dieser wechselnden Gesteine im Streichen derselben auf und ließ sich auf etwa 1 km Länge verfolgen. Am Kalkofen bei Tretting wurde er (nach GÜMBEL) durch Tiefbau gewonnen. Nach der Tiefe hin nimmt das Kalklager an Mächtigkeit zu und wurde bei 15 m Tiefe in einer Stärke von 9 m angetroffen. Der Kalk ist grobkristallin ausgebildet und führt Tremolit, Epidot und Hornblende.

Das Kalkvorkommen bei den Helmhöfen tritt im Chloritschiefer auf und wird schon seit langer Zeit ausgebeutet. Es sind mehrere in ihrer Mächtigkeit wechselnde Lagen von Kalk, die in NO—SW streichender Richtung verlaufen und ein ziemlich steiles Einfallen (bis zu 70°) aufweisen. GÜMBEL betrachtet sie als senkrecht zur Streichrichtung verschobene Teile der auf böhmischer Seite bei Spirken und Kohlheim, sowie am Hofackerberg auftretenden Kalkvorkommen. Um die Mitte des vorigen Jahrhunderts war das Kalkvorkommen bei den Helmhöfen, das an einem langen flachen Hügel unter reichlicher Schuttbedeckung auftritt, an mehreren Stellen bis zu einer Tiefe von 15—20 m aufgeschlossen. Der Kalk ist schichtungslos und stellenweise stark dolomitisch. Sehr häufig findet sich in ihm Eisenspat, dessen Zersetzung zur Bildung von Brauneisenstein Veranlassung gab. Die Farbe des Kalkes ist je nach seinen Beimengungen rein weiß bis gelblich weiß und, wo manganhaltige Beimengungen und Graphit in ihm auftreten, hell- und dunkelgrau. Außer den schon genannten Begleitmineralien Graphit, Spateisenstein und Brauneisenstein, finden sich auf Klüften des Kalkes noch Wad, Chloropal und Nontronit.

Im südlichen Bayerischen Wald treten zwischen Hofkirchen und Passau innerhalb des Gneises die körnigen Kalke häufiger auf. Die weithin fortstreichenden mächtigen Lager, die immer wieder auf längere oder kürzere Entfernung unterbrochen sind, lassen sich in mehreren parallelen Zügen verfolgen, zuerst auftauchend bei Hofkirchen. Der nördliche Kalkzug verläuft über Babing, Stetting, Kading, Hitzing nach Lengfelden und Wörth, wo er an der Löwenwand (Hohenwand) aufgeschlossen ist und dürfte seine letzten Ausläufer haben in dem Vorkommen beim Maierhof und bei Hackelberg, dicht bei Passau.

Südlich von diesen erwähnten Vorkommen finden sich noch an zwei Stellen an der Donau körnige Kalke als Einlagerungen im Gneis. Das eine Vorkommen befindet sich nordwestlich von Vilshofen beim Wimhof. Das hier aufgeschlossene ziemlich mächtige Kalklager, ist teils fein- teils grobkörnig entwickelt und zeigt besonders interessante Kontaktverhältnisse. Der Gneis, der infolge granitischer Injektionen in ein ausgesprochenes Mischgestein übergegangen ist, ist außerordentlich reich an Biotit und erweckt hier den Eindruck eines schieferigen Biotitgranites. Er greift lagenweise in den unteren Teilen des Bruches in den Kalk ein und hat zur Bildung von Kalksilikatfels Veranlassung gegeben. Vom östlichen Teile des Bruches her durchsetzt ein Pegmatitgang, steil nach oben verlaufend, den Kalk. Der Kalk sowohl wie der Pegmatit ist durch eine reiche Mineralführung ausgezeichnet.[1]) Das Streichen dieses Kalkzuges verläuft parallel zu dem nördlichen Zug in SO—NW-Richtung.

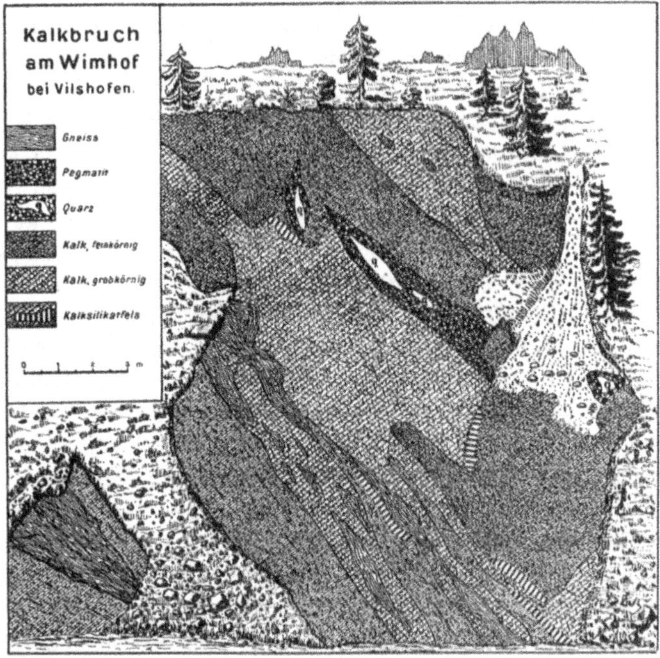

Südöstlich von Vilshofen, in einer Schlucht des Hausbaches, bei der Ortschaft Hausbach, ist (am Kalkberg) ein O—W streichender Kalkzug im Kordieritgneis aufgeschlossen, der an mehreren Stellen ausgebeutet wurde. Sowohl von Gümbel als auch von Wineberger (Geognostische Beschreibung des Bayer. Waldgebirges etc., Passau 1851, S. 47: Kalklager beim Reitbacher) wird erwähnt, daß das Kalkvorkommen an einen rötlichen Granit angrenzt. Der Kalk selbst ist grobkörnig, von weißer, hell- bis dunkelgrauer Färbung. Nach Wineberger besteht die Mineralführung aus Beryll(?) in ziemlich kleinen, teils blauen, teils grünen Kristallen, aus Glimmer, vermutlich Phlogopit und eingesprengtem Schwefelkies. Das von dort erwähnte Auftreten von Ophit und Serpentin deutet auf Verhält-

---

[1]) Vgl.: Gümbel, C. W.: Ostbayer. Grenzgebirge. S. 413, 417, 576. Kraus, E.: Geologie des Gebietes zwischen Ortenburg und Vilshofen in Niederbayern an der Donau. Geognost. Jahreshefte 1915, XXVIII, S. 100/101.

nisse hin, die ähnlich dem Kalkvorkommen am Steinhag bei Obernzell sind und bei der Beschreibung dieses Vorkommens näher besprochen werden. Zur Zeit ist dieser Bruch aufgelassen und völlig verwachsen.

Der nördliche Kalkzug, der sich in streichender Richtung auf eine lange Erstreckung hin verfolgen läßt, nimmt im W seinen Anfang in der Nähe von Hofkirchen beim Auhof, in den sog. Weingärten. Nordöstlich von Hofkirchen treten gegen Schöllenstein mehrere parallele Kalkzüge auf, die Gümbel für verschobene Teile eines und desselben Lagers hält. So lassen sich zwischen Voggenreuth-Oitzet und Grubhof drei solcher Züge feststellen. Oberhalb der Mühle von Grubhof waren zu beiden Talseiten der Schöllnach Steinbrüche in diesen Kalken angelegt. Der Kalk erreicht hier eine Mächtigkeit bis zu 30 m und ist im Gneis konkordant eingelagert. Auch hier finden sich im Kalk serpentinähnliche Mineralien eingeschlossen, die Gümbel veranlaßten, diese Gesteine als Ophikalzite zu bezeichnen. Ein schwaches Kalklager, das bei Solla im Mühlholz, südwestlich von Garham, auftritt, stellt die Verbindung mit den bedeutenderen Kalkvorkommen her, die sich von Babing an bis gegen Passau hin erstrecken.

Bei Babing tritt der Kalk in dünnen Schichten auf, die wellig gekrümmt sind und bei einem Streichen von N 30° O mit 60° nach NW einfallen. Beiderseits ist das Lager von einem syenitpegmatitähnlichem Gestein begrenzt, ähnlich manchen Vorkommen im Passauer Graphitgebiet bei Pfaffenreuth. Im Hangenden enthält das Nebengestein Teile von Kalk eingeschlossen; ebenso sollen sich auch im Kalk Putzen des Syenits vorgefunden haben. Wie sehr häufig, treten auch hier im Hangenden reichlich Quarz- und Hornsteinmassen auf, die auf thermale, vom Granit ausgehende Einwirkungen hindeuten. Beigemengt ist Serpentin und Schwefelkies.

Das nächste größere Kalkvorkommen findet sich dicht bei der Ortschaft Stetting und war dort in fünf Brüchen aufgeschlossen, die jetzt aber alle vollständig verfallen sind und wo nur noch zuweilen für örtliche Bauzwecke in ganz geringem Maße, je nach Bedarf, der Kalk gewonnen wird. Dieser zeigt bei Stetting eine ausgesprochene Schichtung und ist in dicken Bänken abgesondert. Seine Farbe ist weiß, weißlichgelb bis graulich. Im Hangenden des Kalklagers tritt eine große gangförmige Ausscheidung eines bräunlichen Hornsteines auf, die sich von dort aus auf Klüften und Spalten in die Hauptmasse des Kalkes hineinzieht und noch in feinster Äderung dieselbe durchsetzt. Dieser Hornstein erreicht besonders in seinen oberen Teilen eine Mächtigkeit von 1 m und mehr. Seine Farbe ist vorwiegend hellbraun, doch kann sie auch stellenweise grau bis schwärzlichbraun werden. Im wesentlichen entspricht dieses Gestein der jaspisartigen, als Leberopal bezeichneten Quarzvarietät.

Vom Liegenden her auf der Ostseite des Hauptbruches dringt ein schmaler, nach oben zu sich verbreiternder Pegmatitgang, stellenweise mit schriftgranitischer Ausbildung in den Kalk hinein, der die normale Lagerung der Schichten stört, sie auseinanderreißt und zertrümmert. An beigesellten Mineralien haben sich im Kalk gefunden: Serpentin, Glimmer (Biotit), Chlorit, Schwefelkies und kleine Almandine.

Der Kalkzug taucht im Fortstreichen nach SO in der Nähe von Kading wieder auf, wo er vollkommen analog wie bei Stetting entwickelt ist, jedoch nicht in der Mächtigkeit wie dort. Bei Hitzing, südwestlich von Kading, ist ein paralleles Lager aufgeschlossen gewesen. Auch hier tritt überall Serpentin im Kalk auf. WINEBERGER erwähnt schließlich noch ein Kalklager aus dem Granit in der Gegend von Aicha, jedoch ohne nähere Fundortangabe.

Von Kading-Hitzing aus läßt sich der Kalkzug über Lengfelden bis nach Wörth verfolgen, wo er oberhalb der Löwenwand angetroffen wurde. Über die bei WINEBERGER angeführten Kalklager von Maierhof und Hackelberg[1]) bei Passau ist nichts Näheres mehr zu erfahren. Jedenfalls weisen aber diese Fundstellen darauf hin, daß der Kalkzug, wenn auch oft auf lange Strecken hin unterbrochen, im allgemeinen weiter fortstreicht. Unterhalb Passau ist er in den zur Donau hinabziehenden, tief eingeschnittenen Tälern des Bayerischen Waldes an einer Reihe von Punkten aufgeschlossen, die im folgenden besprochen werden.

Das erste Kalkvorkommen, das unterhalb Passau auftritt, war im Satzbachtale, dem Tale, das sich von der Station Löwmühle der Bahnlinie Passau—Hauzenberg nach N zu erstreckt, aufgeschlossen. Der Bruch ist heute völlig verfallen.[2]) Als Seltenheit erwähnt WINEBERGER den dort von Dr. WALTL in kleinen Oktaedern aufgefundenen Flußspat.[3])

Weitere Vorkommen, die im Fortstreichen dieses Zuges liegen und ebenso wie das eben erwähnte von untergeordneter Bedeutung sind, treten in der Nähe der Pulvermühle, im Tale des Hörreuterbaches, dem nächsten Paralleltal zum Untersatzbachtal, dann im unteren Erlautal auf beiden Talseiten, besonders an der von der Ortschaft Haar herabziehenden Kühleite auf. Die im oberen Erlautal bei der Schmölz und bei der Keindlmühle auftretenden Kalklager betrachtet GÜMBEL als durch den Granit verschobene Teile des Hauptkalkzuges. (Bei GÜMBEL, Ostbayer. Grenzgebirge, finden wir zwischen den im Erlautal und den östlich von Obernzell auftretenden Kalken keine weiteren erwähnt.) GÜMBEL ist die Fortsetzung des Lagers zwischen Erlautal und Obernzell nur aus WINEBERGER bekannt gewesen. Dieser schreibt darüber (§ 53, S. 46):

„Im Gneise der Donauleite zwischen Obernzell und der Erlau, zunächst der Straße an der Donau, kommt ein Lager von Dolomitkalk zwischen den Gneisschichten vor. Am östlichen und westlichen Ende des Lagers, wo es sich auszukeilen scheint, ziehen sich schmale Lagen des Gneises in den Kalk hinein, dasselbe ist im Hangenden der Fall.

Der Kalk ist hellgrau, kristallinisch-blätterig, enthält schwarzen Serpentin eingesprengt und wechselt mit dünnen Schichten schwarzen dichten Graphits."

In engem Zusammenhang mit dem Auftreten des Graphits finden sich linsenförmige Kalkeinlagerungen in den Gneisschichten, teils in Kontakt mit Syenitpegmatiten, teils vollkommen in Gneis eingelagert, so besonders in dem Haupt-

---

[1]) Nach Mitteilung von Dr. J. STADLER-Passau wurde vor einigen Jahren das Kalkvorkommen bei Bauvornahmen im Areal der Brauerei Hacklberg für kurze Zeit wieder bloßgelegt.

[2]) Im Laufe des Frühjahres 1923 wurde dort wieder Kalk gewonnen.

[3]) Vermutlich ein Irrtum; wahrscheinlich Spinell.

graphitlagerzug zwischen Pfaffenreuth und der Kropfmühle. Die Kalke sind grobkörnig entwickelt und tragen alle Anzeichen einer starken kontaktmetamorphen Umwandlung an sich. Ein überaus großer Reichtum an Kontaktmineralien, besonders im Pfaffenreuther Gebiet, ist diesen Kalken eigen, von denen nur die hauptsächlichsten und makroskopisch sichtbaren hier genannt werden sollen: Forsterit, Chondrodit, Spinell, Phlogopit, Wollastonit, Pargasit, Granat, Vesuvian, Graphit u. a. m. An einer Reihe von Stellen tragen diese Kalkvorkommen im engeren Graphitgebiet den ausgesprochenen Charakter von Kalksilikathornfelsen an sich. Diese Kalke werden beim Grubenbetrieb auf Graphit gewonnen und finden keine weitere Verwendung.

Das bedeutendste aller dieser Kalkvorkommen ist das vom Steinhag bei Obernzell, bekannt weniger wegen der Güte seines Materiales, das den besprochenen vollkommen gleicht, als wegen einer um seine Entstehung und die gewisser Einschlüsse *(Eozoon bavaricum)* entbrannten Streitfrage. Letzteres hielt man lange Zeit für die Überreste der Schale eines kalkabscheidenden Urtierchens.

Hauptsächlich durch die Untersuchungen WEINSCHENKS wurde diese Frage einwandfrei dadurch entschieden, daß sich die anorganische Natur des zum Serpentin umgewandelten und eine organische Zellen- und Faserstruktur vortäuschenden Forsterits, mikroskopisch nachgewiesen werden konnte. Trotz dieses Nachweises ist den serpentinführenden körnigen Kalken, wie er z. B. hier am Steinhag auftritt, der Name Eozoonkalk geblieben.

Aber nicht nur wissenschaftlich bedeutend, sondern auch in seiner Ausdehnung ist dieses Vorkommen das größte seiner Art im Bayerischen Walde. Der Kalk zeigt hier innerhalb der stark gefalteten Schichten des Kordieritgneises seine linsenförmige Einlagerung so schön wie sonst an keiner Stelle. Der von Obernzell zum Steinhag führende Weg geht im Streichen des Gneises und man kann beim Aufstieg zum Bruch die Lagerungsform der Linse von einem schmalen, etwa 1 m mächtigen Beginn an verfolgen, die rasch anschwellend bis zu der etwa 20 m mächtigen stockartigen Ausbauchung sich auftut, als welche sie im Bruch selbst aufgeschlossen erscheint. Da dieser Bruch als der einzige der genannten Kalkbrüche in fast dauerndem Betrieb steht, so verändert sich seine Gestaltung natürlich von Jahr zu Jahr etwas.

Der Kalk ist grobkörnig ausgebildet, seine Farbe weiß, graulichweiß, zuweilen gelblich. Beigesellte Mineralien sind: Forsterit, Serpentin, Leberopal, Granat, Asbest, Porzellanspat u. a. m.

Als östliche Fortsetzung dieses Vorkommens am Steinhag ist dasjenige des Kolbachtales bekannt.[1]) Ein in einer Schlucht bei Niederndorf aufgeschlossener Kalkzug gehört ebenfalls dem Lager vom Steinhag an. Ein zweites paralleles Vorkommen soll im östlichen Talgehänge des Heubachtales durchstreichen. Näheres über die Lage dieser beiden letzten Fundstellen ist nicht mehr zu erfahren.

---

[1]) Gegen die Landesgrenze hin ist der Kalkzug noch einmal erschlossen in dem beim Rambacher Kalkofen nordöstlich verlaufenden Tälchen.

Kalke.

Ockerkalk (Silur).

In den Grapholithenschiefern eingelagert tritt in der Gegend von Ludwigstadt, spurenweise auch noch in der Gegend von Steben, ein meist nur wenige Meter mächtiger Kalk auf, der infolge seiner eigentümlichen Verwitterung den Namen Ockerkalk erhalten hat. Es ist ein dunkel- bis hellgrauer Knollenkalk, von Tonschieferflasern durchzogen, die sich oft zu seidenglänzenden serizitähnlichen Häuten ausdünnen. Die Kalkknollen, die ursprünglich Eisenkarbonat enthielten, sind meist ganz oder zum Teil in eine braungelbe ockerige Masse verwittert, die dem Gestein sein charakteristisches Aussehen verleiht. An einzelnen Orten im benachbarten Thüringen ist der Ocker in größerer Reinheit und in Nestern angehäuft und wurde dann, z. B. bei Spechtsbrunn, Steinach, auch bergmännisch gewonnen. Er wurde einem Wasch- und Schlämmverfahren unterworfen und zu der bekannten gelben Erdfarbe verarbeitet. In Thüringen wurde der Ockerkalk sogar zeitweise auf Marmor verschliffen. Zum Brennen ist er infolge seines Kieselerdegehaltes nicht sehr geeignet. In der Umgebung von Ludwigstadt sind diese Kalklager in mehreren Steinbrüchen aufgeschlossen (bei der großen Eisenbahnbrücke, bei Ottendorf, Ebersdorf); sie treten hier in dicken Bänken auf, aus denen gute Quader hergestellt werden können und diese sieht man deshalb sehr häufig zum Unterbau von Häusern verwendet (z. B. Ebersdorf).

Weiter im Süden im Herzen des Frankenwaldes ist der Ockerkalk durch sog. Orthocerenkalk vertreten. Bei Köstenberg im Flemmersbachtälchen ist ein kleines Lager von Orthoceraskalk aufgeschlossen, in dem der graue, rot getüpfelte Kalk in Blöcken für ornamentale Zwecke gebrochen wird. Der Kalk ist erfüllt von oft riesenhaften Orthoceraten (bis 0,5 m). Dr. A. WURM.

Devonische Kalke.[1]

Zu den technisch wichtigsten Kalkvorkommen des Frankenwaldes gehören ohne Zweifel die oberdevonischen Kramenzel- oder Flaserkalke. Bei der Kalkarmut des ganzen Gebirges wurden sie schon frühzeitig fast alle steinbruchmäßig aufgeschlossen. Sie sind als „linsenartige“ Körper der oberdevonischen Tonschiefer- und Diabastuffazies eingeschaltet. Ihrer Lagerungsform entsprechend handelt es sich meist um räumlich beschränkte Vorkommen, was technisch insofern wichtig ist, als bei regem Abbau leicht eine Erschöpfung des Kalkes eintreten kann. Das Gestein ist ein feiner dichter, vorherrschend grauer, manchmal grünlich oder rötlich geflammter Kalk, von ausgesprochen flasrigem Gefüge. Dieses ist bedingt durch das schichtweise Auftreten eng aneinander gereihter nuß- bis faustgroßer Kalklinsen, die von einander durch Tonschieferzüge getrennt sind. Diese umgeben netzartig die Kalkknauern und können sich bis zu feinsten serizitartigen Häutchen ausdünnen. Die Flaserkalkstruktur ist eine primäre, bei der Sedimentation entstandene Bildung, indem sich konkretionäre Kalkknollen bil-

---

[1] Bearbeitet von Dr. A. WURM.

deten, die von Tonschlamm umhüllt wurden.[1]) Man kann alle Übergänge beobachten zwischen Knollenkalken, Kalkknollenschiefern und Tonschiefern, in denen vereinzelte Kalkknollen liegen. Dabei soll nicht bestritten werden, daß bei der heutigen Erscheinungsform der Flaserkalke tektonische Auswalzung im Sinne von WEBER[2]) oder Auflösungsvorgänge, ähnlich wie bei Drucksuturen im Sinne von BORN[3]), eine manchmal nicht unerhebliche Rolle gespielt haben. Die Flaserkalke haben im ganzen Frühpaläozoikum (Silur und Devon) des sogen. Variskischen Gebirges vom Fichtelgebirge bis nach Ostthüringen eine große Verbreitung. Der flasrige Charakter bedingt im Verein mit den fast nie fehlenden weißen Kalkspatadern die Schönheit des Gesteins, das leicht Politur annimmt und sich für ornamentale Zwecke gut eignet. Dieser Kalk wurde auch als sogenannter Bayreuther Marmor in St. Georgen bei Bayreuth (vgl. S. 141) zu Kunst- und Gebrauchsgegenständen verarbeitet.

So groß die Zahl der Aufschlüsse in diesen Flaserkalken ist, so sind doch nur wenig größere Betriebe an sie geknüpft. Im Osten sind die durch ihren Fossilreichtum berühmten Kalke bei Kirchgattendorf schon früh Gegenstand des Abbaus gewesen. In dem großen nordwestlich vom Dorf gelegenen Bruch beobachtet man folgendes Profil (vgl. Textfigur S. 74): Das Liegende bildet eine Bank graublauen Flaserkalkes, über dem eine 7 m mächtige Folge roter Knollenkalke liegt. Darüber baut sich ein ca. 16 m mächtiger Verband blaugrauer Kalke auf, die in ihrer unteren Hälfte ziemlich kompakt, darüber aber eine nach oben immer stärker hervortretende Flaserung annehmen. Auf dem Kalk liegt eine ca. 40 cm dicke Lage schalenförmigen Brauneisenerzes und das Hangende bilden 6 m mächtige gelbe, sandig-glimmerige Schiefer. Das Profil ist besonders dadurch interessant, daß sich hier eine ganz überraschende Ähnlichkeit der dortigen Faunenhorizonte mit denen des rheinischen Oberdevons feststellen ließ.[4]) Der Kalk wurde früher gebrannt, er dürfte aber gerade in den dunkelroten Abänderungen ein hervorragend schönes Gestein für Schleifzwecke liefern. In der Umgebung von Hof sind der früher lebhaft abgebaute Stadtsteinbruch und die beiden Steinbrüche bei Geigen aufgelassen. Nordwestlich von Hof am Eichelberg, zwischen dem Labyrinthberg und Leimitz, werden Kramenzelkalke abgebaut (Firma E. H. Tag). Die dicken Bänke sind in einer Mächtigkeit von 20 m aufgeschlossen und zeigen außerordentlich geschlossenen Gesteinsverband (vgl. Abbildung S. 138). Der hell- oder dunkelgraue, meist etwas rot gefleckte Flaserkalk (im Handel Theresienstein genannt) hat eine sehr angenehme vornehme Farbentönung und zeigt auf den Schliffflächen nicht selten Durchschnitte von Versteinerungen. Er wird hauptsächlich zu Schaltplatten und zu Möbel- und Dekorationszwecken

---

[1]) Vgl. hiezu die nach Niederschrift dieser Zeilen erschienene Arbeit SCHINDEWOLFS: Beiträge zur Kenntnis der Kramenzelkalke und ihre Entstehung (Geol. Rundschau 1921).

[2]) WEBER: Über Bildung von Flaserkalken (Geogn. Jahresh. XXIV, 1911, S. 215).

[3]) BORN: Die geologischen Verhältnisse des Oberdevons im Aeketal im Oberharz (N. Jahrb. f. M. 1912, Beil.-Bd. 34, S. 553) und: Über die Entstehung von Kramenzelkalk (Jahrb. d. Niedersächs. geol. Ver. V, 1913, S. 1—7).

[4]) Vgl. SCHINDEWOLF: Über das Oberdevon von Gattendorf bei Hof a. S. (Zeitschr. d. deutsch. geol. Ges., Bd. 68, Jahrg. 1916, Monatsberichte 1—3.)

verarbeitet. Er hat bei verschiedenen Großbauten, z. B. dem Plazza-Hotel in New York, ferner bei dem Direktionsgebäude der Sächsischen Feuerversicherung in Leipzig, dem Bahnhofgebäude Lindau und der Kathedrale in Warschau Verwendung gefunden. Die Marmorwerke Selbitz gewinnen am oberen Schertlas einen grauen, von zahlreichen Kalkspatadern und dunklen Verwachsungssuturen durchsetzten Kalk, der sehr reich an Fossilien ist. Der Marmor (genannt Fürstenstein) wird für Innendekoration, hauptsächlich für Wandbekleidungen und Waschtischplatten verwendet. Dieses Vorkommen bietet noch besonderes Interesse dadurch, daß Brauneisenerze an der Grenze von Kalk und Diabastuff auftreten (vgl. S. 71) In einem ausgedehnten Steinbruch ist der Flaserkalk südwestlich Naila beim Kalkofen aufgeschlossen. Das Gestein wurde früher

Abbildung 21.   phot. Wurm

Bruch am Eichelberg.

gebrannt, jetzt scheint der Abbau nur mehr sehr gering zu sein und die Verwendung sich auf Grenz- und Prellsteine zu beschränken. An Schönheit des Gesteins steht unter diesen devonischen Flaserkalken der sogen. Marxgrüner Marmor, der bei Horwagen gebrochen wird, obenan. Die Kalkschichten streichen N. 65° O. obs. und fallen mit 66° nach Süden ein; die ca. 60 m mächtige Scholle liegt zwischen grau-violetten oder grünen Tonschiefern von tuffiger Beschaffenheit eingebettet. Solche Tuffbeimengungen sind es wohl auch, welche die grünliche Färbung der den Kalk durchsetzenden Tonschieferlagen bedingen. Die zart-rötliche Tönung des Kalkes verbunden mit der grünlichen Färbung der Tonlagen verleiht ihm im Schliff einen außerordentlichen Farbenreiz, der durch die hier manchmal deutlich ausgeprägte brekziöse Struktur und die Durchtrümerung des Gesteins mit weißen Kalkspatadern noch besonders gehoben wird. Der Marxgrüner Marmor ist ein sehr gesuchtes Gestein, das z. B. beim neuen Rathaus in Cassel, beim Kunstmuseum in Kiel, auch im Ausland in Belgien,

138

England und überseeischen Ländern bei der Außen- und Innendekoration öffentlicher Prachtbauten Verwendung gefunden hat. Es kommt in zwei Farbentönungen als Deutsch rot-grün und Deutsch rosa-grün in den Handel. Die vom mechanisch-technischen Laboratorium der Technischen Hochschule München angestellten Versuche ergaben eine Druckfestigkeit von 1060 kg/qcm senkrecht zur Schichtung

Abbildung 22.

Marmorbruch Horwagen.

und 977 kg/qcm parallel zur Schichtung. Der Bruchbetrieb ist in technisch vollkommener Weise eingerichtet, das Material wird durch eine Drahtseilsäge in großen Blöcken gewonnen, die durch einen Drehkran aus dem Bruch herausgehoben werden (vgl. Abbild.). Sie wandern in die Sägereien und Schleifereien der Bayerischen Marmorwerke Bad Aibling.

Von den in der Nähe gelegenen Kalkvorkommen scheint nur das südlich vom Forsthaus Langenau (NW. 105/1) gelegene, das in einem früher betriebenen Steinbruch erschlossen ist, einigen technischen Wert zu besitzen. Das letzte größere Vorkommen, das hier noch eingehendere Erwähnung finden soll, liegt tief im Gebirge nordwestlich von Elbersreuth am Köstenhof und ist eine der berühmten Fossilfundstellen im Devon. Hier wird ein lichtgrauer, ziemlich kompakter Kalk, bei dem die Flaserung zurücktritt, in einem großen Steinbruchbetrieb der Firma E. H. Tag in mächtigen Blöcken gewonnen und kommt unter dem Namen „Wallenfels" in den Handel. Nach Versuchen in der Bayerischen Landesgewerbeanstalt in Nürnberg ist der Dichtigkeitsgrad des Gesteins (Raumgewicht, spezifisches Gewicht) = 0,991, also sehr groß. Die Druckfestigkeit wurde im Mittel zu 1556 kg/qcm bestimmt. Leider ist die Abgelegenheit des Vorkommens und der dadurch bedingte lange Transport auf Dampflokomobilen durch das Rodachtal nach Wallenfels dem Unternehmen nicht günstig. Das Gestein ist fast noch gesuchter als das des Theresiensteines bei Hof und hat für Säulen und Treppen, überhaupt bei der Innenausschmückung vieler Bauten in ganz Deutschland Verwendung gefunden. Hier seien nur erwähnt das Hoftheater in Stuttgart, das Zentraltheater in Chemnitz, das Rathaus in Hannover, der Hauptbahnhof in Karlsruhe, das Justizgebäude in Nürnberg, das Parkhotel in Leipzig.

An vielen Stellen des Frankenwaldes sowohl wie des Fichtelgebirges tauchen aus oberdevonischen Schiefern und Diabastuffen mehr oder weniger ausgedehnte Kalklinsen auf. Aber die Gewinnung des Kalkes geht meist nicht über das lokale Bedürfnis hinaus oder der frühere Abbau ist überhaupt ganz eingestellt. Da sich unter diesen Vorkommen einige technisch nicht unbedeutende befinden, seien hier die wichtigsten genannt: Trogenau, wo recht mächtige Lager von grauem Kramenzelkalk in Steinbrüchen nördlich und östlich des Dorfes anstehen (NO. 104/15); Osseck am Wald (NO. 103/15); zwischen Regnitzlosau und Schwesendorf (NO. 104/15); in der Umgebung von Köditz (NO. 105/9); bei Lippertsgrün (NO. 104/03); bei Räumlas (NO. 103/1); nördlich und südwestlich von Bernstein (NW. 102/1); bei der Schmölz unweit Wallenfels (NW. 102/2); an der Teichmühle nördlich Wartenfels (SW. 100/3); südwestlich Geuser[3]) (NW. 100 u. 101/4); am Dürrenwaidter Hammer (NW. 106/1); östlich von Stadtsteinach am Gebirgsrand[3]) (rote Flaserkalke) NW. 97/2) und schließlich bei Hohenknoden nördlich von Berneck (NO. 92/4).

Die Gesamtförderung an devonischen Flaserkalken betrug im Jahre 1920 4123 t (nach der bayer. Landesmontanstatistik).

Bergkalk (Kulm).[1]

Es ist ein schwarzer bis schwarzgrauer Kalk, von dichter oder zuckerkörniger, seltener oolithischer Struktur, dem jede Flaser- und Knotenbildung fehlt. Sehr charakteristisch ist für ihn eine eigentümliche grauweiße Verwitterungsrinde und ein durchdringender unangenehmer Geruch, der sich beim Anschlagen bemerkbar macht, was den Bergkalk von devonischen Kalken unterscheidet und ihn als Stinkkalk kennzeichnet. Er ist manchmal recht fossilreich, namentlich von Stielgliedern von Seelilien ganz erfüllt und fast immer reichlich von weißen Kalkspatadern durchsetzt, die dem Gestein eine lebhafte Farbenzeichnung geben. Das Hauptverbreitungsgebiet der eigentlichen Bergkalkentwicklung liegt in dem Dreieck, das durch die Orte Hof, Trogenau, Rehau bestimmt ist. Hier waren früher der große Kulmkalkbruch von Regnitzlosau, dem sich nach Süden die Steinbrüche von Klötzlamühle, Draisendorf und Schwarzwinkl anschlossen. Auch zwischen Trogenau und Gattendorf liegen durch ihren Fossilreichtum berühmte Bergkalklager, die früher in ausgedehntem Steinbruchbetrieb ausgebeutet wurden. Die Mächtigkeit des Kalklagers beträgt nach Felsch[2]) bei Regnitzlosau mindestens 10—15 m, bei Draisendorf ca. 12 m.

Westlich von Hof kommt Bergkalk südlich Garles (NW. 104/5) zutage, wo tiefe Steinbruchpingen von dem früheren bedeutenden Abbau zeugen, dann westlich

---

[1]) Bearbeitet von Dr. A. Wurm.

[2]) Die Schichtenfolge des unteren Kulms in der Umgebung des Münchberger Gneismassivs. Dissert. Jena 1911.

[3]) Neuerdings in Abbau genommen.

140

Stegenwaldhaus im Tänichsbachtal (NW 104/7), wo noch ein alter Kalkofen steht. Der einzige größere Steinbruchbetrieb im Bergkalk liegt aber bei Poppengrün östlich von Schwarzenbach a. W. Die Bayerischen Weißkalkwerke Döbra-Poppengrün gewinnen hier einen tiefschwarzen Kalk, der in seiner Hauptmasse in dem mit dem Werk verbundenen Kalkofen zu Weißkalk gebrannt und als solcher für Bau- und Düngzwecke und für die chemische Industrie Verwendung findet. Neuerdings wird auch die Gewinnung von größeren Steinblöcken in Angriff genommen, die in die Marmorschleifereien wandern (Druckfestigkeit 1964 kg/qcm). Das tiefschwarze Gestein war von jeher gesucht für kleinere Kunstgegenstände, Wandverkleidungen und Grabdenkmäler. Im südlichen Teil des großen Bruches und im westlich gelegenen kleineren Bruch zieht eine alte verheilte Störungszone durch, in der das schwarze Gestein von weißen Kalkspatadern völlig durchschwärmt ist. Um eine möglichst restlose Ausnützung des abfallenden Gesteinsmaterials zu erreichen, trägt sich die Werkleitung mit der Absicht, den Gesteinsschutt zu Terrazzo (für Wandfliesen und Fußbodenbelag) zu verarbeiten, wozu bereits die nötigen Einrichtungen vorhanden sind. Noch an mehreren anderen Stellen in der Umgebung von Schwarzenbach a. W. kommen Bergkalklager zutage, so namentlich südlich vom Ort im Eisenbachtälchen und bei der Ziegelhütte am Eisenbach-Rangen. In diesen Vorkommen waren früher gewaltige Steinbrüche angelegt (Zuchthausbruch), welche den schönen politurfähigen Kalk lieferten, der in St. Georgen zu Bayreuth (s. S. 137) zu allen möglichen Marmorkunstgegenständen verarbeitet wurde. Der alte Bruch beim Dachsloch ist vorübergehend von der Grasyma wieder in Abbau genommen worden.

Der Kulmkalk des Frankenwaldes würde sich durch seine tiefschwarze Farbe, die durch weiße Aderung belebt wird, in hervorragendem Maße zu ornamentalen Zwecken eignen. Das Material läßt sich leicht sägen und ist in hohem Grade politurfähig. Es ist in dieser Beziehung dem belgischen Kohlenkalk vollkommen gleichwertig. Leider hat es aber einen Fehler, der sich seiner Ausbeutung im großen hindernd in den Weg stellt. Das Gestein ist außerordentlich spröde, von zahlreichen Klüften, sogen. Schnitten durchzogen und läßt sich demnach nur zum kleinsten Teil in großen Blöcken gewinnen. Es mag dies wohl auch daher rühren, daß der Kulmkalk vielfach in kompakten oder nur schlecht geschichteten Massen auftritt und deshalb von der Einwirkung der gebirgsbildenden Kräfte viel stärker betroffen wurde als der durch Schichtfugen gegliederte und seiner ganzen Beschaffenheit nach viel zähere devonische Flaserkalk.

Ein eigentümlicher Brekzienkalk steht 1 km nordwestlich Elbersreuth, etwas abseits der Straße Elbersreuth—Köstenberg, in einem jetzt verlassenen Steinbruch (sogen. Fleckleinsbruch NW. 101/1) an. Der dunkle Kulmkalk bildet die Grundmasse, in der Gerölle und eckige Bruchstücke eines hellfarbigen weißlichen oder gelblichen Dolomits liegen. Die Gerölle sind vielfach in sich zersprungen und durch dunkle Kalkmasse wieder verheilt. Die Brekzie müßte, sofern sie politurfähig ist, sich gut für ornamentale Zwecke eignen.

Die Gesamtförderung an Kulmkalk betrug im Jahre 1920 5223 t (nach der Bayer. Landesmontanstatistik).

Kaolinvorkommen in Bayern.[1]

A. Fichtelgebirge.

Aus dem Gebiete des basaltischen Reichsforstes ist eine Reihe von Kaolinvorkommen bekannt geworden, deren Ursprung auf die zersetzende Einwirkung kohlenstoffhaltiger Gase und Quellen auf feldspatführende Gesteine zurückgeführt wird.

Bei Groschlattengrün, unfern südlich Marktredwitz, wurde anläßlich der 1906 erfolgten Neufassung des Silvana-Sprudels, stark verunreinigter grauweißer Rohkaolin angetroffen. Auch in der Nähe des Ortes soll auf einer Wiese unter geringer Humusbedeckung rein weißer Kaolin gefunden worden sein.

In Kondrau bei Waldsassen hat die Prinz-Ludwig-Quelle den Phyllit, dem sie entströmt, tonig zersetzt.

Der Eisensäuerling von Kothigenbiebersbach am Fuße des basaltischen Steinberges, hat gleichfalls den umgebenden Phyllit an seiner Austrittsstelle bis auf ziemliche Entfernung hin in einen graulich-weißen, plastischen Ton, der zeitweilig abgebaut wurde, zersetzt.

Südwestlich Konnersreuth wurde am basaltischen Preisberg in Preisdorf ein aus zersetztem Granit hervorgegangener Kaolin abgebaut; ein gleiches Vorkommen ist östlich davon am Fuße des Rehberges.

Zwischen Konnersreuth und Waldsassen war vor einigen Jahren bei Neudorf eine Kaolingrube in Betrieb, in der die Waldsassener Steingutfabrik einen zersetzten Granitkaolin, am Fuße des Konnersberges, eines Basaltkegels, abgebaut hat. Der zersetzte Granit war bei 45 m Tiefe noch nicht durchfahren. Seine Farbe war, abgesehen von gelblichen Partien, rein weiß. Nach der Tiefe zu soll das Material besser werden. Überlagert ist das Vorkommen von Diluviallehm mit Basaltgeröllen. In geringer Entfernung östlich von diesem Fundpunkt wurde früher gleichfalls Kaolin gewonnen.

Vorkommen ähnlicher Art dürften die ehemals ausgebeuteten und von GÜMBEL erwähnten von Groppenheim, nordöstlich von Konnersreuth und von Netzstahl, östlich von Neudorf sein.

Zwischen Groschlattengrün und Marktredwitz wurde am Westrand des Reichsforstes bei Reutlas das Auftreten von Kaolin nachgewiesen. Nähere Angaben hierüber sind nicht bekannt.

Hingegen gibt RÖSLER [2] über das Vorkommen in der Grube Saturn bei Haingrün, deren Betrieb schon 1896 eingestellt wurde, Aufschlüsse. Hiernach wurde dort der Kaolin aus zersetztem Granit im Tiefbau unter einer 20 m mächtigen Basalttuff- und Geröllüberlagerung gewonnen. Das Kaolinvorkommen scheint sich hier vornehmlich in die Länge erstreckt zu haben; die Breitenausdehnung ist durch Bohrungen als sehr gering nachgewiesen worden, da unzersetzter Granit beiderseits dicht am Kaolin angetroffen wurde.

---

[1] Bearbeitet von Dr. H. ARNDT.

[2] H. RÖSLER, Beiträge zur Kenntnis einiger Kaolinlagerstätten. Neues Jahrb. f. M. G. P. Beil.-Bd. XV, 1902.

Vom Nordrand des Reichsforstes sind noch als Fundpunkte von Kaolin bekannt geworden, Wölsau bei Marktredwitz, Haid, am Fuße des Elmberges und Seussen, zwischen Marktredwitz und Arzberg gelegen.

Aus dem Süden des Reichsforstes erwähnt Gümbel[1] Kaolinvorkommen von Klein-Büchelberg bei Mitterteich („Zum weiteren Glück") und von Büchelberg (Streuleuthen).

Von einem ehemaligen Abbau am Südostabhang des basaltischen großen Steinberges bei Hohenberg berichtet Stahl.[2] Grobkörniger Granitkaolin wurde dort unter Basaltgeröllbedeckung gewonnen. Bei Dietersgrün an der Schirnding-Thiersheimerstraße traf er tonig-zersetzten Granit an.

Die bisher aus dem Fichtelgebirge behandelten Kaolinvorkommen treten in der Nähe des Basaltes auf und sind auf sie zurückzuführen. Eine Anzahl weiterer Vorkommen findet sich im Bereich der beiden großen Kalkzüge, die in Phyllit-schichten eingelagert sind und vom Kösseinemassiv im SW bis gegen Hohenberg im NO sich verfolgen lassen.

In der Nachbarschaft des nördlichen dieser beiden Kalkzüge, der von Eulen-loh über Wunsiedel-Thiersheim bis Stemmas verläuft, wurde Kaolin nach Stahl angetroffen: Im Gneis bei Wunsiedel, am Bahnhof Holenbrunn, in der Nähe der Specksteinvorkommen von Göpfersgrün (Ries-Zeche) und Thiersheim, in den alten Eisenerzgruben von Kothigenbiebersbach und schließlich am Steinberg bei Hohenberg („Fleißiger Bergmann", „Glück mit Freuden", „Friedrich Wilhelm", „Großes Los"). Nach Gümbel soll bei Kothigenbiebersbach zu Porzellanerde zersetzter Granit mit Kalk und Eisenerzen zusammen aufgetreten sein. Hier ist noch zu erwähnen das Glageritvorkommen von Bergnersreuth, südlich von Kothigenbiebersbach (Röthhölzlein), auf welches zwei Zechen verliehen sind.

Auch aus der Umgebung des südlichen Kalkzuges, der sich, mehrfach unterbrochen, von Wappenöst bei Kulmain im SW über Marktredwitz bis gegen Schirnding im NO, sowie in der Nähe des parallelen Kalkzuges der bei Ebnath in gleicher Richtung streicht, aber wesentlich kürzer ist, sind Porzellanerde-vorkommen bekannt geworden.

So bei Ebnath das noch später zu erwähnende Vorkommen von der Schwefel-gasse; in dem südlichen Hauptkalkzug die Vorkommen von Neusorg, wo früher ziemliche Mengen Kaolin im Phyllit gewonnen worden sein sollen, dann bei Pullenreuth, bei Langentheilen, südlich Waldershof und am Kreuzweiher bei Waldershof selbst. Auch in den jetzt aufgelassenen Eisenerzgruben bei Arzberg wurde Kaolin beobachtet.

In der Umgebung der zahlreichen Quarzgänge des Fichtelgebirges finden sich stellenweise Kaoline, deren Bildung von der Entstehung der Quarzgänge wohl nicht zu trennen ist. So wurde Porzellanerde (Steinmark) gefunden am Gleisinger Fels bei Fichtelberg, am Quarzgang von Winthersreuth, östlich von Wunsiedel,

---

[1] C. W. Gümbel, Geognost. Beschreibung d. ostbayr. Grenzgebirges. Gotha 1868.

[2] A. Stahl, Die Verbreitung der Kaolinlagerstätten in Deutschland. Archiv f. Lagerstätten-forschung. Heft 12. Preuß. geol. Landesanstalt, Berlin 1912.

in der nordwestlichen Verlängerung des Quarzganges von Alexandersbad bei
Leupoldsdorf (Michaelszeche). Auch das Vorkommen eines kaolinisierten feldspatreichen Quarzphyllites, der früher auf der Ottogrube bei Schachten, zwischen
Neualbenreuth und Waldsassen abgebaut wurde, muß an dieser Stelle erwähnt
werden.

Im Fichtelgebirge werden die kristallinen Schiefer an vielen Stellen von Aplitgängen durchsetzt, welche ihrerseits wieder oft bis in beträchtliche Tiefe kaolinisiert sind; auch das Nebengestein dieser zersetzten Aplitgänge zeigt in vielen
Fällen an den Gängen tonige Umwandlungserscheinungen.

In der Umgebung von Wondreb und Großensees, nördlich von Tirschenreuth, wurden diese zahlreich dort auftretenden kaolinisierten Aplitgänge, die
bis zu 1 m mächtig waren, abgebaut; der ausgeschlämmte Kaolin fand in der
Porzellanindustrie Verwendung. Östlich von Tirschenreuth finden wir solche
Gänge wieder bei Marchaney und Matzersreuth, im Süden des Kösseinemassives bei Brand und bei Ebnath, wo in der Schwefelgasse neben Porzellanerde auch Nontronit, ein gelbliches eisenreiches Zersetzungsprodukt, das
besonders auf den Passauer Graphit- und Kaolinlagerstätten angetroffen wird,
bekannt geworden ist.

In dem sogenannten, von diluvialen und tertiären Ablagerungen erfüllten,
Naab-Wondreb-Becken finden wir in der Umgebung von Tirschenreuth,
Wiesau (Schönhaid und Kornthann) und bei Großensterz Kaolinvorkommen.

Schmellitz (Schmelz) bei Tirschenreuth. Von den zahlreichen Vorkommen von Porzellanerde, die früher in der Umgebung von Tirschenreuth in
zeitweiligem Abbau standen, befindet sich heute nur noch das in der Schmellitz, etwa 2 km südöstlich von Tirschenreuth gelegene, in Betrieb. In einer flachen
Granitkuppe wird dort die Porzellanerde in zwei großen zusammenhängenden
Tagebauen gewonnen. Der geförderte Rohkaolin wird in der dabei liegenden
Aufbereitung geschlämmt. Der ausgeschlämmte Quarz und Feldspat findet in der
Porzellanindustrie Verwendung, der Kaolin hingegen hauptsächlich in der Papierindustrie, da er bei einem leichten Stich ins Gelbliche und zu geringer Plastizität sich für Porzellanfabrikation zu wenig eignet.

Dieses Vorkommen von Porzellanerde ist aus der Zersetzung eines ziemlich
grobkörnigen Zweiglimmergranites hervorgegangen.

Die obersten Partien des Kaolinvorkommens sind durch die überlagerten, wahrscheinlich dem Diluvium zugehörigen Sande und Gerölle, die in wechselnder
Mächtigkeit, von $^1/_2$—2 m, das Lager eindecken, verunreinigt. Unter diesen (?) diluvialen Ablagerungen setzt der vollständig kaolinisierte Granit in die Tiefe. Die
Tagebaue haben heute eine Tiefe von ungefähr 20—25 m unter Terrainoberfläche
erreicht, ohne daß bisher unzersetzter, frischer Granit angetroffen worden wäre.
Stellenweise zeigen sich in der Porzellanerde turmalinführende, schmale Pegmatitgänge; auch findet sich Turmalin in der Porzellanerde ziemlich häufig,
während er sonst dem unzersetzten Zweiglimmergranit zu fehlen pflegt. Manganverbindungen wurden früher in Begleitung eines das Lager durchsetzenden
Quarzganges angetroffen.

144

Bei diesem Vorkommen wird es sich zweifellos um ein lokal eng begrenztes Nest von Porzellanerde handeln, das sich jedoch, nach den vorhandenen Anzeichen zu schließen, doch wesentlich über das heute von den Tagebauen belegte Gebiet, besonders gegen Tirschenreuth zu, ausdehnen dürfte.

Schönhaid bei Wiesau. In der Nähe des südöstlich von Wiesau gelegenen Dorfes Schönhaid befinden sich große Tagebaue, in denen Kaolin gewonnen wird, der als Kapselerde vielfach in der keramischen Industrie Verwendung findet. Dieses sehr plastische Material eignet sich besonders für hochfeuerfeste Zwecke. Der meist grobe Kaolinsand, der aus einem grobkörnigen Granit hervorgegangen und in seinen obersten Teilen stark verunreinigt ist, tritt hier in unregelmäßiger, durchschnittlich 3—4 m mächtiger Lage auf und ist überlagert von einer bis zu 3 m starken Sand- und Kiesschichte, die teils tertiären, teils diluvialen Alters ist. Diese sandige Überlagerung greift häufig mehrere Meter tief taschenförmig in die Kaolinerde hinein. Große, aus dem Tertiär stammende Braunkohlenquarzitblöcke finden sich nicht selten im Kaolin eingelagert. Auftretende Schwefelkieskonkretionen, die zu schweren lockeren Massen verwittern, werden gesondert ausgehalten. Tonig zersetzte Hornfelse treten in den östlichen Teilen der Grube auf.

Nach einer Analyse von Bɪsᴄʜᴏꜰ enthält der Schönhaider Kaolin: Al_2O_3 37,20%, SiO_2 47,36%, Fe_2O_3 1,32%.

Kornthann bei Wiesau. In Kornthann bei Wiesau wurde noch zu Anfang dieses Jahrhunderts nach Kaolin, der hier gleichfalls Verwendung als Kapselerde gefunden hat, gegraben. Die Grube soll eine Tiefe von etwa 6 m gehabt haben. Die Kapselerde stellt dort das Zersetzungsprodukt eines grobkörnigen Zweiglimmergranites dar, der für gewöhnlich sandig-grusig verwittert, so daß auch hier, ähnlich wie bei Tirschenreuth, die Kaolinbildung nur eine lokale Erscheinung darstellt. In dem Kaolin fanden sich tonige Einschlüsse, die als zersetzte Hornfelse gedeutet werden. Das Kaolinvorkommen war von zahlreichen Turmalinadern durchzogen.

Auch bei Großensterz, südlich von Mitterteich, wurde Kaolin, hier das leicht gelblich gefärbte Zersetzungsprodukt eines mittelkörnigen Granites, früher gewonnen.

B. Vorkommen von Porzellanerde in Niederbayern.

In Niederbayern findet sich Porzellanerde nur im Bayerischen Walde, östlich von Passau, zwischen Hauzenberg und Obernzell bis an die bayrisch-böhmische Grenze bei Wegscheid. Ihr Hauptverbreitungsgebiet fällt im wesentlichen mit dem des Graphites zusammen.

In größeren Mengen tritt die Porzellanerde in dieser Gegend in den im Kordieritgneis aufsetzenden syenitischen Gesteinen, zum Teil Syenitpegmatiten und Hornblendesyenitpegmatiten, auf. Der Habitus dieser Gesteine ist mittel- bis grobkörnig, ihre Farbe rein weiß bis schmutzig-weiß. Die Hauptgesteinsbestandteile bilden Orthoklas, Mikroklin, seltener Plagioklas. Häufig führen sie nesterartige Einlagerungen von Skapolith. Hornblende und Titanit charakterisieren besonders die meist grobkörnigen Hornblendesyenitpegmatite. Verhältnismäßig selten sind diese Gesteine in frischem Zustande anzutreffen. Sie sind meist mehr oder weniger kaolinisiert und zeigen, besonders in den Zonen der Hornblendesyenitpegmatite zahlreiche Neubildungen von Eisen- und Manganverbindungen.

Die Gewinnung von Porzellanerde in dieser Gegend datiert etwa bis in die Mitte des 18. Jahrhunderts zurück. In Lämmersdorf hat man zwischen 1730 und 1740 zuerst mit ihrer Ausbeutung begonnen und rasch wurde an zahlreichen anderen Punkten, ausschließlich in bäuerlichen Grubenbetrieben, während der landwirtschaftlich ruhigen Zeit, mit einfachsten Mitteln an ihre Förderung herangetreten. Mit zeitweilig großen Unterbrechungen dauerte der Bergbau auf Porzellanerde bis etwa 1910 fort, wo in der Nähe von Untergriesbach sich der letzte Grubenbetrieb befand. Erst seit ganz kurzer Zeit werden neue Versuche gemacht, diesen zum Erliegen gekommenen Bergbau wieder zu beleben.

Ausführliches über die Blütezeit der Porzellanerdegräberei in der Passauer Gegend berichtet Gümbel in seinem Werke über das ostbayerische Grenzgebirge; es werden auch dort alle Lokalitäten angeführt, an denen Kaolin gewonnen wurde.

Die Porzellanerde tritt nesterartig innerhalb der Syenite auf, besonders in den graphitführenden südlichen Teilen des Kordieritgneisgebietes. Das zu Tage Ausgehende der Porzellanerdelager, deren Tiefenerstreckung nach Gümbel 20—24 m beträgt, in Wirklichkeit aber wohl nie einwandfrei festgestellt wurde, da — wie Rösler berichtet, nirgends die untere Grenze der zersetzten Gesteinspartien erreicht wurde — war meist durch Eisenoxydverbindungen verunreinigt. Die reine Porzellanerde stellte sich erst in mehr oder weniger größerer Tiefe ein. Das Einfallen und Streichen dieser Porzellanerdenester, die ähnlich dem Graphit in unregelmäßigen, bald zusammenhängenden, bald abgerissenen und wieder aufsetzenden Linsen sich vorfanden, folgt im wesentlichen dem der umgebenden Gneisschichten. Ihre Mächtigkeit schwankte zwischen wenigen Zentimetern bis zu etwa $1^{1}/_{2}$ m.

Nach alten Analysen von Passauer Porzellanerde, die allerdings eine genaue Fundortangabe vermissen lassen, schwankte der Gehalt an Tonerde bei den einzelnen untersuchten Proben zwischen 32,02 % und 36,54 %, der Gehalt an Kieselsäure zwischen 43,65 % und 51,02 %, der an Eisenoxyd zwischen 0,09 % und 1,05 % (Gümbel, l. c. S. 359).

Die ertragreichsten Gruben befanden sich in der Gegend südlich von Untergriesbach, in den Ortsfluren der zahlreichen Einöden und kleineren Dörfer, die sich um Diendorf und Lämmersdorf, den Hauptpunkten der Porzellanerdegewinnung gruppieren.

Es sind dies außer den schon genannten: Hastorf, Hanzing, Niederndorf, Willersdorf, Gebrechtshof, Kronawitthof, Dürrmühl, Ober- und Unteröd, Stollberg.

Nördlich von diesem Grubenbezirk lagen die Vorkommen, die sich von Mitterwasser-Stiermühle bei Wegscheid über Wildenranna-Oberötzdorf bis gegen Thurnreuth erstreckten und außer in diesen Ortsfluren noch auftraten bei Pelzöd, Schlattlmühle, Obermühle, Unterötzdorf, Kinzesberg, Gotting und Kailling.

146

Südwestlich von Untergriesbach wurde Kaolin bei **Ederlsdorf** und **Leopolds-dorf** abgebaut und bei **Haar** auch in den Graphitgruben im **Kugelholz** angetroffen.

Eine weite Verbreitung kommt der Porzellanerde auch in dem Gebiete nord-westlich von Untergriesbach zu. Wenn auch diese Vorkommen in ihrer Gesamt-heit nicht mit denen von Diendorf und Lämmersdorf und Umgebung verglichen werden können, was die Menge anbelangt, so haben doch die Gruben bei **Rothen-kreuz**, die schon zu Anfang des 19. Jahrhunderts ausgebeutet wurden, in den Jahren 1865/66 Porzellanerde in bedeutender Menge und bester Qualität ergeben. Als Fundorte weiterer Vorkommen sind hier noch zu nennen **Hubing**, **Schaibing**, **Aubach**, **Nebling**, **Schergendorf**, **Pisling** und **Petzenberg**.

In einer Reihe von Graphitgruben, in denen syenitische Gesteine angefahren wurden, haben sich in den letzten Jahren Porzellanerdenester vorgefunden. In allen Fällen hat es sich hierbei um untergeordnete, unreine, wegen ihres Eisen- und Mangangehaltes unbrauchbare Vorkommen gehandelt.

Erwähnt werden müssen hier noch die steten Begleitmineralien dieser Kaolin-vorkommen, die in einem genetischen Zusammenhang mit ihnen stehen. Es sind dies wirr durcheinander auftretende Ausscheidungen verschiedener Opal- und Jaspisarten, Nontronit, Mog, Wad, Gymnit (Steinmark), Brauneisenerz und Hyalith, die durch ihre Farbenkontraste nicht übersehen werden können.

Als rein mineralogisch interessantes Vorkommen sei hier noch auf das Auf-treten von Kaolin im Quarzbruch des Hühnerkobels bei **Rabenstein-Zwiesel** hingewiesen.

Kersantit und Dioritporphyrit. Mesoproterobas.[1]

Jüngere Ganggesteine.

Den Frankenwald durchsetzen an einigen Stellen meist schmale Eruptivgänge, die ihrem Alter nach eine gesonderte Stellung einnehmen und als sogen. meso-vulkanische Eruptivgesteine zusammengefaßt werden. Vorherrschend N.—S. streichend, durchbrechen sie in gerader Linie den komplizierten Faltenbau und setzen über verschiedene tektonische Schollen hinweg, ohne in ihrer Richtung abgelenkt zu werden. Diese Gänge sind also jünger als die Faltung; ihr Auf-treten in kulmischen Schichten, die sie quer durchbrechen, beweist ein zum mindesten nachkulmisches Alter.

Die Gänge auf bayerischem Gebiet sind von Pöhlmann untersucht worden.[2] Es scheint sich hauptsächlich um drei Typen zu handeln, um sogen. Mesodiabase, um Kersantite und Minetten und um Glimmerdioritporphyrite.

Da, wo diese Gänge größere Mächtigkeit erlangen, werden sie gelegentlich abgebaut. Am **Kalkofen bei Naila** durchsetzt ein ca. 7—8 m mächtiger

---

[1]) Bearbeitet von Dr. A. Wurm.

[2]) Vgl. Pöhlmann, Untersuchungen über Glimmerdiorite und Kersantite Südthüringens und des Frankenwaldes. N. Jahrb. f. Min. III. Beil.-Bd. 1885, S. 67.

Gang von Kersantit den devonischen Flaserkalk. Das dunkelgraue glimmerreiche Gestein verwittert sehr leicht zu einer braunen sandartigen Masse, die zur Mörtelbereitung verwendet wurde. Aus der grusigen Masse schälen sich Kugeln härteren noch unzersetzten Gesteins heraus.

Petrographisch ähnlich ist ein Gang oberhalb Wallenfels im Rodachgrund zwischen Neumühle und Wellesbachtal. Es ist ein grüngraues, stark glimmeriges Gestein. Der Gang steigt im Nebengestein treppenförmig auf, indem er immer eine Strecke weit den Schichtflächen folgt, um sie dann wieder quer zu durchbrechen. Das Gestein wird für Bauzwecke gewonnen. Im Thiemitztal westlich vom Ort Thiemitz durchbricht ein ähnlicher etwa 4 m mächtiger Gang die kulmischen Schichten. Er hat zum Straßenbau Verwendung gefunden.

Einem andern Typus gehören die gangförmigen Vorkommen unterhalb Wallenfels im Leutnitztal und im Schmiedsgrund an. Der ca. 6 m mächtige Gang im Leutnitztal streicht NNW. und setzt sich wohl in dem Gang fort, der unterhalb Steinwiesen das Rodachtal quert. Das dichte Gestein ist frisch grünlichgrau, verwittert leicht bräunlich. Der Gang im Leutnitztal wird abgebaut und liefert Bruchstein und gutes Schottermaterial.

Ein ziemlich mächtiger Eruptivgang durchbricht die Kulmschichten im oberen Ködelbachtal westlich Nordhalben. In der grauen Grundmasse des Gesteins erkennt man Einsprenglinge von Feldspat und schwarzem Glimmer. Das Vorkommen ist etwas abgelegen und wird nicht ausgebeutet (NW. 106/3).

Ähnliche Gänge treten im oberen Ködelbachtal westlich Nordhalben und im Falkensteiner Grund östlich Lauenstein auf. Letzteres Vorkommen, das von Gümbel als Paläophyr bezeichnet wurde, hat auffallend wechselnde mineralogische Zusammensetzung. In seinem Normaltypus enthält das rotgraue oder fleischrote Gestein Kristalle von Feldspat und scharf umgrenzte Glimmerblättchen und gehört wohl in die Gruppe der quarzführenden Glimmerdioritporphyrite. Es eignet sich gut als Straßenschotter (NW. 114/5).

Ein technisch bedeutsamer Betrieb knüpft sich an den Proterobasgang, der mit NW.—SO.-Streichen und einem Einfallen von 70—80° nach NW. im Granit des Fichtelgebirges aufsetzt und von Fichtelberg quer über den Ochsenkopf bis nach Bischofsgrün sich verfolgen läßt.[1] Das Gestein ist mittelkörnig, von schwärzlichgrüner Grundfarbe, in der der Feldspat eine weiße Sprengelung hervorruft.

Unter dem Mikroskop besteht das Gestein hauptsächlich aus Plagioklas und Augit. Dazu treten als kennzeichnender Bestandteil noch braune und grüne Hornblende. Das Gestein führt außerdem reichlich Chlorit, etwas Biotit und massenhaft Titaneisenblättchen, die namentlich auf polierten Platten zusammen mit dem nie fehlenden Pyrit deutlich durch ihren metallischen Glanz hervortreten. Von den Diabasen unterscheidet sich das Gestein in seinem mineralischen Bestand durch den Gehalt an primärer brauner Hornblende.

---

[1] Vgl. Deleré, Beiträge zur Kenntnis des Proterobases. Dissertation, Erlangen 1895, und Jos. Stern, Beiträge zur Kenntnis der Diabase des Fichtelgebirges und des Frankenwaldes. Geogn. Jahresh. 27. Bd. 1914.

Nach den Angaben von A. Schmidt schmolz man schon im Mittelalter den
Proterobas in den Fichtelberger Glashütten und erzeugte aus der zähen schwarzen
Masse Knöpfe und Perlen. In Bischofsgrün bestand noch am Ende des 18. Jahr-
hunderts eine solche Knopfhütte (Bericht Alex. v. Humboldts).

Heutzutage ist das Fichtelberger Vorkommen Gegenstand einer außerordentlich
lebhaften Steinbruchindustrie, deren Zentrum Neubau bei Fichtelberg ist. Sie
zieht sich fast bis zum Gipfel des Ochsenkopfes empor und auch jenseits des
Gipfels auf der Bischofsgrüner Seite wird das Gestein noch abgebaut. Die
Mächtigkeit des Ganges schwankt zwischen 5 und 20 m, bei Neubau beträgt sie

Abbildung 23.   phot. Wurm.

Proterobasbruch der Grasyma bei Neubau; links im Bilde die Grenzfläche gegen den Granit.

etwa 10 m; die Salbänder, die fast senkrecht zur Tiefe setzen, grenzen sich
scharf gegen den umgebenden Granit ab. Das Gestein ist an der Oberfläche
durch ein grobmaschiges Netz von Klüften aufgelöst und in einzelne große
Kugeln von schaligem Aufbau verwittert. Die Randpartien dieser Kugeln sind
mürbe, der Kern dagegen ist durchweg frisch und gut verwendbar. Entsprechend
dem gangförmigen Vorkommen des Gesteins vollzieht sich der Abbau in langgezogenen schlauchförmigen Steinbruchanlagen (vgl. Abb.).

Oberhalb Neubau, dicht nebeneinander, liegen die Steinbrüche der Grasyma
(Vereinigte Fichtelgebirgs-Granit-Syenit-Marmor-Werke) und von Gebr. Fränkel,
weiter oberhalb die Brüche von Popp, Scharf und Cristian Markhof & Komp.;
die Grasyma besitzt auch noch Brüche auf der Bischofsgrüner Seite.

Das Gestein hat eine mittlere Druckfestigkeit von 2170 kg/qcm und eine
mittlere Abnützung nach Gewicht von 12,3 g. Es wandert zum größten Teil
in die Steinschleifereien und dient für ornamentale Zwecke, namentlich für

Denkmalsarbeiten. Für die Treppen im neuen Gerichtsgebäude in Würzburg fand z. B. dieser „grüne Porphyr", wie er im Handel genannt wird, Verwendung. Das Vestibül des Reichstagsgebäudes schmücken ebenfalls die dunklen grünen Platten von Fichtelberger Proterobas. Häufig liefert er auch das Material für Zierbrunnen (Wunsiedel) und zwar nicht nur für Säulen und Becken, sondern auch für bildhauerische Arbeiten. Die dunkle Tönung des Gesteins erklärt seine Bevorzugung für Grabdenkmäler; auf den meisten größeren Friedhöfen kann man Fichtelberger Proterobas vertreten finden. Noch eine spezielle Verwendung des Gesteins, die auf seiner großen Druckfestigkeit beruht, darf hier nicht übergegangen werden, das ist die Herstellung von Hartsteinwalzen, die zu verschiedenen Zwecken in der Schokoladenfabrikation, in der Textilindustrie, für Getreidewalzenstühle, für Papiermaschinen gebraucht werden. Der Abfall wird zu Pflastersteinen, in geringem Maße auch zu Schotter verarbeitet.

Kieselschiefer.

Im unteren Graptolithenhorizont (Silur) treten namentlich im östlichen Frankenwald die weichen kohligen Schiefer mehr zurück und es herrschen äußerst harte, splittrige, schwarze Kieselschiefer (sogen. Lydite) vor. Sie treten in nicht sehr dicken Bänken auf, die von einem Netzwerk dünner weißer Quarzadern durchsetzt werden. Das Gestein ist stark geklüftet und zerfällt oberflächlich in ein Haufwerk scharfkantiger Stücke, so daß es meist in flachen Kiesgruben mit der Hacke gewonnen wird. Es stellt einen vorzüglichen Straßenschotter dar, der allerdings nur für örtlichen Bedarf ausgebeutet wird. Infolge seiner Unverwitterbarkeit kommt es an vielen Stellen in Blöcken und Lesestücken zu Tage (nordwestlich Stegenwaldhaus). Dieses Material wird gern zur Beschotterung der anliegenden Fahrwege benützt. Schottergruben in silurischen Kieselschiefern liegen bei Förtschenbach nordöstlich Regnitzlosau, bei Leimitz, zwischen Poppengrün und Marlesreuth, namentlich aber am Steinbühl südlich Schwarzenbach a. W. und am Rauenberg.

Auch im Kulm sind Kieselschiefer verbreitet, die sich von den silurischen durch ihre graue Farbe und den Mangel an Quarzadern unterscheiden.   Dr. A. Wurm.

Kupfererze.[1])

Die schmale Randzone der Münchberger Gneismasse im Süden und Osten, die aus Grünschiefern, Hornblendegesteinen und paläozoischen Schiefern besteht, ist durch das Vorkommen einiger Kieslager ausgezeichnet, von denen das bedeutendste das von Kupferberg und Wirsberg ist.

Kupfererzvorkommen von Kupferberg-Wirsberg, Marktschorgast.

In der Südwestumrandung der Münchberger Gneismasse treten an mehreren Stellen Kupfererzlagerstätten auf, die in früheren Zeiten Gegenstand eines nicht unbedeutenden Bergbaus waren. Sie verteilen sich auf drei Reviere: 1. das von

---

[1]) Bearbeitet von Dr. A. Wurm.

Kupferberg, 2. das des Goldenen Adlers bei Neufang, des Goldenen Falken bei Adlerhütte und 3. das der Himmelkroner Werke bei Marktschorgast und Köslar. Es ist das wohl eine einheitliche geschlossene Erzzone, die mehr oder weniger dem Hauptstreichen der Gesteinsschichten folgt, allerdings durch Verwerfungen und Überschiebungen vielfach zerstückt und zerrissen wurde.[1]) Die Kupferberger Lagerstätte ist an einen Schieferstreifen gebunden, der zwischen die Münchberger Gneismasse und ausgedehnte Diabasergüsse am Gebirgsrande eingekeilt ist. Die Blütezeit des Bergbaus fällt ins 14. Jahrhundert (angeblich 1700 Bergknappen und 10 Schmelzhütten). Die Gewinnung der Erze bewegte sich infolge Wasserschwierigkeiten und Verwerfungen meist nur in Teufen von 20—40 m. Auch allen späteren Abbauversuchen im 17.—19. Jahrhundert und in der Neuzeit gelang es nicht, in tiefere Horizonte vorzudringen. In wiedergewältigten alten Bauen konnte von Brand der Stehende St. Veitsgang, der Schwefelkiesgang und der St. Veitsmorgengang genauer untersucht werden. Der h 2¹/₂ streichende St. Veitsgang bildet eine 1,5—4 m mächtige Lagerstätte in dunkelgrauen Schiefern. Die Erzführung besteht aus Kupferkies, Pyrit und etwas Zinkblende. Erzproben ergaben Kupfergehalte zwischen 1,7 % und 10,37 %, im Durchschnitt 4,58 %. Der Schwefelkieslagergang im „Franz Ludwig-Grubengebäude" führt vorwiegend Pyrit, etwas Magnet- und Kupferkies, sowie Zinkblende und Galmei. Neben geringen Mengen von Ag und Au wurde ein durchschnittlicher Kupfergehalt von 1,25 % festgestellt. Das Hangendgestein ist phyllitähnlicher Grauschiefer, das Liegendgestein Kohlenschiefer. Der St. Veitsmorgengang, mit einem Streichen von 345°, ist schon von den Alten bis auf 85 m Teufe abgebaut. In der Zementationszone in 50 m füllen die stellenweise 4—6 m mächtige Gangspalte 20—50 cm starke Erzbänder eines hochwertigen „Gelberzes", hauptsächlich Kupferkies und Buntkupfererz, das damals den Ruf des Kupferberger Werkes begründete. Die Untersuchung ergab einen Durchschnittsgehalt von 18,75 % Cu, der Gehalt der Rohförderung dürfte 7—10 % Cu betragen.

In genetischer Hinsicht handelt es sich nach neueren Untersuchungen von Krusch bei der Kupferberger Lagerstätte um eine fahlbandartige Schwefelkiesimprägnationszone, die an alte Schiefer gebunden ist und mehrere Meter mächtig werden kann, und um jüngeren Kupferkies, der das Fahlband meist in Trümern durchsetzt. Sowohl das Fahlband, wie der jüngere Kupferkies dürften meiner Meinung nach mit granitischen Intrusionen im Zusammenhang stehen.

Nach Brand würden unter der von den Alten erreichten 40 m-Teufe noch große Teile des Erzzuges in unverritzter Erhaltung sowohl bei Kupferberg wie in der südöstlichen Verlängerung vorliegen. Besonders aussichtsreich erscheint die oben erwähnte 10—18 % Cu haltende Konzentrationszone in einer Tiefe von 50—85 m, die von den Alten nur auf einem schmalen wasserfreien Streifen abgebaut werden konnte. Aber auch sonst sind noch größere Mengen von Erzrückständen in den

---

[1]) Vgl. die Monographie von Brand, der ich hier hauptsächlich folge: Die Kupfererzlagerstätte bei Kupferberg in Oberfranken mit besonderer Berücksichtigung ihrer Beziehungen zur Münchberger Gneismasse. (Geogn. Jahresh. Bd. XXXIV, 1921.)

alten Bauen vorhanden. Zur Erschließung der größeren Teufen wird ein tiefer Stollen vorgeschlagen, der am Ausgang des Arnitztals in die Schorgastebene angesetzt und senkrecht zum Gebirgstreichen geführt werden soll.

„Goldener Adler", Neufang. Die Hauptmasse der Erze besteht hier aus derbem Magnetkies, worin Kupfer- und Schwefelkies in mehr oder minder reichen Partien eingesprengt sind. Das Nebengestein ist Syenit und Diorit.

„Goldener Falk" bei Adlerhütte. Hier tritt das Erz (derber Magnetkies, Pyrit und Kupferkies) in einem phyllitähnlichen Gestein auf.

„Himmelkroner Werke" bei Marktschorgast und Köslar. Soweit die Haldenfundstücke erkennen lassen, bestand das Erz aus Kupfer- und Schwefelkies mit etwas Magnetkies und Zinkblende) und war an ein gneisphyllitähnliches Nebengestein gebunden.

Zwischen Marktschorgast und Berneck waren eine ganze Reihe von Kupfererzgruben im Betrieb, die unter dem Namen der Bergwerke bei Himmelkron abgebaut wurden (westlich Marktschorgast, am Schwärzhof und bei Köslar, zwischen Gossenreuth und Michelsdorf). An allen diesen Orten dürfte es sich um kleinere Imprägnationslager von Kupferkies im Hornblendeschiefer handeln.

Zwischen Sparneck und Benk hat ein nicht unbedeutender Bergbau auf Kupfererze stattgefunden, der wenigstens bis ins Jahr 1529 zurückreicht.[1]) Man baute hier ein Kupfer- und Schwefelkieslager ab, das bei einem Streichen von 4^h 5^0 80^0 nach NW. einfällt und Chloritschiefer zwischengeschaltet ist. Nach alten Berichten soll es drei Schuh, also ungefähr 1 m mächtig gewesen sein, 40 Pfund Kupfer im Zentner Erz und 30 g Silber im Zentner Garkupfer enthalten haben. Zu Humboldts Zeiten gewältigte man eine der Gruben, Gottes Segen, wieder auf, überfuhr aber nur ein 7—8 cm dickes Kupfer- und Schwefelkieslager, das nur 5 Pfund Kupfer im Zentner Erz lieferte.[2]) Erzproben, die aus alten Halden in dem Tälchen zwischen Sparneck und Benk entnommen wurden, ergaben schwankenden Kupfergehalt (Mittel von vier Analysen 2,57%).

Analysen von Schwefelkies von Sparneck nach Dr. Spengel: Gangart 13,72%, Eisen 39,21%, Kupfer 1,46%, Schwefel 45,78%, zusammen 100,17%.

Landesgewerbeanstalt Nürnberg: Schwefel (Mittel aus zwei Versuchen) 35,59%, Kupfer 2,20%.

Gebrüder Schuy Nürnberg: Schwefel 37,56%, Kupfer 2,62%.

Nach einer Untersuchung von Prof. Schiffner, Freiberg, enthielt das Erz 4% Cu, 0,8 g Gold p. t. und 90 g Silber p. t.

Bei der Kapelle St. Nicola nördlich Mähring war ein Kupfererzvorkommen bergmännisch aufgeschlossen. Es ist ca. 45 cm mächtig, streicht h 11 und führt spärlich Kupferkies und Kupferpecherz. Es liegt wohl in der Fortsetzung der Kupfererzlagerstätte bei Dreihacken in Böhmen. Der Kupferkies soll goldhaltig sein.

---

[1]) Vgl. Köhl: Zur Geschichte des Bergbaus im vormaligen Fürstentum Kulmbach-Bayreuth, S. 86.

[2]) Nach Humboldts Bericht.

Der fast ganz vergessene Bergbau bei Mähring am Pfaffenbühl scheint auf Kupfer und Bleierze umgegangen zu sein.

Kupfererzgang am Hainberg bei Stadtsteinach siehe unter „Devonischen Lagererzen" S. 43.

Lehme.

Oberflächenlehme sind über den ganzen Frankenwald und das Fichtelgebirge zerstreut. Sie werden in zahlreichen Ziegeleien ausgebeutet. Besonderes Interesse verdienen eluviale Verwitterungsmassen, das sind Bildungen, die noch nicht durch das fließende Wasser eine Umlagerung erfahren haben, sondern an Ort und Stelle liegen geblieben sind und oft einen allmählichen Übergang zu dem Ursprungsgestein, aus dem sie entstanden sind, erkennen lassen. Sie sind bezeichnend für alte Landoberflächen, die geringer Erosionswirkung und Abtragung unterlagen.

Im Lettenbachtal dicht östlich von Hof baut die Ziegelei Bechert neben alluvialem Tallehm ein völlig zersetztes, zum Teil grusiges, zum Teil feinschuppiges grünlichgraues oder rostiges braunes Gestein ab, an dem man aber vielfach noch die ursprüngliche Proterobasstruktur erkennen kann. Es wird vermahlen und mit dem Tahllehm vermischt zu Ziegeln gebrannt. Ähnliches Material gewinnt eine benachbarte Ziegelei im Leimitztal.

Ein anderes sehr interessantes Vorkommen liegt am Ausgang von Waldsassen an der Straße nach Konnersreuth. Es liefert das Rohmaterial für die Klinkerfabrik Waldsassen. Die hier durchstreichenden Phyllite sind bis zu einer Tiefe von 10 m zu einer tonartigen Masse von bunter rötlichvioletter und weißlicher, im Hangenden mehr brauner Farbentönung zersetzt. Bei genauer Beobachtung erkennt man unschwer die Struktur des ursprünglichen Schiefergesteins. Nach oben wird die Masse von angeschwemmtem braunem Lehm mit Geröllen bedeckt. Die tiefgründige Zersetzung des Gesteins dürfte wohl nicht bloß auf gewöhnliche Verwitterung zurückzuführen sein, sondern es mögen hier auch postvulkanische thermale Einwirkungen, die mit den benachbarten Basalteruptionen in Verbindung stehen, eine Rolle gespielt haben.

Das Material wird mit 10% weißen Tones, der ganz in der Nähe an der Straße nach Konnersreuth gegraben wird, vermischt, gemahlen und zu Klinkersteinen gebrannt. Einzelne Quarzbänder, die im zersetzten Schiefer auftreten, müssen ausgelesen werden, kleinere Quarzknauern stören wenig.

Unweit Mitterteich werden mit grauen Letten durchmischte Sande (vielleicht tertiär) in einer Dampfziegelei verarbeitet.

Sonst sind namentlich auf der Münchberger Gneisplatte und in der Gneiszone von Selb Tal- und Verwitterungslehme sehr verbreitet. An einigen Stellen werden sie oder wurden sie früher ausgebeutet (Ziegeleien von Krötenbruck südwestlich Hof; Mechlenreuth, Marktleugast, Mittelweißenbach östlich Selb). Auch die „cambrischen" und untersilurischen Schiefer in der Gegend von Rehau neigen stark zur Verlehmung (Ziegelei, Straße nach Kühschmitz.)

Eine unter den heutigen Zeitverhältnissen bedeutungsvolle praktische Verwendung hat der Lehm in der Gegend von Rehau gefunden. Er wird zu Würfeln gestampft und in ungebrannter Form für Bauzwecke verwendet. In Rehau ist in den Jahren nach dem Krieg eine ganze Siedlung stattlicher Häuser entstanden, die entweder fast ganz aus Lehm aufgeführt sind oder bei denen gebrannte Backsteine nur an besondern Stellen (Fenstern, Türen etc.) mit eingebaut worden sind. Die Erfahrungen, die man damit in Bezug auf Festigkeit und Widerstandsfähigkeit gegen Witterungseinflüsse gemacht hat, sind bis jetzt im allgemeinen gut. Es scheinen sich auch nicht alle Lehme in gleicher Weise für Bauzwecke zu eignen. Nach Untersuchungen des Versuchs- und Materialprüfungsamts der Technischen Hochschule Dresden eignen sich am besten für Bauzwecke die Lehme, die ein geringes Schwindmaß und zugleich ein großes Porenvolumen haben, um nach Beendigung des Schwindens noch weiterhin Feuchtigkeit abzugeben. Der Lehm von Rehau, der aus einem graugrünen schwach phyllitischen Tonschiefer hervorgegangen ist, weist im Vergleich mit vielen untersuchten Lehmsorten ein auffallend geringes Schwindmaß auf. Die Druckfestigkeit des Lehms kann künstlich durch Zusatz von Strauchwerk (Heidekraut) erhöht werden.

Östlich Selbitz wird, wie oben S. 24 schon erwähnt, in einem Diabasbruch der Nordbayerischen Steinwerke der Verwitterungslehm in einer Dampfziegelei verwertet. Dr. A. Wurm.

Bei Erbendorf-Plärrn wurde 1913 ein toniger Lehm zu Ziegelfabrikation benutzt, welcher in seinen besseren Qualitäten (Schlämmaufbereitung) von Adolf Schwager auf Tongehalt untersucht wurde. Eine beste Probe (bei 110^0 getrocknet) enthält $46{,}25\,^0/_0$ tonige Substanz mit $23{,}52\,^0/_0$ Tonerde und ziemlich viel Eisen, eine Probe II (bei 110^0 getrocknet) enthält $25\,^0/_0$ tonige Substanz mit $21{,}08\,^0/_0$ Tonerde. Der Rest besteht zum größten Teil aus Quarz von wechselnder Korngröße, Feldspat und Glimmer. Probe III und IV bilden feste, trocken gehärtete Lehmsteine.

Später dort durchgeführte Besichtigungen bei Erbendorf-Plärrn haben die Aufgabe der Ziegelhütte während der Kriegsjahre ergeben; in kleinen Gruben in der Umgebung der Ziegelhütte wurden sehr ähnliche Verwitterungsböden angesammelt, wie die oben erwähnten eingesendeten Proben.

Was die Lehme im Bayerischen Wald betrifft, so sei folgendes Beispiel nach der Aufnahme von Dr. Spengel herausgegriffen. Eine halbe Stunde von Station Fürsteneck (Hg) liegt auf der Hochfläche die Ziegelei Trogenreuth; dort kommt ein 2 m mächtiger, fetter, brauner Ziegellehm zum Abbau, der von 15 cm lehmigem Quarzgeröll, $^1/_2$ m gelbem Sand mit Schmitzen von grauem Ton, 10 cm festem weißen Ton, 30 cm Quarzsand mit etwas Kaolin und einem Wechsel des letzteren mit gelbem Sand unterlagert ist; diese Folge scheint auf mehrere Kilometer sich zu erstrecken. Dr. O. M. Reis.

Manganerzgänge.

Bei Schachten soll früher eine Kobaltzeche bestanden haben. Das Erz war nach Flurl an einen Quarzgang gebunden. Nach Gümbel handelte es sich aber um ein Vorkommen von Manganerzen (Pyrolusit, Manganit, Hausmannit), wie sich aus Lesestücken auf der Halde erkennen läßt. Dr. A. Wurm.

Mineralquellen. [1]

A. Von den im Donau-Inn-Winkel[2] vorkommenden Mineralquellen können nur die wichtigsten Erwähnung finden.

Literatur: Joh. Bapt. Graf, Versuch einer pragmatischen Geschichte der baierischen und oberpfälzischen Mineralwässer. München 1805. — August Vogel, Die Mineralquellen des Königreichs Bayern 1829. — Vincenz Müller, Spec. Beschreibung der Heilquellen, Mineralbäder und Molkenkur-Anstalten des Königreichs Bayern. Augsburg 1847. — K. Oebbeke, Die Mineralquellen Bayerns. Internat. Mineralquellen-Zeitung. Wien, September 1904. — Bäder-Almanach. 9. Aufl. Berlin 1904. — Deutsches Bäderbuch. Leipzig 1907.

Bad Höhenstadt.

Schwefel- und Schwefelmoorbad Höhenstadt in Niederbayern (343 m),
Station der Bahnlinie Passau—Pfarrkirchen.

Literatur: 1805. Joh. Bapt. Graf. S. 147/150. Höchenstädter Gesundbrunnen bei dem Kloster Fürstenzell in Unterbaiern. (Höchenstädtisches Gesundwasser, von Franz Anton Stebler. Ingolstadt 1772. — Beschreibung des Höchstädter Gesundbrunnen, von Andr. Mayer. — Parnassus Boicus.) — 1829. August Vogel. S. 46/50. — 1847. Vincenz Müller. S. 247/254. — 1875. J. Hirschfeld und W. Pichler, Die Bäder, Quellen und Kurorte Europas. Bd. 1, S. 437. Stuttgart. — 1882. Badprospekt von Dr. Leopold Winternitz. Linz. — 1894, Gümbel, Geologie von Bayern. S. 399.

Die Schwefelquellen von Höhenstadt sowie der Schlamm seiner Moorgründe werden seit mehr als 200 Jahren zu Heilzwecken verwendet. Die Quellen wurden im Jahre 1713 auf Veranlassung des Abtes Abundo von Fürstenzell gefaßt; letzterer ließ auch eine Badeanlage errichten; bald darauf gab der damalige Physikus in Vilshofen Andreas Mayer eine Beschreibung des Höhenstädter Gesundbrunnen heraus.

Qualitativ wurde das Mineralwasser im Jahre 1815 von dem Landgerichtsphysikus Dr. Fahrer in Straubing, im Jahre 1822 von Medizinalrat Nusshart und Professor Dr. Kayser[3] untersucht. Eine genauere Untersuchung führte im Jahre 1829 August Vogel aus, welcher in 1 Pfund Wasser 0,6 Kubikzoll Schwefelwasserstoff, 1,2 Kubikzoll Kohlensäure und 2,97 Gran feste Bestandteile fand.

Im Jahre 1830 gelangte das Bad in den Besitz der bayerischen Regierung und im Jahre 1841 ließ König Ludwig I. die primitiven Holzbauten durch ein stattliches Kurhaus ersetzen. 1871 ging Höhenstadt aus dem Eigentum des Staates in Privatbesitz über. Das Bad besitzt drei Schwefelquellen von ziemlich einheitlicher Zusammensetzung, welche stündlich eine Wassermenge von 170 Hektoliter mit einer Temperatur von 8°—10° R. liefern.

Die Tertiärschichten, aus denen die Quellen hervortreten, schließen strichweise Braunkohlenlager ein; auf die Schwefelkiesführung derselben dürfte der Schwefelgehalt der Quellen zurückzuführen sein. Schutzgebiet ist festgestellt.

---

[1] Bearbeitet von Dr. K. Oebbeke und Dr. A. Munkert.

[2] Die Abhandlungen „Mineralwasser in Niederbayern“ von Adolf Schwager und „die Gas- und Schwefelbrunnen im bayerischen Unterinngebiet“ von Franz Mönichsdorfer geben über Herkunft und Beschaffenheit der Quellen und Brunnen bezeichneten Gebietes eingehend Aufschluß. Geognostische Jahreshefte. Jahrg. XXIV, S. 193/207 und 233/257.

[3] Intelligenzblatt für den Unterdonaukreis. 1822, Nr. 36.

Analyse des Königsbrunnens.

Analytiker: Bergrat Karl v. Hauer, k. k. geologische Reichsanstalt in Wien.

Spezifisches Gewicht: 1,00098. Temperatur: 7°—8° R.

Ergiebigkeit: ca. 40 hl in der Stunde.

In 1 Kilogramm Mineralwasser sind enthalten:

a) an fixen Bestandteilen: Schwefelsaures Kali 0,005 g; schwefelsaures Natron 0,021; Chlornatrium 0,009; kohlensaures Natron 0,067; kohlensaurer Kalk 0,289; kohlensaure Magnesia 0,029; Summe der fixen Bestandteile 0,420 g;

b) an Gasen: Schwefelwasserstoff 0,0094 g; gebundene Kohlensäure 0,3980; freie Kohlensäure 0,0870 g.

Analyse des Parkbrunnens.

Analytiker: Bergrat Karl v. Hauer, k. k. geologische Reichsanstalt in Wien.

Spezifisches Gewicht: 1,00089. Temperatur: 7°—8° R.

Ergiebigkeit: ca. 60 hl in der Stunde.

In 1 Kilogramm Mineralwasser sind enthalten: a) an fixen Bestandteilen, Schwefelsaures Kali 0,004 g; schwefelsaures Natron 0,017; Chlornatrium 0,014; kohlensaures Natron 0,059; kohlensaurer Kalk 0,263; kohlensaure Magnesia 0,030; Summe der fixen Bestandteile 0,387 g; b) an Gasen: Schwefelwasserstoff 0,0105; gebundene Kohlensäure 0,2870; freie Kohlensäure 0,0810.

Die ziemliche Übereinstimmung in der Zusammensetzung der beiden Quellwässer berechtigt zu dem Schlusse, daß beide Quellen ein und demselben unterirdischen Reservoir entstammen.

Die dritte Quelle, der artesische Brunnen, mit 70 hl Schüttung in der Stunde enthält die gleichen chemischen Bestandteile, wie die beiden Hauptquellen, jedoch in etwas geringerer Konzentration.

Mit Rücksicht auf ihren Gehalt an freien Schwefelwasserstoff sind die Quellen als reine Schwefelwasserstoffquellen zu bezeichnen. Die Summe der aufgelösten fixen Bestandteile ist verhältnismäßig gering.

Ein weiteres Kurmittel stellt das Höhenstadter Moor dar, welches beständig, sowohl ober- wie unterirdisch, von Schwefelwasser durchtränkt wird. Beim Stagnieren des Wassers häufen sich nämlich Absätze und Schlamm an, welche in konzentrierter Form die schwer löslichen Bestandteile des Wassers sowie jene Stoffe enthalten, die sich unter Einwirkung von Luft durch allmähliche Zersetzung abscheiden.

Das Schwefelmoor enthält außer den organischen Stoffen beträchtliche Mengen Schwefel, Gips, kohlensauren Kalk und Magnesia, Kieselerde und etwas Eisenoxyd.

Die Höhenstädter Quellen werden zu Bädern und zu Trinkkuren verwendet.

Das Schwefel- und Schwefelmoorbad Pilsweg, eine halbe Stunde von Bad Höhenstadt entfernt, hat eine Schwefelquelle, welche den Quellen von Höhenstadt entspricht, aber eine größere Menge Erdgas enthält.

Stahl- und Moorbad Kellberg bei Passau.

Das Stahlbad Kellberg, 1 km östlich vom gleichnamigen Pfarrdorfe, 450 m, auf einem gegen die Donau abfallenden Ausläufer des bayerischen Waldgebirges gelegen.

Veranlassung zur Auffindung der Quelle im Jahre 1837 gaben die in der ganzen Umgegend ihres Austrittes angesammelten Eisenockerabsätze; als natürlicher artesischer Brunnen mit etwa 80 l Schüttung entspringt die Quelle in der Nähe des Badegebäudes. Schutzgebiet ist festgestellt.

Analyse der Quelle von Crawford in LIEBIGS Jahresbericht über die Fortschritte der Chemie 1857 S. 722. Die einfach kalte Quelle wird in Bad Kellberg zu Trink- und Badekuren verwendet.

Bad Salzbrunn bei Künzing.

Von der Jodquelle, die bereits VINCENZ MÜLLER (1847) erwähnt, liegen Analysen von Dr. WIRTH (1909) und Dr. SIEBER (1911) vor.

Analyse der Quelle.

Analytiker: Dr. SIEBER (Prof. Dr. WITTSTEINS Laboratorium München 1911).
Spez. Gewicht 1,00080 bei 15° C. Temperatur 19,0° C.

In 1 kg Mineralwasser sind enthalten: Schwefelsaurer Kalk 0,010048 g; Chlorcalcium 0,003806; Chlorkalium 0,025074; Chlornatrium 0,516794; Bromnatrium 0,000265; Jodnatrium 0,000600; doppeltkohlens. Natron 0,621450; doppeltkohlens. Kalk 0,042705; doppeltkohlens. Magnesia 0,053600; doppeltkohlens. Eisenoxydul 0,000556; doppeltkohlens. Barium 0,003846; doppeltkohlens. Strontium 0,004015; phosphorsaure Tonerde 0,000715; Kieselsäure 0,011400. Summe 1,294874.

Freie Kohlensäure 0,001496; Schwefelwasserstoff 0,000901; indifferente organische Substanzen 0,012637. Summe aller Bestandteile: 1,309908 g.

Die freien Gase: Schwefelwasserstoff und Kohlensäure betragen in Raumteilen bei 0° C. und 760 mm Barometerstand in 1000 ccm: Schwefelwasserstoff 0,59 ccm, freie Kohlensäure 0,76 ccm.

Das Bad ist mit modernen Einrichtungen und Anlagen für Kurgebrauch ausgestattet. Schutzgebiet ist ausgearbeitet.

B. Mineralquellen im Bereich des Fichtelgebirges.

Alexandersbad im Fichtelgebirge.

Stahl-, Moor- und Fichtelnadelbad (590 m), bei Wunsiedel, 20 Minuten von der Luisenburg entfernt. Bahnstation Markt-Redwitz.

Literatur: 1734. C. H. KEIL, Nachricht von dem Sichersreuther Sauerbrunnen. Wunsiedel. — 1753. R. C. WAGNER, Epistola de acidulis Sichersreuthensibus. Erlangen. — 1774. H. F. DELIUS, Nachricht von dem Gesundbrunnen bei Sichersreuth unweit Wunsiedel. Bayreuth. — 1785. Gründliche Nachrichten von dem Sichersreuther Heilbronnen bey Wunsiedel im Bayreuthischen. Hof. — 1803. F. HILDEBRANDT, Physikalische Untersuchung des Mineralwassers im Alexanderbad bei Sichersreuth in Franken. Erlangen. — 1817. GOLDFUSS und BISCHOF, Physikalisch-statistische Beschreibung des Fichtelgebirges. S. 103 ff. — 1819. Comte DE LAGARDE MESSENCE, Coup d'oeuil sur l'Alexandrebad et Louisenbourg dans le cercle du Haut-Mayn en Bavière. Munich. — 1829. AUGUST VOGEL. S. 25/27. — 1833. A. SOMMERER, Das Alexandersbad, die Luisenburg und die Umgebungen derselben. Wunsiedel. — 1841. FICKENTSCHER, Die Kaltwasser-Heilanstalt in Alexandersbad bei Wunsiedel. Bayreuth. — 1847. VINCENZ MÜLLER. S. 186/189. — 1875. F. HESS, Mineralbad Alexandersbad im Fichtelgebirge bei Wunsiedel. — 1879. GÜMBEL, Geognostische Beschreibung des Fichtelgebirges. S. 618 ff. GÜMBEL, Geologie von Bayern. S. 495, 530. — 1889. FRANZ KARL MÜLLER, Alexandersbad und seine Heilmittel. München. Stahlbad Alexandersbad im Fichtelgebirg (Badprospekte).

Die Stahlquelle wurde im Jahre 1734 von dem Bauern Wolf Brodmerkel im Wiesengrunde bei Sichersreuth entdeckt — daher der ältere Name Sichersreuther Quelle — und im Jahre 1741 gefaßt.

Den Namen Alexandersbad erhielt die Quelle nachdem Markgraf Alexander von Brandenburg-Bayreuth diese im Jahre 1783 neuerdings hatte fassen und Gebäulichkeiten zur Aufnahme der Kurgäste herstellen lassen. Im Jahre 1873 ging Alexandersbad aus dem Besitze des bayerischen Staates in Privatbesitz über.

Alexandersbad hat zwei kohlensäurereiche reine Stahlquellen nämlich die seit 1734 als Heilquelle benützte Königin-Luisen-Quelle und die im Jahre 1905 neuerbohrte Prinz-Ludwig-Quelle.

Ältere Analysen von Wagner 1752, Delius 1783, Hildebrand 1803, Fikentscher 1820, August Vogel 1829.

Analyse der Königin-Luisen-Quelle.

Analytiker: O. Lietzenmayer und H. Kellermann 1882 (Professor Dr. Wittsteins chem. Laboratorium München).

Spez. Gewicht 1,0010 bei 10° C. Temperatur 9,4° C. Ergiebigkeit 144 hl in 24 Stunden. — In 1000 Gewichtsteilen sind enthalten: Doppeltkohlens. Eisenoxydul 0,058552 g; doppeltkohlens. Manganoxydul 0,003169; doppeltkohlens. Natron 0,047970; doppeltkohlens. Kali 0,007398; doppeltkohlens. Kalk 0,257244; doppeltkohlens. Magnesia 0,154511; doppeltkohlens. Lithium in Spuren; doppeltkohlens. Strontium in Spuren; Chlorkalium 0,002595; schwefelsaurer Kalk 0,004814; phosphorsaurer Kalk 0,001288; Tonerde 0,000353; Kieselsäure 0,061892; Borsäure in Spuren; Bituminöse organische Substanz 0,002400. Summa der festen Bestandteile: 0,602186 g. Völlig freie Kohlensäure 1213,15 ccm. — Stickstoff 6,43 ccm.

Die im Gebiet des Phyllits in 3 m Tiefe entspringende Quelle hat neben doppeltkohlensaurem Eisenoxydul nur geringeren Gehalt fester Bestandteile und kann als reiner Eisensäuerling bezeichnet werden; diese Quelle sowie die Prinz-Ludwig-Quelle werden zur Trink- und Badekur, die in unmittelbarer Nähe von Alexandersbad sich vorfindende Moorerde (Eisenmoor) für Moorbäder verwendet.

König-Otto-Bad bei Wiesau.
Zwei Kilometer von der Station Wiesau entfernt (512 m).

Literatur: Flurls Geschichte der bayerischen und oberpfälzischen Gebirge. S. 410. — 1805. Joh. Bapt. Graf. S. 33/40. — 1809. Joseph von Destouches, Statistische Beschreibung der Oberpfalz. II. Abt., S. 410. Sulzbach. — 1829. August Vogel. S. 27/28. — 1843. Dr. Fr. Rud. Müller, Die Heilquellen des Ottobades bei Wiesau. Regensburg. — 1847. Vincenz Müller. S. 519/522. — 1868. Gümbel, Geognostische Beschreibung des ostbayer. Grenzgebirges. Gotha. S. 439. — 1879. Gümbel, Geognostische Beschreibung des Fichtelgebirges. Gotha. S. 618 ff. — 1897. R. Rosemann, Die Mineraltrinkquellen Deutschlands. S. 143. Greifswald.

Die Quellen vom Ottobad werden als Heilquellen schon seit Jahrhunderten benützt. Aus dem Jahre 1542 liegt eine Nachricht vor, daß die Wiesauer Quellen bereits bekannt waren und mit dem Egerer Wasser (Franzensbad) nicht nur gebraucht, sondern letzterem vielfach vorgezogen wurden.

Flurl bemerkt, daß die Wiesauer Quelle (die reine Stahlquelle bey Wiesau) sowohl an ihrem tintenartigen Geschmacke, als an ihren übrigen Bestandteilen

158

dem Eger-Sauerbrunnen gleicht. Unweit dieser Quelle kommt noch eine zweite Quelle zum Vorschein, welche aber, weil sie außer dem Gehalte von Eisenvitriol (kohlenstoffsaurem Eisen) eine Schwefelleberluft ausstößt, nur der Stinker („Stinker bey Wiesau") genannt wird.

Auch Vogel spricht von zwei Quellen in der Nähe von Wiesau, wovon die eine zum Trinken, die andere zum Baden gebraucht wurde; dieselben waren in Granit gefaßt, mit hölzernen Pavillons bedeckt und durch einen Säulengang miteinander verbunden.

Vincenz Müller erwähnt vier dem Staate gehörige Quellen in der Nähe von Wiesau sowie eine fünfte stark eisenhaltige in der Umgegend von Fuchsmühl; von diesen Quellen waren 1847 erst zwei — die Ottoquelle und der Strudel — gefaßt. Gegenwärtig stehen vier Quellen in Gebrauch, nämlich Ottoquelle, Sprudel, Wiesenquelle und Neue Quelle; die ersteren beiden sind in Granit, die letzteren in Holz gefaßt. Seit 1836 führen die Quellen bei Wiesau nach dem Könige von Griechenland den Namen König-Otto-Bad.

Ältere Analysen von Physikus Dr. Nobst 1668, von August Vogel 1824, von Bachmann und Wetzler, im Auftrage der Regierung von Fikentscher 1837, von Apother Arendt in Erbendorf 1842, von E. von Gorup-Besanez 1858 (Liebigs Annalen 1861, Bd. 119 S. 240).

Analysen der Quellen.

Analytiker: Dr. Hilger und Dr. Metzger in Erlangen (im Jahre 1890).

Temperatur: 10⁰ C.

In 10000 g Wasser sind enthalten:

	Sprudel	Ottoquelle	Wiesenquelle	Neue Quelle
Chlornatrium	0,09361	0,18782	0,07020	0,07020
Schwefelsaures Kalium	0,21660	0,13010	0,15627	0,16312
Schwefelsaures Natrium	—	0,09365	0,03328	—
Doppeltkohlensaures Natrium	0,91790	0,43150	0,56210	0,30820
Doppeltkohlensaures Kalium	0,05984	—	—	0,00557
Doppeltkohlensaures Lithium	0,01716	0,01760	0,01180	spektral-analyt. nachgewiesen
Doppeltkohlensaure Magnesia	0,99520	0,82870	0,40830	0,74800
Doppeltkohlensaurer Kalk	0,90000	0,72570	0,59460	0,40370
Doppeltkohlensaures Eisenoxydul . . .	1,28100	1,08200	0,71690	0,03503
Doppeltkohlensaures Manganoxydul . .	0,03201	0,05546	0,03034	0,04373
Aluminiumoxyd	0,00940	—	0,04800	—
Kieselsäure	0,77070	0.68480	0,87630	0,32430
Summe:	5,29342	4,23731	3,50819	2,10185
Gesamtkohlensäure	19,470	23,823	17,764	13,764
Freie und halbgebundene Kohlensäure .	18,472	22,872	17,067	13,273
Ganze und halbgebundene Kohlensäure .	2,535	1,906	1,394	0,982
Freie Kohlensäure	17,205	21,917	16,370	12,782
Schwefelwasserstoff	—	0,0058	—	—

Die Quellengase zeigen folgende Vol. % Zusammensetzung:

Kohlensäure	94,78	96,99
Sauerstoff	0,70	0.71
Stickstoff	4.49	2,33
Summe:	99,97 Vol. %	100,03 Vol. %

Die Ottoquelle ist eine arsenhaltige Quelle. In 10 g des bei 100° getrockneten Schlammes bezw. Eisenockers, welcher sich aus der Quelle abscheidet, sind enthalten = 0,004852 g Arsenige Säure.

In Berücksichtigung des Eisengehaltes sind der Sprudel, die Ottoquelle und die Wiesenquelle als einfache Eisensäuerlinge, die Neue Quelle als einfacher Säuerling zu bezeichnen; sie entspringen zerklüftetem phyllitischen Tonschiefer. Schutzgebiet ist festgestellt.

Die vier Quellen, von denen jede unter starkem Ausbruch gasförmiger Kohlensäure durchschnittlich 4 hl in der Stunde ausstößt, werden zu Bade- und Trinkkuren verwendet; Ottoquelle und Sprudel sind die wichtigsten derselben.

Infolge Durchdringung des moorigen Bodens durch aufsteigende Wässer und Gase findet sich in dem ganzen Gebiete des Beckens ein ausgedehntes Lager von Eisenmoorerde, welches ebenfalls schon seit vielen Jahren (1860) zu Heilzwecken eine weitgehende Verwendung findet.

Kondrauer Mineralwasser.

Literatur: 1792. FLURL, Geschichte der bayerischen und oberpfälzischen Gebirge. — 1805. JOH. BAPT. GRAF. S. 53/58. — 1809. JOSEF VON DESTOUCHES, Statistische Beschreibung der Oberpfalz. II. Teil. S. 411. Sulzbach. — 1829. AUGUST VOGEL. S. 29/30. — 1847. VINZENZ MÜLLER, S. 518/519. — GÜMBEL, Geologie von Bayern. S. 495.

Die Quelle entspringt bei dem Dorfe Kondrau in der Nähe von Waldsassen und war bereits FLURL und GRAF bekannt. Schon um die Wende des 18. Jahrhunderts war das Mineralwasser von Dr. MERKL in Waldsassen vielfach und mit gutem Erfolge verordnet worden. VOGEL gibt an, daß die Quelle in Granit gefaßt und mit einer hölzernen Kuppel bedeckt war. 1855 wurde die Quelle nach den Angaben des Oberbergrates v. KNORR in große Granitsteinkränze gefaßt. Schutzgebiet ist festgestellt.

Analysen liegen vor von FLURL, GRAF, VOGEL, WETZLER, Apotheker BACHMANN und Gerichtsarzt Dr. FISCHER. Die drei erstgenannten gaben einen geringen Gehalt an Eisen an, während die letzteren einen Eisengehalt nicht nachweisen konnten; auch die neueste Analyse hat das gänzliche Fehlen von Eisen bestätigt.

Analyse des Kondrauer Mineralwassers.

Analytiker: K. K. geologische Reichsanstalt in Wien.

Temperatur: 6° R.

In 1 Kilogramm Mineralwasser sind enthalten: Schwefelsaures Kali 0,1023; schwefelsaures Natron 0,1556; Chlor-Natrium 1,8778; kohlensaures Natron 0,5301; phosphorsaure Tonerde 0,0092; kohlensaure Kalkerde 0,3920; kohlensaure Magnesia 0,2224; Kieselsäure 0,0219; Kohlensäure 2,2346.

Das Kondrauer Mineralwasser entspringt in einem zum Waldsassener Basaltgebirge gehörigen, bei Kondrau gelegenen Talkessel aus Tonschiefergestein; wegen seines Wohlgeschmackes und Leichtverdaulichkeit ist es als Fürstenbrunnen, nun Prinz-Ludwig-Quelle, ein geschätztes Tafelgetränke.

Interessante Angaben aus dem 17. Jahrhundert über die Wichtigkeit der oberpfälzischen Mineralwässer hat JOH. BAPT. GRAF veröffentlicht (1805 S. 333).

Jos. v. Destouches (1809) zählt acht Quellen des Stiftes Waldsassen auf, nämlich die Stahlquelle bei Wiesau, der Stinker bei Wiesau, die Quelle zu Hardeck bei Albenreuth (die Granitfassung trägt Jahreszahl 1693), die Quelle bei Fuchsmühl, die Kondrauer Mineralquelle, die Quellen bei Füchsen, bei Eckhartsgrün und bei Gosel.

C. Mineralquellen im Bereich des Frankenwaldes.

Bad Steben.

Das Staatliche Stahl- und Moorbad Steben (581 m) ist Station der Lokalbahn Hof—Marxgrün—Bad Steben.

Literatur: 1822. Spörl, Nähere Beschreibung des Bades Steben. — 1829. August Vogel. S. 22/24. — 1833. Reichel, Über die Eigentümlichkeiten der Stahlquellen Stebens in pharmacodynamischer Hinsicht. Hof. — 1847. Vinzenz Müller. S. 189/227. — 1850. E. v. Gorup-Besanez. Liebigs Annalen. Bd. 79. S. 50. — 1866. E. Klinger. Bad Steben, seine Umgebung und seine Heilmittel. — 1873. E. Reichardt, Archiv für Pharmazie. Bd. 202. S. 127. — 1879. Gümbel, Geognostische Beschreibung des Königreichs Bayern. Bd. III. Das Fichtelgebirge, S. 620. — 1887. Braun, Lehrbuch der Balneotherapie. S. 465. — 1889 Eduard Spaeth, Beiträge zur Kenntnis der hydrographischen Verhältnisse von Oberfranken mit spezieller Berücksichtigung des Frankenwaldes und Fichtelgebirges. Mitteilungen aus dem pharmazeutischen Institute und Laboratorium für angewandte Chemie der Universität Erlangen von A. Hilger. — 1893. M. Stifler, Bad Steben für Kurgäste und Ärzte. Hof. — 1893. Geschichte des Bades Steben. — 1894. Gümbel, Geologie von Bayern. Bd. II. S. 495. S. 562. — Winkler, Führer durch Bad Steben mit ärztlichen Winken für Kurgäste. Hof. — 1910/11. Denkschrift über die staatlichen Bäder in Bayern. Landtagsverhandlungen-Beilage.

Die Stebener Mineralquellen werden 1433 zuerst urkundlich erwähnt und seit dem 17. Jahrhundert zu Heilzwecken benutzt; anfänglich war nur ein Brunnen gefaßt, als sich aber seit 1802 die Gäste mehrten, wurde ein zweiter Brunnen gebaut; die Moorerde wird seit 1827 verwendet. Schutzgebiet ist festgestellt.

Ältere Analysen: August Vogel 1824, Raab 1829, Bachmann 1829, E. v. Gorup-Besanez 1850/51, E. Reichardt 1874.

Analysen der Tempel- und Wiesenquelle.

Analytiker: Ed. Spaeth 1889.

Temperatur: 13,0°.

Schüttung der Tempelquelle 42 Minutenliter, der Wiesenquelle 13 Minutenliter.

In 1000 g sind enthalten:

	Tempelquelle	Wiesenquelle
Chlornatrium	0,00409 g	0.00247 g
Schwefelsaures Natron	0,00515 g	0,00124 g
Schwefelsaures Kali	0,00105 g	0,00923 g
Doppeltkohlensaures Natron	0,05210 g	0,06540 g
Doppeltkohlensaures Eisenoxydul	0,06229 g	0,05530 g
Doppeltkohlensaures Manganoxydul . . .	0,00403 g	0,00340 g
Doppeltkohlensaurer Kalk	0,32420 g	0,37500 g
Doppeltkohlensaure Magnesia	0,13400 g	0,12540 g
Kieselsäure	0,06289 g	0,06014 g
Phosphorsäure, Tonerde und doppeltkohlensaures Lithion	Spuren	Spuren
Summa	0,64980 g	0,69758 g
Freie Kohlensäure	2,726 g	2,2167 g
	= 1382,9 ccm	= 1124,6 ccm

Das den beiden Quellen frei entströmende Gas enthält in 1000 ccm Kohlensäure 869,3 bzw. 833,5 ccm; Stickstoff 126,2 bzw. 159,7 ccm; Sauerstoff 5,0 bzw. 6,7 ccm.

Die Analysenresultate von Spaeth (1889) weichen von jenen von Reichardt (1871) wesentlich ab (Bohrlochprofile der Tempel- und Wiesenquelle s. Spaeth S. 180).

Die Quellen kommen aus Klüften in devonischen Grünsteinen hervor. In Berücksichtigung ihres Gehaltes an Eisen und löslichen Bestandteilen sind die Quellen als reine Eisensäuerlinge zu bezeichnen.

Das Wasser wird zum Trinken, Baden und Duschen benutzt. Eine hohe Konstanz des Kohlensäuregehaltes soll besonders den Stahlbädern von Steben eigen sein und dieselben vor ähnlichen Quellen auszeichnen; so wurde festgestellt, daß ein gewärmtes Stahlvollbad bei 32,5° C. noch 1000 ccm Kohlensäure im Liter, also 100 Volumenprozente enthält, und daß nach halbstündiger Badedauer die Kohlensäure nur um ein Fünftel vermindert ist.

Ein zweites Hauptkurmittel bietet das Eisenmoor (Moorerde und Mineralchlamm), das sich besonders in der Richtung gegen Obersteben in großen von Stahlquellen durchsetzten Lagern befindet.

Der Eisenmoor hat eine schwarze kohlige Farbe, fühlt sich fettig seifenartig an und besitzt einen eigenartigen bituminösen Geruch; das Material ist reich an organischen Substanzen, welche in einem fortschreitenden Zersetzungsprozesse begriffen sind, wodurch eine ununterbrochene Kohlensäureentwicklung in der Masse erhalten bleibt. Die Quellen, Gebäude und Grundstücke sind Eigentum des bayerischen Staates.

Stahlquelle Höllensprudel.

Literatur: Dr. Ernst Hintz, Chemische Untersuchung der Stahlquelle des Höllensprudels zu Hölle bei Bad Steben. Abhandlungen d. Naturhist. Gesellsch. XV. Bd. H. 2. Nürnberg. — Internationale Mineralquellenzeitung. 1902. Nr. 58.

In der Nähe der Station Hölle im oberfränkischen Höllental bei Marxgrün wurde im Frühjahre 1902 nach fast halbjähriger, sehr schwieriger Bohrarbeit ein mächtiger, stark kohlensäurehaltiger Sprudel erbohrt, der den Namen „Höllensprudel“ erhielt. Anlaß zu dieser Bohrung gab das von alters her bekannte, im Höllental nicht seltene Auftreten von Eisensäuerlingen. Nach Gümbels[1] Ansicht stehen die Säuerlinge des Höllentals in genetischem Zusammenhange mit den häufigen, in der Gegend vorkommenden Eisenerzgängen. Auf tief in das Innere des Gebirges hinabreichenden Spalten, denen auch die Erzgänge ihren Ursprung verdanken, steigen die Säuerlinge gewöhnlich an solchen Stellen ans Tageslicht empor, wo die Erzgänge eine Talsohle durchqueren.

Die Tiefe des Bohrlochs beträgt 262 m. Die oberste Schicht bis zu 12 m bildet stark ockerhaltiges, lehmiges Flußgeröll, das in den das ganze Gebirge bildenden Diabastuff übergeht. Die Fassung des Sprudels ist in Zement ausgeführt, die Verrohrung in Kupfer.

---

[1] Gümbel, Geologische Beschreibung von Bayern 1894, S. 562.

Analyse der Stahlquelle des Höllensprudels.

Analytiker: E. Hintz 1902.

Spezifisches Gewicht: 1,001458 bei 16,25° C. Temperatur 14,5° C. (in dem Steigrohre gemessen). Ergiebigkeit: 6480 hl in 24 Stunden.

In 1 Kilogramm Mineralwasser sind enthalten:

α) In wägbarer Menge vorhandene Bestandteile: Doppeltkohlensaurer Kalk 0,954512 g; doppeltkohlens. Magnesia 0,200304; doppeltkohlens. Eisenoxydul 0,047026; doppeltkohlens. Manganoxydul 0,002329; doppeltkohlens. Zinkoxyd 0,000123; doppeltkohlens. Nickeloxydul 0,000090; doppeltkohlens. Kobaltoxydul 0,000024; doppeltkohlens. Natron 0,029588; doppeltkohlens. Lithion 0,000149; schwefelsaures Natron 0,004180; schwefelsaures Kali 0,003239; Chlornatrium 0,003493; Jodnatrium 0,0000005; salpetersaures Natron 0,001365; phosphorsaures Natron 0,000136; arsensaures Natron 0,000029; Titansäurehydrat 0,000022; Kieselsäurehydrat 0,121942; Summe 1,3685515 g. Kohlensäure, völlig freie 2,599311 g. Summe aller Bestandteile = 3,9678625 g.

β) In unwägbarer Menge vorhandene Bestandteile: Kohlensaures Kupferoxydul; borsaures Natron.

Auf Volumina berechnet, beträgt bei der im Bassin gemessenen Temperatur 14,5° C. und Normalbarometerstand in 1000 ccm Wasser

α) die völlig freie Kohlensäure 1386,39 ccm,

β) die freie und halbgebundene Kohlensäure 1567,46 ccm.

Das Wasser des Höllensprudels ist ein schwach alkalisches, an freier Kohlensäure reiches, Sulfate und Chloride der Alkalimetalle kaum enthaltendes Stahlwasser, welches einen relativ erheblichen Gehalt an kohlensauren alkalischen Erden besitzt.

Bei diesem Eisensäuerling treten die kohlensauren alkalischen Erden stärker hervor als bei den nahegelegenen alkalischen Stebener Eisensäuerlingen, denen genannte Quelle im Gehalt an kohlensaurem Eisenoxydul und im Reichtum an freier Kohlensäure nahesteht.

Max-Marien-Quelle bei Langenau in Oberfranken
(etwa 1¹/₂ Stunden von Bad Steben entfernt).

Literatur: 1829. August Vogel, S. 33/34. Bad Langenau. — 1854. Liebigs Annalen. Bd. 89. S. 225. — 1889. Eduard Spaeth, Beiträge zur Kenntnis der hydrographischen Verhältnisse von Oberfranken mit spezieller Berücksichtigung des Frankenwaldes und des Fichtelgebirges. Inaug.-Dissertat. München. (Mitteilungen aus dem pharmazeutischen Institute Erlangen.)

In südwestlicher Richtung von Untersteben unter den Ruinen des alten Schlosses Burgstein entspringt am südlichen Talabhange der Langenauer Sauerbrunnen, welcher schon seit langer Zeit bekannt ist und den Stebener Quellen nahesteht.

Zum Andenken an den Besuch des Königspaares wurde die im Jahre 1854/55 neugefaßte Quelle Max-Marien-Quelle benannt; sie ist Eigentum des bayerischen Staates und gehört zum Bad Steben.

Ältere Analysen von August Vogel 1824/26 und E. v. Gorup-Besanez 1852.

Analyse der Max-Marien-Quelle.

Analytiker: Ed. Spaeth 1888.

Temperatur 11,25° C. Schüttung 10 Minutenliter.

In 1000 ccm Wasser sind enthalten: Schwefelsaures Kalium 0,01209 g; Chlorkalium Spur; Chlornatrium 0,00585; kohlens. Natron 0,03500; kohlens. Lithium 0,00825; kohlens. Kalk 0,95400; kohlens. Magnesia 0,16250; kohlens. Eisenoxydul 0,02350; Kieselsäure 0,0895; Summa 1,29069 g. Gesamtkohlensäure 3,27 g.

1000 ccm des der Quelle frei entströmenden Gases bestehen aus 911,0 ccm Kohlensäure; 87,5 ccm Stickstoff; 1,2 ccm Sauerstoff; Summe 999,7 ccm.

Das Wasser der aus einer Felsspalte des schwärzlichgrauen Tonschiefers entspringenden Quelle ist ein lithionhaltiger erdiger Eisensäuerling, der erfrischend schwach eisenhaft schmeckt.

Die ockerigen Absätze am Ausflusse der Quelle wurden von Gorup-Besanez und Ed. Spaeth untersucht; sie enthalten in größerer Menge Eisenoxyd, Kalk, Magnesia, Kohlensäure und Kieselsäure neben Alkalien, in Spuren Mangan, Tonerde, Phosphorsäure.

In der älteren Literatur fanden noch vielfache Erwähnung die Quelle zu Bibersbach, die Quelle bei Grünhaid (in der Nähe von Selb), die Quelle bei Weißenstadt (Gefrees), der Sauerbrunnen an der Seeloh bei Fichtelberg, die Karolinenquelle in Hohenberg a. d. Eger. Manche dieser Quellen sind nun verschüttet bzw. verfallen.

Phosphorit.[1]

Die Phosphoritvorkommen in den Oberpfälzer Basalten haben bis jetzt keine praktische Ausbeute erfahren. Der Phosphorit tritt in Form von Gängen, als Ausfüllung kleinerer Hohlräume oder auch als Belag zwischen den Basaltsäulen auf. Richarz,[2] dessen Angaben hier als Unterlage dienen, kommt zu dem Schluß, daß es sich nicht um Auslaugungs- oder Verwitterungsprodukte des Basaltes handelt, sondern um Neubildungen, welche von heißen aus der Tiefe aufsteigenden phosphorsäurehaltigen Quellen abgesetzt wurden. Gegen die Deutung eines Verwitterungsproduktes spricht vor allem die Beobachtung, daß der Phosphoritbelag sich an einzelnen Stellen zwischen völlig frischen Basaltsäulen findet und daß die sich an Phosphoritgänge anschließenden zersetzten Basalte sogar phosphorsäurereicher sind.

Im Basaltbruch von Groschlattengrün füllt der Phosphorit die Zwischenräume zwischen den Basaltsäulen als etwa 1 cm dicke Lagen aus und dringt gelegentlich auch in Form von Knollen in Hohlräume ein. Die weiße oder gelbliche Masse besteht nach einer im Oberbergamt München ausgeführten Analyse hälftig aus Phosphorit und Kalkspat mit Quarz. Die Analyse ergab:

In HCl unlöslich 31,47%, davon SiO_2 26,64%, $Al_2O_3 + Fe_2O_3$ 2,51%, MgO 1,64%. Der lösliche Teil enthält P_2O_5 21,23%, CaO 37,57%, MgO 1,61%, Glühverlust 7,78%.

---

[1] Bearbeitet von Dr. A. Wurm.

[2] Die Basalte der Oberpfalz. Zeitschr. d. Deutschen geolog. Gesellsch. Bd. 72, Jahrg. 1920, Abhandl. 1/2.

Das Gemenge hat also einen ziemlich erheblichen Phosphoritgehalt und nur einen geringen Gehalt an Eisen, Aluminium und Magnesium.

Im Tuff des Basaltbruches von Triebendorf findet sich weißlicher oder grünlicher Phosphorit, der manchmal noch deutliche Holzstruktur erkennen läßt. Wie eine Analyse zeigt, enthalten diese phosphoritisierten Hölzer $41,19\,^0/_0$ P_2O_5 und $53,49\,^0/_0$ CaO, bestehen also aus fast reinem Phosphorit.

In der Nordwand des Triebendorfer Bruches tritt Phosphorit auch gangartig im Basalt auf. Zu beiden Seiten eines Ganges, der bis 50 cm mächtig werden kann, ist der Basalt tiefgehend zersetzt und mit Phosphorit durchtränkt. Phosphorit und Zersetzungszone sind etwa 1 m breit. Diese Zersetzung ist auf die Wirkung der phosphorsäurehaltigen heißen Quellen zurückzuführen. Weiter nach Osten setzt an derselben Bruchwand noch ein zweiter aber nur wenige Zentimeter mächtiger Gang durch. Auch im hinteren Triebendorfer Bruch (Hinterbühl) stieß man beim Abbau auf stark zersetzten porösen Basalt. Die Poren des Gesteins sind mit Phosphorit und Magnalit, einem Kieselsäuregel, erfüllt. Der Basalt ist durch die heißen Quellen ausgelaugt worden und in den Auslaugungsporen haben sich dann Phosphorit und Magnalit ausgeschieden.

Im Basaltbruch der Steinmühle findet sich Phosphorit aber weniger als Zwischenmasse zwischen den Säulen, als vielmehr als Imprägnationsmasse im völlig zersetzten Basalt, der in unregelmäßig begrenzten Partien im frischen Basalt auftritt. Hier konzentriert sich der Phosphoritgehalt auch in größeren oder kleineren Putzen oder Adern. Der Phosphoritgehalt betrug in einer Probe des grauen Zersetzungsproduktes $1,4\,^0/_0$ (Bestimmung von RICHARZ). Die Phosphoritzone quert in O.-W.-Richtung den ganzen Bruch. Zusammen mit dem Phosphorit tritt auch hier das Silikatgel Magnalit auf.

In dem Basaltbruch am Steinwitzhügel kommen Phosphorite in großer Verbreitung vor, teils als Ausfüllung der Säulen, teils als Gänge. Ein phosphoritähnliches Gemenge enthielt nach WALDECK $31,68\,^0/_0$ P_2O_5. Phosphoritgänge mit nur einigen Zentimetern Mächtigkeit, aber ziemlich hohem Phosphoritgehalt setzen an der Nordwand des alten Steinbruches senkrecht durch den Basalt und sind auch hier von einer Zone zersetzten Basaltes umgeben.

Zwei Phosphoritvorkommen erwähnt schon GÜMBEL im Untergrund der Braunkohlenablagerung von Schindellohe bei Pilgramsreuth und auf der Sattlerin bei Fuchsmühl. Bei Schindellohe[1]) tritt im Liegenden des Braunkohlenflözes mit zersetzter Basalterde verunreinigter Phosphorit in einer 0,05—0,1 m mächtigen Lage auf, an der Sattlerin wurde weißer erdiger Phosphorit in unregelmäßig verteilten Nestern und Putzen im Basalttuff angetroffen. Das Vorkommen an der Sattlerin hat neuerdings im Kriege wieder zu Abbauversuchen Anlaß gegeben; eine Analyse von Dr. ADOLF SPENGEL weist hier sehr hochprozentischen Phosphorit nach, bei nur geringem Gehalt an Eisenoxyd und -oxydul und kohlensaurem Kalk.

---

[1]) Vgl. auch NAUCK, Über einen neuerlich bekannt gewordenen Basaltdurchbruch bei Pilgramsreuth in der bayerischen Oberpfalz und über das dortige Vorkommen von Phosphorit. Zeitschr. d. Deutschen geol. Gesellsch. II. 1850, S. 39 und Neues Jahrb. f. Min. 1858, S. 822.

P_2O_5 36,96%, CaO 48,30%, SiO_2 3,35%, Fe_2O_3 3,12%, FeO 0,79%, Al_2O^3 1,93%, CO_2 3,66%, H_2O hygrosk. 1,78%, zusammen 99,89%. Phosphorit ($Ca_3P_2O_8$) 80,72%. $CaCO_3$ 8,33%, $FeCO_3$ 1,27%, unlösl. Kieselsäure 2,78%, lösl. Kieselsäure 0,57%. Eisenoxyd 3,12%, Tonerde 1,93%, Wasser 1,78%, zus. 100,50%.

Leider sind alle die Vorkommen, wie schon GÜMBEL hervorhebt, zu wenig mächtig und meist auch zu unregelmäßig verteilt, um einen lohnenden Abbau zu versprechen.

Quarz.[1])

Der Quarz besitzt ein hervorragendes Interesse für industrielle und straßenbautechnische Zwecke und ist weitverbreitet in Bayern, speziell im Bereiche der kristallinischen Gebirgsformation. Nach der Art seines geologischen Vorkommens, die auch gewisse Unterschiede in den Eigenschaften bedingt, unterscheidet man Pegmatitquarz vom Gangquarz und von den sedimentären Quarzgesteinen.

Abbildung 24.

Kreuzberg in Pleystein.

Der Pegmatitquarz, wie er sich im Bayerischen und Oberpfälzer Walde und im Fichtelgebirge findet, zeigt auf dem muschlig-splitterigen Bruche einen charakteristischen Fettglanz und tritt fast durchgängig als durchscheinend weißer bis graulicher Fettquarz oder als weißlich getrübter Milchquarz und nur an einigen Stellen (Hühnerkobel bei Zwiesel, Pleystein) als licht rosagefärbter Rosenquarz auf. Als technisch reinste und beste Qualität des Quarzes war er für die bodenständige Glasindustrie des Bayerischen Waldes stets ein gesuchtes Rohmaterial und diesem Umstande verdanken auch eine Reihe altbekannter Pegmatitaufschlüsse ihren Abbau und ihre mineralogische Berühmtheit.

Das gleichzeitige Vorkommen mit Feldspat gestaltet den gemeinsamen Abbau beider Mineralien besonders vorteilhaft. Es kann auf die Besprechung des Feldspates (S. 80) verwiesen werden und die gleichen Fundstellen, die für dieses Mineral angegeben wurden, sind also auch maßgebend für den Pegmatitquarz; eine Aufzählung kann daher unter Beziehung auf die S. 82 gegebenen Fundorte unterlassen werden.

---

[1]) Bearbeitet von Dr. H. LAUBMANN.

166

Der Unterschied der Pegmatite des Bayerischen und des Oberpfälzer Waldes
von denen des Fichtelgebirges in ihrer Ausbildung und Mineralführung wurde
bereits beim Feldspat hervorgehoben. Hier sei nur noch darauf hingewiesen,
daß die pegmatitischen Quarzmassen des Bayerischen und Oberpfälzer Waldes
oft in recht ansehnlichen Dimensionen auftreten. Ein derartiger Felsen aus
typischem Pegmatitquarz ist der Kreuzberg in Pleystein, der, von einer
Kirche und Klosteranlage gekrönt, dem ganzen Landschaftsbild einen besonderen
Reiz verleiht und zudem noch durch die Führung charakteristischer Phosphat-
mineralien wie Triplit, Stengit, Phosphosiderit etc. ausgezeichnet ist. (Vgl. Abbildung S. 166.)

Von den Vorkommnissen an Gangquarz nimmt in Bayern der Pfahl eine
besondere Stelle ein, ein etwa 150 km langer, ziemlich genau SO.—NW.
streichender Quarzgang, welcher von Freyung bei Passau bis gegen Freihung
in der Oberpfalz verfolgt werden kann. Der Pfahlquarz bildet in dem langen

Abbildung 25. phot. Arndt.

Pfahl, Ruine Weißenstein.

Streichen eine ziemlich große Reihe hervorragend schöner Felspartien, welche
als Naturdenkmäler geschützt werden müssen. Außerdem aber kommt das Material
in zum Teil sehr mächtigen Massen vor, welche schon heute steinbruchartig
hauptsächlich auf Straßenschotter ausgebeutet werden, deren Verwertung aber
zweifellos noch sehr gesteigert werden kann.

Der Pfahl, der in seinen oft haushohen weißen Felsriffen der Landschaft einen
ganz einzigartigen oft gespensterhaften Charakter verleiht, durchsetzt in seinem
ganzen Verlauf die verschiedenartigsten Gesteine, die im großen und ganzen ihren
jeweiligen charakteristischen Mineralbestand beibehalten, dabei aber mechanisch
stark verändert sind. Der brekziöse Charakter und die Struktur dieser Nebengesteine des Pfahles, der sogen. Pfahlschiefer, Pfahlgneise und Pfahlhällaflinta
weisen auf eine tiefgehende Zertrümmerung und Zermalmung hin, die nur als
Folge einer starken tektonischen Störung entstanden sein kann. Dazu kommt
noch, daß der Pfahlquarz in seiner äußeren Beschaffenheit sowohl wie auch in
seiner inneren Struktur vollständig verschieden vom Pegmatitquarz und von den
ursprünglich sedimentären Quarziten ist. Die Entstehung des Pfahles ist daher
auf eine Bruchspalte zurückzuführen, die sekundär durch thermale Tätigkeit mit
Quarz ausgefüllt wurde. Von seinem Hauptzuge zweigen ab und zu seitliche

Nebenzüge ab oder es findet auf kürzere Strecken, wie z. B. bei Moosbach
Gabelung statt. Außerdem ist die Umgebung des Pfahls noch von einer großen
Anzahl kleinerer annähernd parallel verlaufenden Spalten, welche die gleichen
Erscheinungen aufweisen, durchsetzt.

Der Pfahlquarz selbst ist ein matt und splitterig brechendes Gestein, von
weißer, grauer oder rostiger Farbe, häufig von ganz brekzienartigem Aussehen.
Er besteht fast ausschließlich aus Quarz, hat nicht den Fettglanz des Pegmatitquarzes und zeigt nur höchst selten trübe Kristalldrusen auf Klüften. Von Beimengungen trifft man häufiger Infiltrationen von dentritischen oder traubig-
nierenförmigen Eisen- und Manganoxydhydraten, selten auch Butzen und Überzüge
eines Steinmark-ähnlichen Minerales. Er zeichnet sich durch ganz besondere

Abbildung 26.   phot. Arndt.
Pfahl bei Viechtach mit Quarzschotterwerk.

Sprödigkeit aus und ist daher, auch wenn er nicht allzusehr zerklüftet ist, leicht
zu zerkleinern.

Wenn einerseits die Forderung gestellt werden muß, den Pfahl als eines der
hervorragendsten Naturdenkmäler des Bayerlandes, ja von ganz Deutschland, an
den Stellen seiner schönsten Entwicklung, wie bei Viechtach, Moosbach, am
Weissenstein und mehreren anderen Orten, durch staatlichen Schutz unversehrt
zu erhalten, so sollten auf der anderen Seite die weniger schönen Partien schon
im volkswirtschaftlichen Interesse für die bautechnische und industrielle Verwertung unbehindert ausgenützt werden. Obwohl der Pfahlquarz seiner außerordentlichen Spröde und starken kataklastischen Beschaffenheit wegen nur ein
schlechtes Straßenmaterial darstellt, das wenig verbandfeste und durch den Quarz-
staub lästige Straßen liefert, hat er doch von altersher eine ausgedehnte Verwendung als Straßenschotter in den anliegenden Bezirken des Bayerischen
Waldes gefunden. An einigen Stellen, wie bei Viechtach und bei Altrands-
berg, wird er ohne Rücksicht auf seine Reinheit abgebaut und durch Schotter-
werke für die Zwecke der elektrochemischen Industrie und Kunststeinfabrikation
zubereitet.

168

Wo er sich als rein weißes Material findet, wie am Weissenstein und gegen
Falkenstein zu, wurde er ehemals zur Glasfabrikation verwendet. Auch heute
steht dieser Verwendung, sowie einer solchen in den verschiedenen Zweigen der
keramischen Industrie, nichts entgegen und es wäre volkswirtschaftlich nur zu
begrüßen, wenn dieses heimatliche Material diesen Industrien von neuem wieder
zugeführt würde. Ohne Zweifel lassen sich im Bereich des ganzen Quarzzuges
Stellen ausfindig machen, die genügend Material von der erforderlichen Reinheit
liefern und so den Pfahlquarz einer vielseitigeren und umfangreicheren Verwendung zuführen als seither.

Die Quarzfelsbildungen der sogen. metamorphen Schiefer treten besonders in den Phylliten zwischen den Schichten entweder in konkordanten
Linsen oder in unregelmäßigen Butzen, in den ausgedehntesten Massen aber
als weit ins Feld streichende Gänge von oft stundenlanger Ausdehnung auf.
Den letzteren ist im südlichen Teil des Gebietes ein gemeinsames Streichen von
SO. nach NW., das an dasjenige des Pfahles erinnert, eigentümlich; im nördlichen, in welchem solche aushaltende Quarzgänge aber seltener sind, erscheinen
sie zumeist dem Erzgebirgstreichen parallel von SW. nach NO. streichend.
Äußerlich zeichnet sich dieses trübe weiße Quarzmaterial durch dichte Beschaffenheit und einen matten splitterigen Bruch aus. Auch ihm fehlt der Fettglanz des Pegmatitquarzes. Durch Eisenoxydhydrate ist es vielfach mehr oder
weniger bräunlich gefärbt und häufig auch durch dünne Überzüge von Glimmer
oder Chlorit verunreinigt. Wenn man von dem Auftreten von Eisenglimmer,
wie er sich bei manchen Quarzgängen in der Nähe des Fichtelgebirges einstellt,
absieht, so fehlen ähnlich wie beim Pfahlquarz jedwede Erze.

Die hierher gehörigen Quarzfelsbildungen treten bereits vereinzelt und in
geringer Ausdehnung im unteren Bayerischen Wald in der Gegend von Passau,
zwischen Iggensbach und Hals auf und wiederholen sich in der Nähe von
Schwarzach unweit Bogen, wo sie als Straßenmaterial ausgenützt wurden. Im
oberen Bayerischen Walde sind es besonders die Quarzgänge am Westgehänge
des Hohen - Bogens, die als schwache Ausläufer mächtiger Gänge auf der
böhmischen Seite anzusehen sind.

Das Hauptverbreitungsgebiet dieser Quarzbildungen aber ist der Oberpfälzer
Wald, der in seiner ganzen Ausdehnung in nordwestlicher Richtung bis in die
an das zentrale Fichtelgebirge grenzenden Ausläufer von zahllosen Gängen, die
stellenweise stundenlang verfolgt werden können, durchsetzt wird. So streicht
ein ansehnlicher Quarzgang nahe der böhmischen Grenze von Eslarn über Pfrentsch
nach Waidhaus und von Vohenstrauß über Waldthurn nach Floß treten derartige
Gänge bereits in größerer Anzahl auf. Speziell die Phyllitgneise der Umgebung
von Floß und Neustadt an der Waldnaab sind reich an Einlagerungen abbauwürdigen Quarzes. Im weiteren Verlauf der Nordweststreichrichtung durchsetzen
dann diese Quarzgänge, die zum Teil schon etwas Eisenglimmer führen, das
Gebiet des Tirschenreuther Waldes zwischen Tirschenreuth—Beidl—Windisch-
eschenbach geradezu massenhaft. Zweifellos ist ein Teil derselben, wie neuerdings festgestellt wurde, den Pegmatitgängen zuzuzählen. Ihre Fortsetzung zeigt

sich bei Napfberg und an der Hohen Hard im Steinwald, und im Hirschberger Wald bei Ebnath zeigen sich die letzten Ausläufer im Phyllit des Fichtelgebirges. Das letztere weist derartig sich weithin erstreckende Quarzgänge nur in geringer Verbreitung auf. In seinen Phylliten sind zwar linsenförmige Quarzmassen, die bei ihrer Auswitterung als Quarzknauern auf weite Strecken verbreitet liegen ziemlich häufig und werden auch, obwohl ihre Zahl nicht sehr bedeutend ist, durch Aufsammeln für die keramische Industrie nutzbar gemacht.

Auf die wirtschaftliche Bedeutung der gangförmigen Quarzbildungen in den metamorphen Schiefern des Oberpfälzer Waldes ist bis jetzt wenig hingewiesen worden. In den zu Tage tretenden, meist durch die Sickerwässer etwas rostfarbig gewordenen Partien haben sie wohl nur Bedeutung für den lokalen Straßenbau. Ohne Zweifel aber lassen sich leicht und genügend Stellen zum Abbau ausfindig machen, die einwandsfreies, weißes und für die Zwecke der keramischen, Glas- und chemischen Industrie geeignetes Quarzmaterial liefern. Besonders die Gegenden um Floß und die zwischen Tirschenreuth und Windischeschenbach (der Tirschenreuther Wald) sind meines Erachtens reich an derartigem Material. So hat man in neuester Zeit versucht, die in der Gegend von Püllersreuth bei Windischeschenbach häufig auftretenden Quarzknauern, die ein keramisches Rohmaterial von vorzüglicher Beschaffenheit sind, nutzbar zu machen.

An sedimentären Quarzen, die einer entsprechenden Verwertung fähig wären, ist Bayern arm und mehr der Vollständigkeit halber sei hier nur der Kieselschiefer in den silurischen Schichten Nordbayerns und der Hornsteinkonkretionen im fränkischen Jura und Muschelkalk gedacht.

Die Kieselschiefer und Lydite, jene außerordentlich dichten, meist schwarz gefärbten und von zahlreichen Quarzäderchen durchzogenen Gesteine, wie sie in der Gegend von Hof, Steben, Ludwigsstadt und an mehreren Orten so häufig aufgeschlossen sind, zeigen eine sehr wechselnde Zusammensetzung. Sie sind oft stark durch tonige Gemengteile oder Kiesimprägnationen nachteilig verunreinigt und dies mag wohl der Grund sein, warum sie außer für den lokalen Straßenbau keine weitergehende Bedeutung erlangen konnten. Geringfügig ist ferner noch ihre Verwendung als Probierstein für Juweliere.

Die Hornsteinkonkretionen des Juras, wie sie mehr im südlichen Teile desselben, wie z. B. in der Gegend von Eichstätt, Haunstadt bei Ingolstadt, vereinzelt auch in Kugelform auftreten, schließen sich hin und wieder wohl auch zu Bänken zusammen, doch bleiben Quantität und Ausdehnung ihres Vorkommens immer zu beschränkt, als daß eine Ausbeutung lohnend erschiene. Es müßte denn sein, daß die Hornsteinkugeln für einen Spezialzweck, nämlich als Mahlsteine für Kugelmühlen, Verwendung fänden.

Eine weniger starke Verbreitung besitzen ebenfalls kugelförmige bis kopfgroß auftretende Hornsteine im oberen Hauptmuschelkalk, besonders in der Gegend zwischen Aub und Röttingen; Vorkommen von Hornsteinausscheidungen an der Obergrenze des Mittleren Muschelkalkes in Unterfranken werden bei der Landbevölkerung mitunter als Feuerstein verwendet.

Eine ausführliche und zusammenhängende Behandlung dieser Vorkommen wird im zweiten und dritten Bande des Werks gegeben; es sei daher hier darauf verwiesen.

An den gangförmigen und sedimentären kompakten Quarz reihen sich naturgemäß die Quarzsande an. Insoferne es sich um die mit tonigen Bestandteilen gemischten, meist alluvialen Quarzsande handelt, sind dieselben so weit verbreitet, daß von der Aufzählung einzelner Fundorte, die je nach dem lokalen Bedarf entstehen und wieder verschwinden, abgesehen werden muß. Sie finden allerorts für Bauzwecke die weitestgehende Verwendung.

Andererseits werden und wurden auch die Sande granitischen Ursprungs, wie in der Schmelz bei Tirschenreuth, Hirschau bei Amberg, Etzenricht bei Weiden oder Luhe-Wildenau bei Nabburg durch Ausschlämmen des Kaolins für die Zwecke der keramischen Industrie oder Papierindustrie (als Füllmaterial) nutzbar gemacht oder als Schleifmaterial für die Glas- und Steinschleiferei verwendet. Wohl am zweckmäßigsten verwertet man als keramisches Rohmaterial zur Herstellung gewisser technischer Porzellane einen Keupersandstein (Arkose), der im Manteler Forst bei Weiden in ausgedehnten Lagern abgelagert ist. Bei Parksteinbütten, im Waldbezirke Kalkhäusel des Manteler Forstes, bei Kaltenbrunn und besonders bei Steinfels wird er (von den benachbarten Porzellanfabriken) abgebaut. Vgl. hierüber auch bei Feldspat S. 82.

Aber auch die weitverbreiteten Quarzsande der sedimentären Schichten werden bereits im ausgedehnten Maße von der Glas-, keramischen und Schleifindustrie und der Kunststeinfabrikation in Anspruch genommen. So werden große Mengen von Keupersand bei Engelmannsreuth, Immenreuth und Freihung in der Oberpfalz und in Reichelsdorf bei Schwabach für diese Zwecke gewonnen, die sich sicherlich noch steigern lassen.

Die Sande der sedimentären Formationen werden im Zusammenhang und ausführlich in späteren Bänden behandelt, so daß hier darauf verwiesen werden kann.

Quarzit (Silur).[1]

Auf den unteren Tonschiefer legt sich in Ostthüringen und im östlichen Frankenwald ein ziemlich mächtiger Quarzithorizont auf, der sogen. Hauptquarzit. Es ist ein sehr feinkörniger, scharf anzufühlender quarzitischer Sandstein von lichtgrauer bis gelblichweißer, im frischen Zustand blaugrauer Farbe. Er ist ziemlich reich an feinen Glimmerblättchen, die im Gestein gleichmäßig verteilt sind. Meist ist das Gestein gut geschichtet, es kann aber auch fast massige Struktur annehmen. Infolge seiner großen Härte und Widerstandsfähigkeit gegen Verwitterung tritt es meist felsbildend hervor und zeichnet sich durch besonders steile Gehängebildung aus (Saaletal bei Pottiga, Muschwitztal bei Blechschmiedenhammer). Praktisch wird das Gestein wenig ausgebeutet, obwohl es sicher einen guten Straßenschotter abgeben dürfte. Für Bausteine läßt es seine häufig klüftige Beschaffenheit weniger geeignet erscheinen (Steinbruch Mödlareuth, untere Mühle).

---

[1] Bearbeitet von Dr. A. Wurm.

In einem langen Zuge kommt Quarzit, der wohl diesem Horizont angehört,[1]) im Föhrigbachtal von Selbitz bis Wachholderbusch zu Tage. Hier wird er auch in mehreren Steinbrüchen abgebaut.

Devonische Quarzite.

Es sind meist sehr harte, feinkörnige bis fast dichte Quarzite, im frischen Zustand blaugrau, verwittert graulichweiß bis bräunlich. Sie sind meist dünngeschichtet, die Schichtflächen sind mit feinen Glimmerschüppchen bestreut. Gewöhnlich treten diese Quarzite als dünne Lagen in engem Verband mit Tonschiefern auf. Nur örtlich, z. B. in der Umgebung des Döbraberges, schwellen sie zu mächtigeren geschlossenen Bänken an und gewinnen dann einige praktische Bedeutung. Der sogen. Döbrasandstein ist ein im frischen Zustand graugrüner, feinkörniger, quarzitischer Sandstein. Das Gestein neigt zu kugeliger Verwitterung und nimmt dann bräunliche Farbe an. Es wurde in einem Steinbruche auf der Südseite des Berges gewonnen. Auch weiter südlich in den Talgründen der wilden Rodach und in der Umgebung von Enchenreuth ist eine quarzitische Ausbildung des Devons vorherrschend. Dr. A. Wurm.

Quarzporphyr.

In die Ganggefolgschaft der Granite gehören Vorkommen von Quarzporphyren. Ihr Hauptverbreitungsgebiet liegt demgemäß auch in dem großen Granitzug

Abbildung 27.   Phot. Wurm.

Quarzporphyrfelsen am Wendenhammer.

im Osten zwischen Bernstein und Selb, sie durchbrechen aber auch den Gneis und Glimmerschiefer zwischen Spielberg und Schönwald. Ihre Lagerungsform dürfte die von Stöcken und Gängen sein. Infolge ihrer Härte heben sie sich aus dem übrigen Gelände als Kuppen heraus (Nachtberg bei Kaiserhammer) und treten auch morphologisch in Felsen zu Tage (Wendenhammer, vgl. Abbildung). Sie sind zum Teil dicht, zum Teil grobporphyrisch entwickelt und führen dann große Einsprenglinge von Feldspäten. Technisch sind sie bis jetzt fast unbeachtet geblieben, obwohl sie sicher ein sehr gutes Schottermaterial liefern. Dr. A. Wurm.

---

[1]) Es käme vielleicht noch devonisches Alter in Frage.

172

Radioaktivität.[1]

Über Radioaktivität, radioaktive Mineralien und Wässer in Bayern (Fichtelgebirge und Oberpfalz).[2]

Das Element Uran, das von allen das höchste Atomgewicht besitzt, sendet nach Becquerel, ohne irgendwelche äußere Beeinflussung (Belichtung, Erwärmung) selbsttätig fortwährend Strahlen aus, die auch undurchsichtige Körper zu durchdringen vermögen. Das gleiche gilt beim Element mit dem zweithöchsten Atomgewicht, dem Thorium; aus Uran- und Thoriummineralien wurde eine ganze Anzahl von selbststrahlenden Elementen isoliert, u. a. Radium, Mesothorium etc. Man nannte sie radioaktive (Radio-)Elemente und die Erscheinung der Eigenstrahlung ohne äußere Beeinflussung: Radioaktivität. Man hat sogen. α-, β- und γ-Strahlen feststellen können. Die ersten beiden sind durch Elektromagnete ablenkbar, die letzteren nicht. Das nähere Studium ergab, daß alle α-Strahlen positiv geladene Heliumatome sind, die von den verschiedenen Radioelementen mit verschiedener Geschwindigkeit ausgeschleudert werden. Sie verlieren dann allmählich ihre positive Ladung und gehen in Heliumatome über. Die β-Strahlen sind Elektronen, also negativ geladene Partikelchen von $^1/_{1800}$ Atomgewicht des Wasserstoffs. Die γ-Strahlen sind eine elektromagnetische Ätherbewegung und gleichen weitgehend den Röntgenstrahlen. Die α- und β-Strahlen, die von den verschiedenen Radioelementen ausgehen, unterscheiden sich nur durch die Geschwindigkeit, mit der sie von den verschiedenen Radioelementen abgeschleudert werden. Die gleichen Radioelemente schleudern sie immer mit gleicher, verschiedene Radioelemente mit verschiedener Geschwindigkeit aus.

Schon bald nach der Entdeckung der ersten Radioelemente fand man, daß sie, außer in etwas konzentrierterer Form, in Uran- oder Thoriummineralien, in winziger Menge überall, in der Luft, im Wasser und in der Erde vorkommen. Aus letzterer gelangen sie in erstere hinein. So unglaublich es anfangs schien, Untersuchungen von Elster und Geitel wiesen es nach, daß radioaktive Substanzen wie ein dünner Hauch die Erdschichten durchsetzen, an manchen Stellen dichter, an anderen weniger dicht gelagert. Sie enthalten Radium (auch Thorium und Actinium), die unter Selbstzersetzung fortwährend in winziger Menge gasförmige Radioelemente, die sogen. Emanationen, liefern. Diese werden zum Teil von den in der Erde zirkulierenden Wässern aufgelöst und in Quellen nach oben befördert, zum anderen Teil gelangen sie bei Verminderung des Luftdrucks (fallendem Barometer) in die Atmosphäre, wo besonders Radiumemanation stets nachweisbar ist. Die festen Zersetzungsprodukte dieser Emanationen hat man im Staub und sogar im Schnee gefunden. Die Radioaktivität ist darum eine sehr verbreitete Erscheinung. Trotzdem sind die radioaktiven Substanzen, wie gesagt, nur in relativ sehr geringer Menge auf der Erde vorhanden. Selbst das Uranpecherz, eines der wichtigsten Ausgangsmineralien für die Radiumgewinnung[3]), ist in seinem Vorkommen beschränkt und um aus ihm 1 g Radium zu erhalten, muß man eine Tonne davon

---

[1]) Bearbeitet von Universitätsprofessor Dr. Ferdinand Henrich in Erlangen.

[2]) Entsprechende Angaben über die Verhältnisse im Fränkischen Jura folgen in dem Band II.

[3]) Siehe F. Henrich, Chemie und chemische Technologie der Radioelemente. 1918, bei J. Springer.

verarbeiten. Ähnlich ist es bei den Thoriummineralien, die technisch auf Mesothorium verarbeitet werden. Aber diese relativ sehr geringen Mengen geben bereits eine sehr intensive Strahlung und werden so hoch bezahlt, daß es sich dauernd lohnt, sie herzustellen. Für die Gewinnung von Radium kommen dabei außer Uranpecherz noch besonders in Betracht: Carnotit, ein Kaliumuranvanadat und Uranglimmer (besonders Kalzium- aber auch Kupfer-Uranylphosphate), für Mesothorium, das eine ähnlich starke Strahlung wie Radium hat, aber viel kurzlebiger ist, bildet besonders der Monazitsand das Ausgangsmaterial.

Sehr verbreitet war die Behandlung des Organismus mit Emanationen, besonders Radiumemanation, die durch Trink-, Badekuren oder durch den Aufenthalt in Räumen, deren Luft größere Mengen von Radiumemanation enthält (Emanatorien), in die Wege geleitet wurde.

Dann werden Radioelemente in geringer Menge als Düngemittel in der Landwirtschaft verwertet, da ihre Strahlungen in geringer Dosierung anregend auf das Wachstum der Pflanzen wirken und es günstig beeinflussen können.

Es ist allmählich eine Industrie der Radioelemente entstanden, die ihr Rohmaterial leider aus dem Auslande beziehen muß und unter dieser Abhängigkeit schwer litt und leidet. Hier Abhilfe zu schaffen, wäre ein ebenso patriotisches wie gewinnversprechendes Werk, zumal alle Vorbedingungen für die technische Herstellung des Radiums bei der bayerischen Industrie vorhanden sind. In Joachimsthal in Böhmen befindet sich ein bekanntes Vorkommen von Uranpecherz (Pechblende), das man auf Radium und andere radioaktive Substanzen verarbeitet. Auch die Stollenwässer aus diesen Bergwerken werden dort wegen ihres Reichtums an radioaktiver Emanation äußerst nutzbringend verwertet. In den geologisch ähnlichen Gebieten des benachbarten Sachsen hat man auch größere Mengen von Uranmineralien gefunden, aber doch noch nicht so viel, um — wie in Böhmen — eine kontinuierliche Verarbeitung auf Radium selbst in die Wege zu leiten. Doch sind zum Teil infolge der vom Sächsischen Finanzministerium systematisch darauf durchgeführten Landesuntersuchung in Oberschlema, Brambach Orte aufgefunden worden, die stark radioaktives Wasser in solcher Menge liefern, daß sie sich zu Badeorten ausbauen ließen.

Nach den geologischen Verhältnissen wäre es nicht ausgeschlossen, daß auch in Bayern einmal radioaktive Substanzen in größeren Mengen gefunden würden, so daß ihre Ausbeutung im großen sich rentiert. Einstweilen sind nur relativ geringe Quantitäten von Uranmineralien, aber diese in ziemlicher Verbreitung, festgestellt worden.

Uranpecherz war bisher in Bayern noch nicht mit Sicherheit nachgewiesen worden. Doch ist eine sehr kleine Probe eines Minerals, das bei Wölsenberg gefunden und mir zur Untersuchung übergeben wurde, ziemlich sicher Pechblende. Die in Bayern vorkommenden Uranmineralien hat L. v. Ammon 1911 zusammengestellt. Hauptsächlich sind es die beiden Mineralien: Calciumuranylphosphat (Kalkuranglimmer, auch Kalkuranit und Autunit genannt) und Kupferuranylphosphat (Kupferuranglimmer, auch Chalkolith oder Tobernit genannt). Sehr selten findet man Uranotil (ein wasserhaltiges Calciumuransilikat) und Uranocker. Sie kommen in den Graniten oder Pegmatiten des Bayerischen und Oberpfälzer Waldes sowie des Fichtelgebirges vor. Kalkuranglimmer ist häufig festgestellt vor allem am Epprechtstein bei Kirchenlamitz. Hier liegen die Blättchen auf Gesteinsspalten oder in Drusenräumen der pegmatitischen Nester des Granitmassivs. Es wurden da auch Blättchen von mehreren Millimetern im Quadrat gefunden. Weiter durchsetzt er oft den Granit in den Steinbrüchen Fuchsbau bei Leupoldsdorf, ferner den Granit bei Reinersreuth am Waldstein, den bei Mehlmeisel und bei Neubau über Fichtelberg, auch im Speckstein von Göpfersgrün hat man ihn gefunden. Im Bayerischen Wald wurde er am Hühnerkobel bei Rabenstein, dann auch in den Flußspatgängen und im Granit des Wölsenbergs festgestellt. Er dürfte von den bayerischen Uranmineralien das verbreitetste sein, wenn auch die gefundene Menge gering ist. Schon seltener ist Kupferuranglimmer, der an folgenden Orten gefunden wurde: im Pegmatit von Epprechtstein, bei Brand, bei Nagel, bei Selb, bei Göpfersgrün, vor allem aber in den Steinbrüchen Fuchsbau bei Leupoldsdorf. Hier trat Kupferuranglimmer relativ reichlich und oft in gut ausgebildeten quadratischen Gebilden auf, von denen einzelne bis zu 1 qcm Größe hatten. Vor kurzem habe ich gezeigt,[1] daß diese Uranglimmer in Bayern, oft im Gegensatz zu anderen Ländern, einen Radiumgehalt zeigen, der dem möglichen Höchstwert (Gleichgewichtswert) entspricht oder ihm nahe kommt.

Leider sind diese Uranmineralien in Bayern bisher nur in so beschränkten Mengen gefunden worden, daß an eine industrielle Verarbeitung nicht gedacht werden konnte. Es ist indessen nicht ausgeschlossen, daß im Innern dieser Gebirge größere Mengen vorkommen, die einmal zu Tage kommen können.

Uranmineralien als Träger der Radioaktivität finden sich in Bayern in weiter Verbreitung. Leider aber treten sie, wie schon v. Ammon in seiner Zusammenstellung über radioaktive Substanzen in Bayern[2] hervorgehoben hat, immer nur in untergeordneten Mengen auf. Hauptsächlich sind es die beiden Uranglimmer, der Kalkuranglimmer (ein Kalziumuranylphosphat) und der Kupferuranglimmer (ein Kupferuranylphosphat), die sich in grüngelben und grünen Blättchen bei uns auf zwei ganz verschieden gearteten Lagerstätten vorfinden.

Entweder treten sie in den Pegmatiten des Bayerischen und Oberpfälzer Waldes oder des Fichtelgebirges auf. Hieher gehören die schon längst bekannten Vorkommen im Quarzbruch am Hühnerkobel bei Zwiesel, im Granit der Flossenbürg, an der Sägmühle und bei Beidl unfern Tirschenreuth, am Epprechtstein, Waldstein (Reinersreuth), Rudolfstein, im Fuchsbau bei Leupoldsdorf, in der Gregnitz bei Nagel und in der Gegend von Selb im Fichtelgebirge. Ein verhältnismäßig ergiebiges Vorkommen war dasjenige im Granitbruche des Fuchsbaues, wo sich auf Klüften des frischen und vermorschten Gesteines entweder Kalkuranglimmer in kleinen Blättchen oder ziemliche Mengen von schön kristallisiertem Kupferuranglimmer angesiedelt hatten. Neuerdings wurde dann noch in

---

[1] F. Henrich: 1. Beiträge zur Kenntnis der Kalkuranglimmer (Autunite), Bericht d. Deutsch. chem. Gesellschaft 55, 1212 (1922); 2. Über radioaktive Mineralien in Bayern, a) Sitzungsberichte der physikal.-medizin. Sozietät in Erlangen, Bd. 46, 1, b) Journal für prakt. Chemie 96, 73.

[2] v. Ammon, Über radioaktive Substanzen in Bayern. Geogn. Jahresh. XXIII (1910), 191.

den sogen. Phosphatpegmatiten des Oberpfälzer Waldes[1] Uranglimmer als ständiger Begleiter beobachtet, so bei Hagendorf, Pleystein und besonders bei Wildenau-Plößberg unfern Tirschenreuth.

Prinzipiell hievon verschieden ist das Vorkommen von Kupfer- und Kalkuranglimmer in den Flußspatgängen des Wölsenberges und bei Stulln, unweit Nabburg in der Oberpfalz. Dort sind die Uranmineralien an den bekannten dunkelvioletten Flußspat (Stinkfluß) gebunden, den sie mit dem anliegenden Granit auf den Klüften in kleinen gelbgrünen Blättchen durchschwärmen. Hin und wieder findet sich in den Hohlräumen des Flußspates als spätere Bildung auch Uranotyl und es ist nicht ausgeschlossen, daß auch noch Uranpecherz als primäres Uranmineral aufgefunden wird. Da das Vorkommen von Uranmineralien auf dieser Lagerstätte ausschließlich an den sogen. dunkelvioletten Stinkfluß gebunden ist und auf den Gängen, wo farbloser, schwach grünlich oder rötlich gefärbter Flußspat einbricht, wie z. B. in Altfalter, Krandorf-Unterauerbach, bei Liesenthan und in der Freihung am westlichen Ausgang der Flußspatgänge, fehlt, ist ein Zusammenhang dieses merkwürdig gefärbten Minerales mit radioaktiven Erscheinungen sehr wahrscheinlich.[2] Darauf deuten auch noch die stark radioaktiven Grubenwässer und Quellen der Umgebung hin.

Ein Mittel, auf solche Uranlager im Inneren der Erde zu schließen, haben wir in den radioaktiven Wässern. Da Uran durch Atomzerfall Radium erzeugt, das wieder in gasförmige Radiumemanation zerfällt, die von Wasser gelöst wird, so können sich unter günstigen Verhältnissen Uranmineralien durch sie verraten. Es ist darum von großem Wert, wenn die Radioaktivität der Wässer eines Landes systematisch und nach einheitlicher Methodik festgestellt wird. In Sachsen ist das durch eine Landesuntersuchung von ministerieller Seite bereits längst durchgeführt und von den Erfolgen habe ich bereits berichtet. Eine Aufnahme der radioaktiven Verhältnisse in ganz Bayern wäre sowohl in wissenschaftlichem wie im praktisch-technischen Interesse von Bedeutung. Grundlagen hierfür sind bereits vorhanden. 1911 hat, wie gesagt, L. v. AMMON alles Wissenswerte und Bekannte über „Radioaktive Substanzen in Bayern" zusammengestellt. Schon früher hat HAMMER die Radioaktivität der Wässer mit der Bestimmung der Quellen von Bad Steben begonnen. Im gleichen Jahre untersuchte JENTZSCH die Kissinger Quellen auf Radioaktivität. 1914 veröffentlichte Realschulprofessor HANS GÜNTHER eine Dissertation: „Radioaktive Erscheinungen im Fichtelgebirge. Über die Radioaktivität der Stebener Mineralquellen, 149 S." Auch Verfasser hat, nachdem er 1904 die Radioaktivität der Wiesbadener Thermalquellen entdeckt und in einer Reihe von Arbeiten studiert hatte, Wässer in der Nähe von Erlangen schon früh untersucht, aber als schwach radioaktiv befunden.

Nachdem seit 1908 das sächsische Finanzministerium sein Interesse den radioaktiven Erscheinungen seines Landes zugewandt hatte und Gesteine sowie

---

[1] LAUBMANN und STEINMETZ, Phosphatführende Pegmatite des Oberpfälzer und Bayer. Waldes. Zeitschrift f. Krystallographie 55. Bd. 523.

[2] Eine Bestätigung meiner diesbezüglichen Vermutung bringt neuerdings O. MÜGGE, Nachr. d. Gesellsch. d. Wiss. Nat.-math. Klasse 1923, Heft 1, S. 1 ff.   HENRICH.

Gruben-, Stollen- und Quellwässer durch Professor Schiffner von der Bergakademie in Freiberg untersuchen ließ, forderte das bayerische Staatsministerium des Innern für Kirchen- und Schulangelegenheiten in einer Verordnung vom 23. Januar 1914 bayerische Hochschulinstitute zu einer einheitlichen Untersuchung der bayerischen Mineralien und Gesteine auf. Durch den bald erfolgenden Ausbruch des Weltkriegs war es dem Staate nicht möglich, die Mittel zur Ausführung einer solchen Landesuntersuchung auf Radioaktivität zu gewähren. Der Verfasser wurde indessen dadurch in die Lage versetzt, einen Anfang zu umfassenden einheitlichen Untersuchungen besonders auf dem Gebiete der Radioaktivität zu machen, daß die bayerische Akademie der Wissenschaften ihm mehrfach Mittel für solche Untersuchungen gewährte. Die Untersuchungen sind in einer Reihe von Abhandlungen[1] niedergelegt und es hat sich dabei gezeigt, daß aus den Mineralien Bayerns auch auf anderem Gebiete als dem der Radioaktivität noch Interessantes herauszuholen ist. Denn es wurde dabei festgestellt, daß ein Mineral, das bisher als Wavellit galt, seltene Erden als Hauptbestandteil enthält.[2] Die Kupfer- und Kalk-Uranglimmer Bayerns, die Verfasser bisher untersuchen konnte, erwiesen sich — wie erwähnt — als relativ reich an Radium. Da Kalkuranglimmer oft als Begleiter des oft in größerer Menge auftretenden Uranminerals, des Uranpecherzes, vorkommt, so ist es nicht ausgeschlossen, daß in Bayern auch einmal Pechblende reichlicher gefunden wird. Um sie zu entdecken, kann die Untersuchung der Wässer auf Radioaktivität ein Mittel bieten, denn die Wässer, die mit dem Uranpecherz der Gruben von Joachimsthal in Berührung waren, zeigen hohe Aktivität. Gelangen solche Wässer in dichten Spalten nach der Oberfläche, so können sie auf Uranlager deuten. Fließen sie aber so, daß unterwegs die gasförmige Emanation entweichen kann, so muß die Aktivität stark vermindert werden, auch wenn die Wässer Uranlager durchflossen haben resp. aus ihnen stammen. In solchen Fällen kann die Radioaktivität der Luft im Innern von Spalten, Klüften und Höhlen der Gebirge, falls sie abnorme Werte zeigt, Uranlager verraten. Es muß indessen betont werden, daß das Auftreten radioaktiver Wässer und Emanation nicht lokal an das Vorhandensein von Uranmineralien gebunden zu sein braucht, wenigstens soweit die jetzigen Erfahrungen reichen.

Man mißt die Radioaktivität der Quellen in elektrostatischem Maße. Sehr bequem, wenn auch etwas willkürlich, war die Messung in sogen. Mache-Einheiten. Neuerdings beginnt man sie in sogen. Eman, dem 10^{-10}ten Teil einer Curie-Einheit, zu messen, doch sind hier noch wenige Messungen umgerechnet.

In Bayern wurden bisher über 160 Quellen im fränkischen Jura, dem Fichtelgebirge und in der Oberpfalz meist von mir selbst mit den gleichen Apparaten

---

[1] F. Henrich: Sitzungsberichte der Physikalisch-Med. Sozietät in Erlangen 1914 Bd. 46; — Journal für prakt. Chemie 1917 Bd. 96 S. 73 ff.; — Zeitschr. für angew. Chemie 1920 S. 5 ff., 13 ff., 20 ff.; — Berichte der Deutschen chem. Gesellschaft 1920 Bd. 53 S. 1940 ff.; — ebenda 1922 Bd. 55 S. 1212.

[2] F. Henrich, Über ein Vorkommen seltener Erden in Bayern. „Edel-Erden und Erze" 1921 Bd. 2 S. 181.

Standort der Quellen	T.	M. E.
2. Fichtelgebirge.		
Luisenquelle in Alexanderbad	10°	21,5
Ludwigsquelle in Alexanderbad	10°	21
Brunnen auf dem Marktplatz in Wunsiedel	11,5°	49,4
Brunnen unterhalb vom weißen Lamm in Wunsiedel	12°	15
Brunnen mit Neptun in Wunsiedel	11°	21
Brunnen nahe dem Hotel Kronprinz in Wunsiedel	12,5°	13
Brunnen nahe dem Bahnhof in Wunsiedel	11,5°	12
Brunnen nahe der Hospitalgasse in Wunsiedel	13,2°	13
Quelle an der sogen. Viehtränke, Waldabtlg. Kapelle bei Wunsiedel	13°	102
Wasserreservoir beim alten Schießhause in Wunsiedel	—	12
Quelle im westlichen Waldbezirk Luisenburg am Wendener Weg	7,5°	21
Hochgelegene Quelle oberhalb Wendern (Luisenburg)	—	33
Quelle im Staatswalde der Luisenburg	7,5°	16
Rehbergquelle	13°	33
Quelle auf der Hönickawiese bei Wunsiedel	—	44
Bingelwiesenquelle der Forstabteilung Brand bei Leupoldsdorf	—	92,3
Stehendes Wasser im unterst. Steinbruch d. Fuchsbau b. Leupoldsdorf	10°	9,4
Stehendes Wasser im Steinbruch 3 des Fuchsbau bei Leupoldsdorf	—	11,7
Stehend. Wasser i. wasserreich. Steinbruch d. Fuchsbau b. Leupoldsdorf	15,5°	10,1
Wasser im Steinbruch der Grasyma: Kleines Naturbassin gegen die Granitwand	11,8°	230 u. 307
Wasser im Steinbruch der Grasyma: Kleines Naturbassin an einem Regentag	—	204
Wasser im Steinbruch der Grasyma: Kleines Wässerchen links im Steinbruch	11,5°	67
Wasser im Steinbruch der Grasyma: Kleines Wässerchen an einem Regentag	—	41
Kleine Quelle unterhalb des letzten Steinbruches des Fuchsbaues	8,4°	24
Quelle am Rande der Glaswiese, Forstabteilung Betzelschacht bei Leupoldsdorf	8°	29 u. 27
Suttenwiesenquelle am Südabhang des Silberrangen, Betzelschacht	9,5°	13
Sogen. Buruckenbrunnen am Plattenkopf	7,5°	65
Hüttelwiesenquelle der Forstabtlg. Gestrig, NO.-Abhang der Platte	7°	28,7
Gemeindebrunnen von Niederlamitz, am Schulhaus	10°	91,5
Sandlohbrunnen in d. Wiese zwisch. Niederlamitz u. Kirchenlamitz	9,5°	14
Brunnen am Gasthof Löwen in Kirchenlamitz	13°	16
Marktbrunnen in Kirchenlamitz	11,5°	31
Badersbrunnen in Kirchenlamitz	9,2°	19
Quelle in der Pechlohe, nördlich von Kirchenlamitz	9°	20
Erstes Wasserreservoir von Kirchenlamitz, auf der Fuchsmühlwiese	8,5°	25
Zweites Wasserreservoir v. Kirchenlamitz, am Fuße d. Epprechtstein	7,5°	102
Wasser im großen Granitsteinbruch der Gebr. Frank, Epprechtstein	—	19,4
Sogen. Schloßbrunnen, Wasserleitung d. Amtsgerichtes Kirchenlamitz	8°	17,5
Quelle in der Wiese hinter der Fuchsmühle am Epprechtstein	10°	17
Sauerbrünnchen in den Anlagen von Fichtelberg	10°	29,5
Quelle auf der Wiese in Neubau, vor Haus Nr. 66	11°	33,6

Standort der Quellen	T.	M. E.
Quelle auf der Wiese in Neubau, vor Haus Nr. 65 1/2 u. 65 . . .	10°	89
Gefaßter Brunnen unter Haus Nr. 65 1/2 in Neubau	11°	63
Nichtgefaßte Quelle 1 1/2 Minute unterhalb der vorigen	11°	64,4
Sauerbrunnen im Moor hinter dem Fichtelsee	11°	25,9
Geldbrunnen der Forstabteilung Brand bei Fichtelberg	7,2°	46
Kalter Brunnen der Forstabteilung Wolfsloch	8°	74
Fürstenbrunnen am Abhang des Ochsenkopfes	7,5°	38
Fuchsbrunnen am Bocksgrabenweg der Forstabteilung Gleisinger Fels am Ochsenkopf	8°	44,6
Naabquelle am Ochsenkopf	8°	80,5
Weißmainquelle am Weißmainfelsen	7,7°	12

3. Wölsenberg i. d. Oberpfalz und Umgebung.

Standort der Quellen	T.	M. E.
Brunnen im Hofe des Hauses Nr. 44 in Schwarzenfeld	—	3
Brunnen gegenüber dem Hause des Bürgermeisters Bartmann, ebenda	—	2
Brunnen im Garten des Hauses des Kontrolleurs Beer, ebenda .	13°	3
Brunnen vor dem Hause Nr. 29	13°	8,7
Naabwasser am Barbaraschacht des Wölsenberges	inaktiv	inaktiv
Wasser aus dem Barbaraschacht des Wölsenberges, aus 25 m Tiefe	—	15
Luft im Pulvermagazin des Barbaraschachtes des Wölsenberges .	—	16
Gemeindebrunnen der Ortsgemeinde Wölsenberg	12,5°	47
Obere Bruchwieselquelle, am sogen. Ebenholz d. Gemeinde Wölsenberg	15°	26
Quelle in der oberen Streitwiese der Gemeinde Wölsenberg . . .	—	11,3
Bockwiesenquelle der Gemeinde Wölsenberg	18°	11
Sogen. Lehmgrubenquelle der Gemeinde Wölsenberg	13°	43,3
Wasser von der Sohle des Marienschachtes am Wölsenberg, aus 75 m Tiefe	—	67,7
Luft im Pulvermagazin des Marienschachtes am Wölsenberg . .	—	16
Quelle im sogen. Schmiedschlag in der Nähe des Marienschachtes, ebenda	—	16,9
Quelle in der sogen. Tonwiese der Gemeinde Brensdorf	13,8°	30,5
Bergwiesenquelle bei Pretzabruck bei Schwarzenfeld	13,8°	17,6
Bachbrunnen der Gemeinde Altfalter	12,5°	3,6
Kirchtränkquelle, oberhalb Altfalter; speist die Wasserleitung der Schule und Kirche	15,5°	2,5
Brunnenangerquelle, im Vorort Brunnenanger von Nabburg . . .	11,3°	17,4
Marienbrünndl an der kleinen Kapelle unterhalb Nabburg . . .	14,5°	4,7
Sogen. Meyerquelle, hinter dem Eisenbahnhäuschen zwischen Nabburg und Brensdorf	10,3°	23,5

(Fontaktoskop) gemessen. Von ihnen zeigen 72 unter 10 Mache-Einheiten und gelten als schwach radioaktiv. 85 weitere Quellen gaben Werte von 10 bis 100 Mache-Einheiten und nur 3 bisher über 100 Mache-Einheiten. Doch muß dabei betont werden, daß bisher noch relativ sehr kleine Gebiete untersucht werden konnten. Die Untersuchungen des Verfassers zeigten, daß sich im Kalkgebirge der Fränkischen Schweiz bisher noch keine Quelle gefunden hat, die

10 Mache-Einheiten zeigt. In den Granitgebirgen gehören aber solche Quellen schwacher Radioaktivität zu den Ausnahmen. Sie haben meist höhere und erheblich höhere Aktivität.

Bisher konnten nur relativ sehr wenige Mineralien und Wässer Bayerns auf Radioaktivität hin untersucht werden. Es wäre wünschenswert, wenn die Arbeiten soweit ausgedehnt würden, daß eine einheitliche Untersuchung der wichtigsten Quellen, Gesteine und Mineralien zustande käme, damit man einen Überblick über die Verteilung der Radioaktivität im ganzen Land erlangt, wie das in Sachsen bereits der Fall ist. Nicht nur im naturwissenschaftlichen, sondern auch im Interesse des Bergbaus und der Industrie wäre das von Bedeutung.

Schwefelkies.[1]

Die Eisenerzlagerstätte von Teichelrangen bei Pfaffenreuth im Waldsassischen muß hier ihren Platz finden. Bei Bohrungen im Jahre 1901 traf man unerwartet in der Tiefe auf Schwefelkies, und spätere Aufschlußarbeiten haben ohne Zweifel ergeben, daß das alte Braun- und Roteisensteinlager nur der Eiserne Hut eines in der Tiefe liegenden Schwefelkieslagers ist.

Der Bergbau wurde schon im Jahre 1799 auf zwei Gruben Maximilian und Karl Ludwig betrieben und in der Mitte des 19. Jahrhunderts 1868—1875 in der Maximilian-, Königs- und Marienzeche neu aufgenommen. Mächtige, auf Tagebau hindeutende Vertiefungen und eine Anzahl Pingen kennzeichnen die Lage des alten Bergbaus. Das Erz ging zur Verhüttung nach Böhmen und nach dem in der Nähe gelegenen Eisenwerk Königshütte. Die Hütte lieferte 1874 950 t Holzkohlenroheisen. Nach den erwähnten Bohrungen wurden in den Jahren 1916—1919 von der Duisburger Kupferhütte und der Bergbaustudiengesellschaft Berlin ein 64 m tiefer Schacht abgeteuft und zwei kurze Strecken nach NW. und SO. vorgetrieben.

Das Erzvorkommen setzt in Quarzitschiefern und quarzitischen Phylliten auf. Es bildet wohl ein annähernd konkordant dem Schichtverband eingeschaltetes Lager, das h 5¹/₂ (N. 80° O.) streicht und mit 52° noch NW. einfällt.

Im Eisernen Hut treten die Erze in sehr unregelmäßiger putzen- und nesterförmiger Verteilung trauben- und nierenartig innerhalb des skelettartig zerfressenen und mit Brauneisen durchtränkten Quarzites auf. Sie bestehen aus manchmal stark kieseligem Braun- und Roteisen mit Beimengung von Manganerzen. Die Mächtigkeit des Eisernen Hutes soll 24 m betragen, sie ist wahrscheinlich durch Oxydationsmetasomatose vergrößert. Eine Analyse des Brauneisensteins vom Teichelrangen ergab:

1. Nach Kobell: Eisenoxyd 77,20, kieselerdereicher Ton 3,60, Kieselsäure 3,60, Tonerde 2,20, Kalk 0,12, Magnesia 0,08, Kupferoxyd und Phosphorsäure Spuren, Wasser 11,80, zusammen 98,60%.

2. Eine andere Probe hatte: Eisenoxyd 86,67, Kieselsäure 1,00, Phosphorsäure 0,05, Wasser 12,30%.

---

[1] Bearbeitet von Dr. A. Wurm.

3. Berg- und Hüttenamt Amberg: a) Roteisen: R 390, Fe 61,00, Mn 0,10
P 0,08, S 0,22, Cu 0,19%; b) Brauneisen: R 5,78, Fe 56,00, Mn 0,25, P 0,63,
S 0,11, Cu 0,10%.

Der ursprüngliche Schwefel- und Kupfergehalt ist in den Erzen des Eisernen
Hutes fast so gut wie ganz weggeführt, so daß die wahre Natur der Erzlagerstätte erst durch die Bohrung festgestellt wurde.

Der Eiserne Hut greift in ziemlich große Tiefe 37—38 m hinab. Der Schwefelkies ist bei den Bohrungen in verschiedener Tiefe von 39,75, 49,20 und 38,65 m
angetroffen worden. Die Grenze zwischen dem Eisernen Hut und dem Kieslager
ist unregelmäßig, der Übergang allmählich, auf den Halden‘ konnte man Blöcke
von Brauneisen beobachten, die in ihrem Innern noch Kerne von unzersetztem
Schwefelkies enthielten. Drei Bohrungen wurden im Bereich des alten Tagebaus,
in geringen Entfernungen voneinander, die vierte 40 m südwestlich außerhalb
der alten Baue angesetzt. Bohrung II (in der Nähe des neuen Schachtes II östlich
davon) traf keinen Schwefelkies an. Das Profil der anderen drei Bohrungen
(I, III, IV) ist folgendes:

Bohrung I (= Bohrloch 1 der Karte): 3,40 Letten 3,40; 3,85 eisenhaltige
Letten 7,25; 1,10 gelber toniger Sand 8,35; 3,35 Schieferton 11,70; 6,10 gelber
toniger Sand 17,80; 4,85 verwitterter Eisenstein 22,65; 3,20 Kies und Eisenstein 25,85; 9,70 Kies 35,55; 1,25 Quarz und Eisenstein 36,80; 1,30 gelber
Kies 38,10; 1,65 graublauer Kies 39,75; 4,55 Schwefelkies von graublauer
Farbe 44,30; 4.30 Schwefelkies 48,60; 0,50 Schwefelkiessand 49,10; 8,70 Schwefelkies 57,80; Wasserstand bei 22 m.

Bohrung III (= Bohrloch 3 ? der Karte): 2,30 Letten 2,30; 7.25 roter schieferreicher
Ton 9,55; 6,65 roter Sand 16,20; 1,30 Quarz 17,50; 0,80 Quarz und Eisen-
stein 18,30; 1,70 Eisenstein 20,00; 1,00 Quarz und Eisenstein 21,00; 1,55 Eisen-
stein 22,55; 7,90 alter Bau 30,45; 4,65 Eisenstein 35,10; 0,60 Kies und Eisen-
stein 35,70; 0,85 Eisenstein 36,55; 1,45 Kies und Eisenstein 38,00; 11,20 graublauer
Kies 49,20; 3,55 Schwefelkies 53,75; 1,65 Kies 55,40; Wasserstand bei 22 m.

Bohrloch 4 (= Bohrloch 2 der Karte): 9,60 Letten 9,60; 3,60 schieferiger
Ton 13,20; 5.90 toniger Kies 19,10; 7,70 Quarz 26,80; 1,70 toniger Kies mit
Quarzschichten 28,50; 10,15 Quarz 38,65; 0,60 Schwefelkies 39,25; 5,25 Quarz
und Schwefelkies 44,50; 4,30 Quarz 48,80; 1,20 Quarz und Schwefelkies 50,00;
1,10 Quarz 51,10; Wasserstand bei 23 m.

Anmerkung zu den Bohrprofilen: Unter „Kies" ist Quarz zu verstehen.

Im Bohrloch I wurden demnach 18 m Schwefelkies durchteuft, was bei einem
Einfallen von 52° einer wahren Mächtigkeit von 11 m entspricht. Im Bohrloch III reicht der Eiserne Hut tiefer hinab und es wurde nur 3,55 m entsprechend 2,20 m Schwefelkies durchstoßen. Im Bohrloch IV waren die zum Teil
mit Quarz durchsetzten Schwefelkieslagen 7,05 m entsprechend 4,30 m mächtig.

Bei den neueren Versuchsarbeiten 1916—1919 wurden nach einem Gutachten
von Bergrat Dyck zwei Schächte abgeteuft (vgl. Skizze). Schacht I traf mit 36 m
Tiefe auf ein Schwefelkieslager, das durch 30—50 cm starke Zwischenlagen von
schwefelkieshaltigem Quarzitschiefer unterbrochen war, sich sonst aber von großer

Reinheit erwies. Eine auf der Schachttiefe angesetzte Bohrung stellte bis 65 m Tiefe Schwefelkies fest. Ein 2. Schacht (1918), 54 m tief, durchfuhr südlich vom Ausgehenden des Erzlagers bei 35 m Tiefe mehrere Schwefelkieslinsen im Quarzitschiefer; eine 3—4 m lang vorgetriebene Strecke zeigte Schwefelkies von guter Beschaffenheit mit Quarz durchwachsen. Auf der 50 m Sohle des Schachtes wurde eine Strecke nach Norden gegen den Schacht I ausgefahren. Hier wurde eine

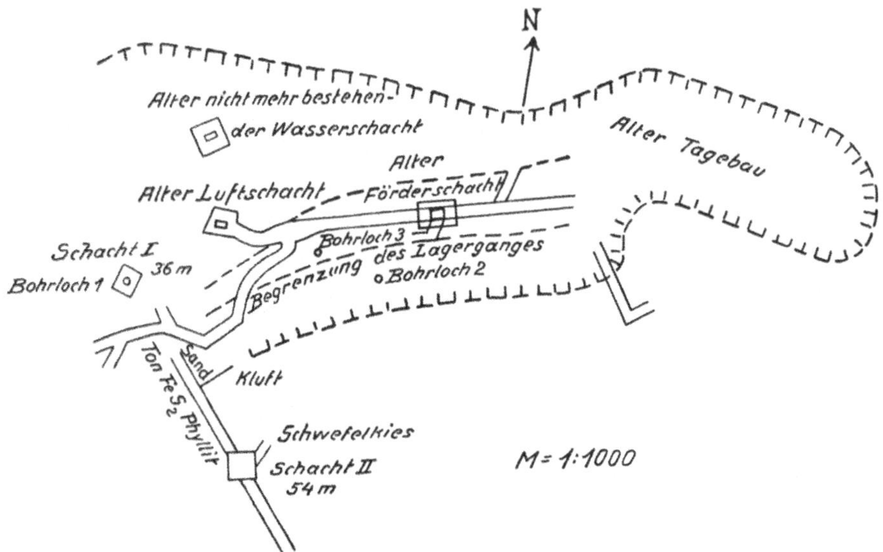

Wasserkluft angetroffen, die den Stollen und teilweise auch den Schacht unter Wasser setzte. Das Gestein enthielt an der Kluft reichlich Schwefelkies und Quarzbrocken mit Schwefelkies.

Über die Mächtigkeit des ganzen Lagers lassen sich bis jetzt noch keine sicheren Angaben machen.

Der Schwefelkies tritt zum Teil in feinkörnigen, zum Teil grobkristallinen Massen auf. Lagenförmig wechseln manchmal mit ihm dünne Bänder von Zinkblende und etwas Bleiglanz, auch Kupferkies muß nach dem hohen Kupfergehalte, den einzelne Analysen aufweisen, an einzelnen Stellen einbrechen. Als Lagerart mischt sich dem Kies in Adern oder in größeren Massen Quarz bei.

Schwefelkies-Analysen von Erzproben aus der Maximilianszeche
(nach einem Gutachten Braumüllers).

	Nr. 1	Nr. 2	Nr. 3	Nr. 3a	Nr. 4	Nr. 5	Nr. 5a	Nr. 6
Rd	1.20%	5,50%	8,20%	7,98%	7,00%	19,50%	17,01%	4,71%
Fe	37,20%	37,80%	27,20%	26,46%	25,20%	35,60%	31,20%	36,33%
S	46,20%	43,50%	40,90%	39,80%	38,25%	40,75%	35,58%	44,60%
Cu	0,50%	1,03%	19,40%	18,88%	10,42%	3,41%	2,99%	1,12%
Zn	10,00%	11,18%	0,05%	0,05%	0,20%	0,08%	0,07%	9,60%
Pl	0,14%	0,34%	0,61%	0,59%	0,14%	0,07%	0,06%	1,42%

Nr. 1 Bohrloch I Teufe 49,10—51,10 | Nr. 4 Bohrloch III Teufe 50,00—51,20
Nr. 2   „   I   „   56,80—57,00 | Nr. 5   „   III   „   52,20—53,75
Nr. 3   „   III   „   49,20—50,20 | Nr. 5a   „   III   „   52,20—53,75
Nr. 3a   „   III   „   49,20—50,20 | Nr. 6   „   I   „   —   —

Eine Schwefelkiesprobe aus dem Haldenmaterial ergab nach Dr. SPENGEL: Rd Gangart 13,29%; Cu Kupfer fehlt; Fe Eisen 40,95%, S Schwefel 46,90% (87,85% Fe S_2); Summe 101,14%. Eine andere Probe wurde auf Gold und Silber untersucht, wobei Silber in ganz geringen Mengen nachgewiesen ist (1,5 g in 100 kg).

Wie die Analysen zeigen, ist der Kupfergehalt nicht gleichmäßig im Kieslager verteilt, sondern örtlich angereichert. Der hohe Kupfergehalt unmittelbar im Liegenden des Eisernen Hutes in Bohrung III (19,4%) spricht entschieden für eine sekundäre Metallverschiebung in der Zementationszone. Ein Arsengehalt, der nicht über 0,1% steigen soll, dürfte den Wert des Kieses nur wenig beeinträchtigen.

Eine Entscheidung über die Entstehung des Kiesvorkommens (etwa Verknüpfung mit Eruptivgesteinen) läßt sich schwer treffen, zumal man über die genauere Lagerungsform und die Begrenzung des Kieslagers gegen das Nebengestein nur wenig unterrichtet ist.

Schwefelkiesvorkommen bei Goldmühl siehe S. 51 Roteisenerz.

Nachstehende Schwefelkieslager sind unbedeutend: an der Wenderner Mühle bei Bärnau, am Mühlbühl bei Tirschenreuth, bei Wildenreuth unfern Erbendorf, am Naabgehänge bei Neustadt a. d. Waldnaab, in der Gegend von Arzberg, wo schwefelkiesreiche Graphitphyllite bergmännisch gewonnen wurden (Unverhoffter Bergsegen 1784) und zur Darstellung von Alaun benutzt wurden, am hinteren Röhrenhof im Weißmaintal im Gneisphyllit (im Weltkrieg versuchsweise durch Stollen erschlossen), endlich im Ködelgrund bei Tschirn, unterhalb der Breitengrundmühle im nördlichen Frankenwald (quarziger Gang mit Schwefelkies, Kalkspat, Spateisen und etwas Kupferkies).

Die Magnetkies-Schwefelkies-Lagerstätte im Silberberg bei Bodenmais und ihr benachbarte Erzlagerstätten.[1]

Die Schwefel-Magnetkies-Lagerstätte des Silberberges bei Bodenmais und die in ihrem Streichen liegenden aufgelassenen Lagerstätten im SW. vom rothen Koth bei Zwiesel, von der Ableg und vom Rachel, ferner die NW. von Bodenmais liegenden Bergbaue von Maisried und Unterried, sowie die bis vor kurzem noch im Abbau befindliche Schwefelkieslagerstätte von der Johanneszeche bei Lam, gehören einem Typus von Erzlagerstätten an, der als Falband-Lagerstätten bezeichnet wird.

Unter Falbändern versteht man im Streichen des Gesteins, hier des Cordieritgneises des Bayerischen Waldes, verlaufende, linsenförmige, zuweilen lagerartig

---

[1] Bearbeitet von Dr. H. ARNDT.

sich erstreckende Einlagerungen. Diesen Erzausscheidungen, die nicht gleichzeitig mit den umgebenden Gesteinen entstanden sind, fehlen die charakteristischen Merkmale anderer Erzlagerstätten, wie Struktur und Gangart, völlig. Sie treten als lokal angereicherte Erzzonen in der oben erwähnten Form in den umgebenden mit Erz imprägnierten Gneisen auf. Ihre Erzführung auf den genannten Lagerstätten besteht fast ausschließlich aus sehr wechselnden Mengen von Schwefelkies, Magnetkies und Kupferkies, denen als Begleiterze sich Zinkblende und silberhaltiger Bleiglanz zugesellen.

Schon sehr früh wurden diese Lagerstätten bekannt und waren die Veranlassung zu ehemals reger bergbaulicher Tätigkeit. Heute steht nur noch die Kieslagerstätte im Silberberg bei Bodenmais im Abbau.

Der Silberberg bei Bodenmais. Von Bodenmais aus gesehen, zeigt sich der Silberberg als ein kahler, rötlichbraun gefärbter Doppelgipfel, der scharf aus

Abbildung 28.　　　　　　　　phot. Arndt.

Silberberg bei Bodenmais.

Erzaufbereitung und verwitternde Erzhalden.

der Umgebung hervortritt. Infolge der zackigen Ausbildung des Gipfels führt er auch im Volksmund den Namen Bischofshaube. Durch die Schwefeldämpfe der Erzaufbereitung sowohl als auch durch die bei der Verwitterung der Erze im oberen Teil des Berges sich bildenden Sulfatlösungen wurde fast jegliche Vegetation vernichtet und das Gestein völlig bloßgelegt und hierdurch die zum Studium der Lagerstätte vorzüglichsten Aufschlüsse geschaffen.

Über den Berg verläuft die Grenze zwischen Gneis und Granit etwa in der Richtung von SO. nach NW.

Das Gestein ist im allgemeinen das des normalen bayerischen Waldgranits, also ein weißliches, mittel- bis feinkörniges Gestein, das durch die Einwirkung der Atmosphärilien oberflächlich zu starker Vergrusung neigt. Auffallend ist die Erscheinung, daß der Granit besonders gegen die Gneisgrenze hin gern porphyrische Struktur annimmt und dann in ein Gestein vom Haupttypus des Kristallgranites übergeht. Gegen die Gneisgrenze hin nimmt der Granit aus dem Nebengestein

184

Cordierit und Granat auf, er schließt resorbierte Gneisfetzen ein und allmählich, ohne scharfe Grenze vollzieht sich der Übergang des Granits in den Gneis unter Bildung einer Zone von injizierten Schiefern zwischen beiden Gesteinen, die bald an- bald abschwellend stark gefaltete und geschichtete Bildungen darstellen mit meist sehr hohem Glimmer- (Biotit-) gehalt und von Adern des Granits parallel und quer zur Schichtung in reichem Maße durchsetzt sind.

Wie im Graphitgebiet bei Passau ist auch der herzynische Gneis in den übrigen Teilen des Bayerischen Waldes als ein umgewandeltes sedimentäres Gestein zu betrachten, das aus älteren Tonschiefern entstanden ist, derart, daß die Tonschiefer durch ein jüngeres Granitmagma, das in sie eindrang, ihre Bestandteile auflöste, umgewandelt und randlich in mehr oder minder ausgedehnte Zonen injizierter Schiefer übergeführt wurde.

Dem geologischen Alter nach dürfte diese herzynische Gneisformation des Bayerischen Waldes, in das untere Paläozoikum zu stellen sein, wie sich das aus verschiedenen Funden ergeben hat.

Neben den oben erwähnten Injektionen von granitischem und aplitischem Magma in den Gneisen (injizierten Schiefern), treten besonders im Silberberggipfel, große Gänge auf, die fast ausschließlich Quarz führen, mitunter etwas Muscovit und Turmalin. Sie durchsetzen linsenartig und geflammt das Gestein und für den Bergmann dort gilt es als Regel, daß in der Nähe dieser Quarzinjektionen erzführende Horizonte auftreten.

In den Gipfelfelsen des Silberberges zeigt sich eine ausgesprochene Querklüftung. Diese Klüfte sind stellenweise von Neubildungen erfüllt, stellenweise durchsetzen auf ihnen in vertikaler Richtung mächtige Quarzgänge den Berg.

Der Gneis des Silberberges ist als injizierter Schiefer aufzufassen. Seine dunklen Bestandteile bilden die umgewandelten altpaläzoischen Tonschiefer, während die hellen Bestandteile dem granitischen Magma entstammen, das das Liegende des Berges bildet.

Die Beziehungen der Erzlagerstätten im Silberberg zur Grenze von Granit und Gneis lassen sich allein schon durch die Anlage der Stollenmundlöcher deutlich erkennen. Ein im Besitz des Oberbergamtes München befindlicher Grubenplan (veröffentlicht in E. WEINSCHENK: Bodenmais—Passau, Taf. II, München 1914) zeigt die bergbaulichen Verhältnisse der Lagerstätte im Grund- und im Aufriß mit Einzeichnung der Granit-Gneis-Grenze im Grundriß.

Aus diesem Plan läßt sich folgendes erkennen:

1. Das Auftreten der in den injizierten Schiefern eingelagerten Erzmassen ungefähr parallel zur Grenze gegen den Granit,
2. die vollkommen unregelmäßige Form der einzelnen Erzkörper.

Im Grundriß zeigt sich, daß die Erze im Gneis auftreten in einem verhältnismäßig wenig breiten Streifen. Im Granit selbst sind nirgends größere Erzanhäufungen angetroffen worden, auch nicht im Gneis direkt an der Grenze gegen den Granit. Die Erzführung setzt erst in weiterer Entfernung von dem Kontakt im Gneis auf, beginnend mit einer Zone geringer Erzmittel im Liegenden, dem sogenannten Liegendtrum, auf welches dann das Haupttrum mit den mächtigsten

Erzanhäufungen folgt und nach oben hin als Hangendtrum mit einer Zone wenig mächtiger Erzmittel seinen Abschluß findet. Bestimmte und festgelegte Grenzen zwischen den einzelnen Trümern lassen sich bei der Unregelmäßigkeit der einzelnen Erzkörper nicht aufstellen.

Die Grenze zwischen Granit und Gneis ist keineswegs eine scharfe, sondern der Übergang von Granit zu den injizierten Schiefern ist ein ganz allmählicher. Am Kontakt selbst zeigen sich in dem vorwaltenden Granitgestein größere und kleinere resorbierte Schieferfetzen regellos verstreut und von einem geschichteten Verhalten des Gesteins ist noch nichts zu sehen. Bei weiterer Entfernung vom Kontakt macht sich der ursprünglich geschichtete Bestandteil mehr bemerkbar, die lagerartige Anordnung tritt deutlicher hervor.

In diesen Zonen der injizierten Schiefer treten, konkordant eingelagert, die mächtigsten Erzanhäufungen auf, mit den Schiefern etwa parallel zur Granitgrenze streichend. Das allgemeine Streichen und Fallen der Erzmassen ist im großen und ganzen gleich dem der injizierten Schiefer. Im einzelnen jedoch sind dieselben außerordentlich verschieden.

Unterzieht man die Lagerungsverhältnisse einer genaueren Betrachtung, so zeigt sich, daß das Hangende und das Liegende des gleichen Erztrumes für gewöhnlich Gesteine von verschiedener petrographischer Beschaffenheit führen. So treten die reichsten Erzmassen eingelagert auf zwischen Hornfels-artigen Gesteinen aus der Reihe der injizierten Schiefer einerseits und Pegmatitinjektionen, in denen ein spangrüner Orthoklas vorherrscht. Das Auftreten dieses Gesteins weist erfahrungsgemäß auf nahe Erzanhäufungen hin. In diesen groben, körnigen Orthoklasgesteinen, die sowohl ihrem Charakter als auch ihrer Lagerungsform nach vom Granit ausgehende Injektionen darstellen, treten häufig große Individuen von Spessartin und Cordierit auf. Gegen das Erz hin sind diese Injektionen vollständig von Kiesen durchsetzt und in den Erzkörpern selbst finden sich Brocken dieses Gesteins oft in großer Anzahl in eckigen oder gerundeten Bruchstücken. An den Stellen, wo diese Orthoklas-Ganggesteine eine festere Beschaffenheit annehmen, tritt das Erz nicht mehr als Imprägnation in ihm auf, sondern bildet darin echt gangartige Bildungen, ebenso auch in den sehr verbandfesten Hornfelsen. Diese Erzgängchen sind dann häufig gegen das Gestein hin von einem Zinkspinell-Salband begleitet.

Die Erze, die im allgemeinen dem Generalstreichen der injizierten Schiefer folgen, weisen aber an zahlreichen Stellen im Silberberg hierin Unregelmäßigkeiten auf, indem sie diese Schiefer, mächtige Partien des Nebengesteins umschließend, senkrecht zum Streichen durchsetzen. Besonders auffallend sind diese Erscheinungen im Bergbau „Gottesgab Tiefstem“ zu Tage getreten.

Jünger noch als die obengeschilderten aplitischen und pegmatitischen Gangbildungen sind linsenförmige Quarz-Injektionen, die besonders in der nächsten Nachbarschaft der Erzmassen in großer Menge auftreten. Wo sie zertrümmert sind, tritt auch in sie das Erz hinein. Gerade diese Erscheinung, die die Erzbildung als noch jünger als die Quarzgänge erweist, also auf epigenetische Bildung der Erze hindeutet, dient als Beweis gegen die seinerzeit von Gümbel ausgesprochene Auffassung, der die Erzlager als syngenetisch, also gleichalterig mit den Gneisen, erklärte.

Aus allen Beobachtungen sowohl, sowie aus der ganzen Lagerungsform geht hervor, daß die Bildung der Erze mit dem granitischen Magma in Zusammenhang steht, in dessen Gefolgschaft sie emporgedrungen sind. Wie schon angedeutet, finden sie sich in größeren Anhäufungen im Granit überhaupt nicht, auch nicht in den Kontaktzonen, die vom Granitmaterial durchsetzt sind und eine größere Verbandfestigkeit aufweisen. Hingegen treten sie an den Stellen in den injizierten Schiefern auf, an welchen das Hornfels-artige der Schiefer in einen mehr geschichteten Charakter übergeht. So vor allem an den Stellen, wo sich bei den zahlreichen Gebirgsbewegungen zwischen den verschiedenen verbandfesten und biegsamen Gesteinen Auflockerungsklüfte ergaben, in die dann die Erze hineindrangen und je nach dem Grade der Auflockerung Erzkörper von außerordentlicher Unregelmäßigkeit bildeten.

In früherer Zeit wurden die Erze im Silberberg hauptsächlich durch Feuersetzen gewonnen und wo dies der Fall war, lassen sich heute noch die Formen der Erzmassen vortrefflich erkennen, so besonders an der großen Chaue auf der nordöstlichen Seite des Berges. Die konkordante Einlagerung des Erzes, sein elliptischer Querschnitt lassen sich hier, wie auch an zahlreichen anderen Stellen, deutlich ersehen. Analog dem Auftreten der Graphitlinsen können auch die Erzmassen

Abbildung 29.   phot. ARNDT.

Grosse Chaue am Silberberg. Ausgebrannter Ort.

im Silberberg zu bedeutender Mächtigkeit anschwellen, so z. B. im „Großen Barbaraverhau", wo eine Erzlinse ausgebaut ist, von etwa 14 m Mächtigkeit und fast doppelter Höhe.

Das Erz dieser Höhlung bestand aus reinem kompaktem Magnetkies und wurde fast ausschließlich durch Feuersetzen gewonnen. Die Erzmasse gehörte sowohl dem Haupttrum, als auch dem Hangendtrum an und erreichte durch Berührung beider Linsen die im Bodenmaiser Bergbau sonst ungewöhnlich geschilderte Größe.

Das normale Erz stellt ein völlig strukturloses Gemenge von Magnetkies und Schwefelkies dar, von denen bald der eine, bald der andere überwiegt. Als regelmäßige Beimengungen treten Kupferkies, Bleiglanz und Zinkblende hinzu; ferner treten darin eine große Reihe regellos verstreuter Mineralien auf, die jedoch nicht als gangartige Bildung anzusprechen sind. Im gewöhnlichen, normalen Erz findet sich der Schwefelkies stets in ganz leicht verwitterbaren Kristallen im Kupferkies, das einzige Anzeichen einer bestimmten Struktur, aus der sich eine Reihenfolge der Erzausscheidungen ergibt. Wohlausgebildete Kristalle fehlen dem Erz vollständig; hingegen treten Magnetkies, Zinkblende und Bleiglanz bisweilen in großblätterigen Aggregaten auf.

Wo die Erze an Gesteine vom Typus der Aplite oder grünen Orthoklas-Pegmatite angrenzen, treten als salbandartige Bildungen gegen das Nebengestein Zusammen-

Abbildung 30. phot. Arndt.

Silberberg bei Bodenmais. Eingang zum Barbarastollen

häufungen schwarzer Oktaeder von Zinkspinell (Kreittonit) auf. Dieses Band ist meist nur ganz schwach ausgebildet, kann aber auch mitunter eine Breite von mehreren Zentimetern erreichen. Diese Salbänderung fehlt gegen Quarz als Nebengestein vollständig. Im Erz selbst finden sich hie und da Aggregate von Zinkspinellen. Die Zinkspinelle erreichen bisweilen eine Größe von mehreren Zentimetern.

Besonders interessant ist das Verhalten des Erzes gegen den Quarz. Dringt Magnetkies in eine Quarzlinse ein, so zeigt sich, daß der Quarz an der Berührungsfläche gerundet erscheint; wo kleinere Erztröpfchen in den Quarz eingedrungen sind, fressen sie runde Löcher aus und alle Ecken und scharfen Kanten des Quarzes werden bei der Berührung mit dem Erz gerundet. Im Magnetkies eingeschlossene Quarzbruchstücke erinnern lebhaft an die bekannten gerundeten Quarzeinsprenglinge im Quarzporphyr. Diese Korrosionserscheinungen deuten darauf hin, daß es sich bei der Bildung der Erze des Silberberges nicht um Absatz aus wässerigen Lösungen handelt, sondern um Imprägnationen und Ausscheidung in den injizierten Schiefern aus einem sulfidischen Magma, das in der Gefolgschaft der granitischen Intrusion in das Nebengestein eindrang. An den wenig verbandfesten Stellen des Gesteins war ihm Gelegenheit geboten, in größerer Menge empor- zudringen und sich zwischen größeren Erzkörpern aufzustauen, wobei natürlich auch große Teile des Nebengesteins mit aufgeschmolzen und diese mit Zink- dämpfen durchsetzt wurden. Auch die schlackenartigen, löcherigen Erze von Magnetkies, die im spätigen Magnetkies oft in den frischesten Anbrüchen in der Tiefe gefunden wurden

an Stellen, wo an éine wässerige Auslaugung nicht gedacht wer- den kann, sprechen für eine Ent- stehung aus einem Schmelzfluß, in dem diese Erscheinung nur als gasförmige Einschlüsse, Gas- blasen, gedeutet werden kann.

Dem Erz gegenüber tritt nun noch eine große Zahl von jün- geren Neubildungen auf, die vor allen Dingen sich im Ausgehen- den der Lagerstätte, im Eisernen Hute, vorfinden. Der Eiserne Hut des Kieslagers, vorherrschend aus Brauneisen bestehend, gab wohl die erste Veranlassung zum Berg- bau im Silberberg, in dem das Brauneisen, wie aus alten Ur- kunden hervorgeht, in den nahe bei Bodenmais gelegenen Häm- mern auf Eisen verhüttet wurde. So wurden im Eisernen Hute selbst seltene basische Eisensulfate und Eisenphosphate gefunden. In wei- terer Tiefe und auch noch auf frischem Erz aufsitzend Vivianit in vortrefflich ausgebildeten Kri- stallen.

Abbildung 31. phot. ARNDT.

Blick vom Silberberggipfel gegen Bodenmais.
Im Vordergrund Eingang zum Barbarastollen.

Zeolithe (Desmin und Harmotom), Schwerspat und Kalkspat, sowie die hervorragend schönen Pseudomorphosen von Brauneisen nach Kalkspat zählen zu den Hauptmineralien des Eisernen Hutes.

Es sind vor allen Dingen zwei Hauptergebnisse, die sich bei der Untersuchung der Bodenmaiser Erzlagerstätte ergeben. Dieses ist erstens, daß der Gneis auch hier wie in den übrigen Teilen des Bayerischen Waldes ein umgewandeltes Sedi- mentgestein ist, zweitens, daß die Falbänder, die Erzeinlagerungen, jüngere Bil- dungen sind gegenüber den umgewandelten Gesteinen, in denen sie auftreten.

Im Streichen des Bodenmaiser Kieslagers treten noch zahlreiche kleinere Kiesvorkommen auf, so im SO. am Rachel, bei Lindberg nördlich von Zwiesel und am rothen Koth, weiter gegen Bodenmais zu auf der Ableg und am Hühnerkobel; jedoch ist der Bergbau auf allen diesen Vorkommen heute eingestellt. NW. von Bodenmais ließen sich die Erze bei Mais, Maisried, Unter- und Oberried und bei Rehberg, in der Nähe von Drachselsried auffinden. Aber auch hier geht auf die Erze kein Bergbau mehr um. So war der Bergbau zu Maisried schon im Jahre 1749 längst aufgelassen.

Neben dem Bergbau im Silberberg wurde in den letzten Jahren während des Krieges die Kieslagerstätte von der Schmelz bei Lam wieder aufgewältigt und in Betrieb genommen. Die geologischen Lagerungsverhältnisse sind hier folgende:

Die Erze treten an der Grenze von Gneis und Glimmerschiefer auf, verhältnismäßig weit entfernt vom Granit, sodaß granitische Injektionen in den Gesteinen nirgends mehr anzutreffen sind. Das Erz stimmt im wesentlichen mit dem von Bodenmais überein, jedoch tritt hier vorwiegend Schwefelkies auf. Das Erzmaterial drang in die dünnen schieferigen Gesteine leicht ein und hat diese konkordant und lagerartig imprägniert, ohne jedoch unregelmäßige, rasch an- und abschwellende Linsen zu bilden. An deren Stellen sind mächtige anhaltende Lager getreten, die auf ihre oft bedeutende Längenerstreckung hin im wesentlichen die gleiche Mächtigkeit beibehalten. Im Gegensatz zu Bodenmais bestehen diese Lager aber nicht aus reinen Kiesmassen, die für den Silberberg besonders charakteristisch sind, sondern aus erzarmen und erzreichen Bändern, welche miteinander abwechseln. Und jedes dieser Bänder zeigt diese gleiche Erscheinung noch einmal im kleinen, so daß sich schließlich das Erzlager zusammensetzt aus abwechselnden ganz dünnen Schieferlagen und ebenso dünnen Erzlagen, die natürlich allen Biegungen und Verstauchungen der stark gefalteten Schiefer folgen. Eine Zusammenscharung quer durch die Schichtung ist selten. Die Schichtfugen der Schiefer sind hier die Stellen des geringsten Widerstandes gewesen, auf denen die Erze in das Gestein eingedrungen sind.

Seit neuerer Zeit ist der Bergbau in der Johanneszeche bei Lam wieder eingestellt worden. Eine eingehendere Darstellung der Kieslagerstätte hat neuerdings K. MIELEITNER in den Geogn. Jahresheften XXXIII. 1920 S. 43—46 (mit einer Tafel) gegeben.

Schwerspat.[1]

Bereits bei Besprechung der Oberpfälzer Flußspatgänge wurde erwähnt, daß auch der Schwerspat auf diesen in abbauwürdigen Massen vorkommt. Außerdem sind noch reiche Schwerspatlager im Spessart, der Rhön und im Frankenwald vorhanden, so daß also auch dieses Mineral zu den bergwirtschaftlich wichtigen des rechtsrheinischen Bayerns gezählt werden muß.

Die Schwerspatvorkommen der Oberpfalz.

Die Flußspatgänge der Oberpfalz, welche sich als sehr erzarme Bleierzgänge darstellen, führen neben Flußspat reichlich Schwerspat, der sehr häufig zum hauptsächlichen Gangmittel wird. An dieses Vorkommen und den gemeinsamen Abbau beider Mineralien sei hier nur erinnert, nachdem die Verhältnisse bei

---

[1] Bearbeitet von Dr. H. LAUBMANN.

Besprechung der Flußspatgänge des Wölsenberges etc. bereits ausführlich behandelt wurden. Der Schwerspat erscheint in den Gängen am Wölsenberg, bei Liesenthan und beim Weiler Freihung, wie in dem gleichfalls früher erwähnten Vorkommen am Kaaghof bei Nittenau in derben blätterigen Massen von meist gelblicher oder schwach rötlicher Farbe in so reichen Anbrüchen, daß mit dem Flußspat große Quantitäten abgebaut werden können. Leider schränkt die unreine Farbe des Produkts eine weitgehende Verwendung ein und so kommt es, daß der Wölsenberger Schwerspat kein sonderlich begehrter Artikel ist.

Ein noch wenig erforschtes Schwerspatvorkommen, das sehr wahrscheinlich mit den Wölsenberger Gängen zusammenhängt, findet sich bei Roggenstein zwischen Weiden und Vohenstrauß. Über seine Abbauwürdigkeit lassen sich mangels eines Aufschlusses keine Angaben machen. Das Mineral bricht auch hier wie am Wölsenberg in blättrigen bis dichten derben Massen und ist von ähnlicher Farbe wie dort.

Vereinzelt wurde dann noch Schwerspat auf Eisenerzgängen am Stecherrangen bei Warmensteinach im Fichtelgebirg festgestellt. Ob diesem Vorkommen praktische Bedeutung zukommt, läßt sich zur Zeit gleichfalls nicht entscheiden.

Die Schwerspatgänge des Frankenwaldes.

Schließlich sei noch der Schwerspatgänge des Frankenwaldes gedacht, die nahe am Gebirgsrande in der Umgegend von Welitsch, Rothenkirchen, Gifting Glasberg und Steinwiesen im Kulm aufsetzen, aber in den letzten Dezennien ganz in Vergessenheit gekommen sind. Aller Wahrscheinlichkeit nach sind es sehr erzarme Mineralgänge, die nur hin und wieder etwas Spat- oder Brauneisenstein, Eisenglimmer, oder Schwefelkies führen, deren Erzführung aber so geringfügig ist, daß sie die Qualität des Baryts keinesfalls ungünstig beeinflußt.

Der Schwerspat bricht in derben blätterigen oder kompakten Massen, ist für gewöhnlich rein weiß mit einem Stiche ins Lichtrosa und nur auf den Klüften durch Eisenoxyd etwas gefärbt, so daß er ein sehr gut brauchbares Material vorstellt. Die Gänge streichen in SO.-NW.-Richtung; über Mächtigkeit, Gangfüllung und Aushalten lassen sich zur Zeit keine bestimmten Angaben machen, da die wenigen Aufschlüsse zu derartigen Feststellungen ungeeignet sind. Der Hauptgang, der direkt bei Rothenkirchen vom Galgenberg über den Teuschnitzer Berg zwischen Marienroth und Brauersdorf streicht, ist an beiden Bergen aufgeschlossen und verfallene Tagbaue lassen erkennen, daß man dort den Schwerspat einst auf sehr primitive Art abbaute. In neuerer Zeit werden die durch Abfuhr- und Bahnverhältnisse günstig gelegenen Gänge bei Rothenkirchen wieder abgebaut.

Die eingangs noch erwähnten anderen Fundpunkte haben nur mehr mineralogisches Interesse.

Serpentin.[1]

Der Serpentin ist ein dichtes hell- oder dunkelgrünes Gestein von meist nicht allzugroßer Härte (3—4), aber großer Zähigkeit und schwerer Verwitterbarkeit. Petrographische Merkmale und geologische Lagerungsform kennzeichnen den Serpentin als Umwandlungsprodukt von intrusiven Olivingesteinen.

---

[1] Bearbeitet von Dr. A. Wurm.

Im Fichtelgebirge ist der Serpentin auf zwei vielfach unterbrochene Züge beschränkt, die das Münchberger Gneismassiv im NW. und SO. mantelartig umgeben. Der nördliche Zug läßt sich von Kupferberg über Paterlesberg, Weidmes Höhe, Rehberg, Rehmühle, Erl bei Grafengehaig, Bärenbühl bei Helmbrechts, Liebenberg bei Leupoldsgrün bis nach Epplas in die Gegend von Hof verfolgen. Auch die Vorkommen von Wasserknoden und Röhrenhof bei Goldkronach gehören diesem Zug an. Die Serpentinlinsen sind hier meistens Glimmergneisen zwischen geschaltet.

Der zweite Zug begleitet den Südostrand der Münchberger Gneismasse. Ihm gehört die Serpentinkuppe von Haidberg bei Zell an, an der ALEX. V. HUMBOLDT zum erstenmal den Polarmagnetismus feststellte, ferner die Vorkommen von Wirsberg und Kupferberg, von Sparneck, Förbau, Schwarzenbach a. S. und der Wojaleite bei Wurlitz. Hier tritt der Serpentin im Verband mit Chlorit- und Hornblendeschiefern auf.

Alle diese Vorkommen gehören mineralogisch dem gewöhnlichen Serpentin an. Nur selten mischen sich schmale Bänder gelben edleren Serpentins bei. Ein gar nicht seltener Begleiter des Serpentins ist Bronzit (Paterlesberg, Haidberg).

Abbildung 32.　　　phot. Dr. M. SCHUSTER.

Serpentinbruch an der Wojaleite.

Weitaus das technisch bedeutendste Vorkommen ist das an der Wojaleite bei Wurlitz (vgl. Abbildung). In mächtigen Steinbrüchen ist hier das Nordgehänge des Schwesnitztales entblößt und gewaltige Schutthalden geben eine Vorstellung von den Gesteinsmassen, die hier im Lauf langer Jahre gebrochen wurden. Der etwas über einen halben Kilometer breite Serpentinzug ist zwischen Chloritschiefer und Kulmschichten eingekeilt. Die Steinbruchanlagen zeigen das für alle Serpentinvorkommen charakteristische Bild starker Beeinflussung durch gebirgsbildende Bewegungen. Ein Netz von Störungen durchzieht das Gestein nach allen Richtungen und beschränkt auch in gewissem Maße seine technische Verwendungsmöglichkeit. Man unterscheidet in den Brüchen den sogen. Hartserpentin und den weichen oder flatschigen Serpentin. Diese weiche, in der Farbe lichtgrüne Abart ist hauptsächlich an die Bruch- und Ruschelzonen gebunden. Sie zerfällt beim Anschlagen gern in linsenförmige Knollen, deren Oberfläche mit einer glatten Harnischpolitur überzogen ist. Dieser flatschige Serpentin kann z. B. als Gleisbettungsmaterial nicht verwendet werden, er eignet sich aber bis zu Nußgröße zerkleinert zur Verbindung mit Zement.

Die Hauptmasse des Wurlitzer Bruches ist aber ein festes, zähes, blaugrünes Gestein, der sogen. Hartserpentin. Er wird bei der Gewinnung möglichst von dem weichen Material abgesondert. Das Gestein ist wohl das gesuchteste Material für Gleisschotterung und hat in Bayern weitgehendste Verwendung gefunden. Die Vorzüge des Gesteins, seine Zähigkeit und seine Frost- und Wetterbeständigkeit kommen hier besonders zur Geltung. Der Hartserpentin besitzt eine mittlere Druckfestigkeit von 3175 kg/qcm und eine mittlere Abnützung nach Gewicht von 7,95 g, neuere Druckproben haben nach den Angaben von Herrn Hess Belastungsmöglichkeiten bis 3400 kg/qcm ergeben. Die mit dem Steinbruch verbundene maschinelle Anlage erzeugt Grob- und Kleingeschläge; letzteres findet hauptsächlich für Eisenbeton, Fundamentbauten, Kunststeine und Terrazzo Verwendung.

Auch am Haidberg bei Zell wird der Serpentin neuerdings wieder zwecks Gewinnung von Bruchsteinen und Schottermaterial abgebaut. Das Gestein scheint größtenteils guter Hartserpentin zu sein, in dem flatschige Partien verhältnismäßig selten auftreten. Auf den Klüften hat sich, wie in Wurlitz, reichlich grünlichgelber Topazolith abgeschieden. Angeblich wurden früher in den alten Brüchen am Haidberg auch größere Säulen gewonnen, die verschliffen wurden.

Weiter südlich in der Oberpfalz kommt der Serpentin in der Gegend von Erbendorf zwischen Grötschenreuth, Thumsenreuth und Plärn in breiter Masse zum Durchbruch. Schon morphologisch kommt das durch den sterilen Charakter der Gegend deutlich zum Ausdruck. In mächtigen bizarren Felsblöcken tritt der Serpentin am Föhrenbühl im Fichtelnaabtal zu Tage. Er enthält hier als Einlagerung Topfstein, der von den bayerischen Specksteinwerken abgebaut wird. Steinbruchbetriebe im Serpentin selbst sind nicht vorhanden, obwohl das Gestein gerade hier ausnehmend hart und zäh ist und ein hochwertiges Schottermaterial liefern könnte (NO. 82/15 u. 16).

Allbekannt ist die Verwendung des Serpentins zu ornamentalen Zwecken. Das Gestein zeigt geschliffen vielfach eine sehr hübsche Maserung, die durch schlierenartiges Auftreten von Magneteisen hervorgerufen wird, oder ist manchmal durch Ausscheidung von Eisenoxyd rötlich geflammt und geadert. Auch im Fichtelgebirge wurde der Serpentin früher zu allen möglichen Schmuckgegenständen Uhrengewichten, Wärmsteinen, Tintengefäßen u. s. w. verschliffen. Diese Industrie, die früher von Peterleinstein bei Kupferberg, von Röhrenhof (unfern Goldkronach) ihr Rohmaterial bezog und in ziemlicher Blüte stand, ist fast ganz zum Erliegen gekommen oder wird doch nur mehr von wenig Leuten ausgeübt, die sich im Winter damit einen Nebenverdienst verschaffen. So wurde uns von einem Bauer aus Rothenbühl erzählt, der noch diesem Handwerk obliegt und gelegentlich auch hübsche Proben seiner Kunstfertigkeit in Berneck zur Ausstellung bringt.

<h1 style="text-align:center">Smirgel.[1]</h1>

Als Oberpfälzer Smirgel (Schmirgel) bezeichnet man im allgemeinen das im wesentlichen aus roten Granatsplittern bestehende Pulver, das durch Zerkleinern und Schlämmen von granathaltigen Urgebirgsgesteinen gewonnen wird und in den Spiegelschleifereien des Oberpfälzischen und Bayerisch-böhmischen Waldes eine rege Verwendung findet.

Der Oberpfälzer Smirgel ist ein Ersatzprodukt für den echten Smirgel, dem pulverisierten Korund von Naxos und Samos und von Kleinasien, welcher reine Tonerde darstellt, während der Granat unseres einheimischen Smirgels eine Eisenaluminium-Kieselsäureverbindung ist. Die große Härte des Granats (etwas über 7 der Mohr'schen Härteskala), wenngleich geringer als die des Korunds (Härte 9), ist hinreichend groß, um das Schleifen und Polieren von Glasplatten, Marmorgesteinen und Metallen zu ermöglichen.

Der den Smirgel bildende Granat kommt in Hornblendegesteinen des kristallinischen Schiefergebirges der Gegend zwischen Erbendorf und Vohenstrauß, dann südlicher bei Winklarn und Nabburg, vor und zwar besonders in Hornblendegneisen und -Schiefern, in Amphiboliten und Dioriten, Granuliten und Eklogiten. Hier tritt er in den meisten Fällen als Übergemengteil neben den anderen Mineralien, Feldspat und Hornblende (bezw. Augit in den Eklogiten) auf, entweder in Form von rötlichen Putzen oder als wohlausgebildete bis rundliche Kristalle von Stecknadelkopfgröße bis zur Größe einer kleinen Haselnuß.

Da in den Smirgelgesteinen lediglich der Granat zu verwenden ist, so setzt seine Gewinnung eine Aufbereitung der Gesteine voraus und einen verhältnismäßig großen Reichtum an Granaten. Die rationelle Aufbereitung der Muttergesteine des Granats ist jedoch wegen der meist großen Härte der Hornblendegneisgesteine nur bei stark verwittertem Zustande der letzteren möglich. Reicher Granatgehalt und vorgeschrittener Verwitterungsgrad sind aber Vorbedingungen, die nur von ganz wenigen Gesteinsvorkommnissen erfüllt werden.

Waren früher an verschiedenen Orten kleine Abbaue vorhanden, die so lange anhielten, als das zu Sand verwitterte oder sonst gelockerte Gestein noch nicht ausgebeutet war, so kommen heute für die Gewinnung nur mehr folgende zwei Stellen in der Oberpfalz in Betracht:

1. Der Smirgel von Wildenreuth (S. von Erbendorf).

Südöstlich unweit von dem Dorfe Wildenreuth befindet sich eine etwa 10 m tiefe Smirgelgrube (Gräflich v. Podewils'sche Gutsverwaltung), die augenblicklich (1921) still liegt. Das Muttergestein des Smirgels ist hier ein schwefelkiesführender, wohlgeschichteter Hornblendegneis bis massiger Hornblendeschiefer (Amphibolit), die in ziemlich große Falten gelegt sind und in welche die Smirgelpartien eingelagert sind, teils in Gestalt von nicht gerade häufigen schmäleren oder dickeren Linsen oder von langgezogenen Bändern, die mit den Schiefern im wesentlichen gleich verlaufen. Das Hornblendemuttergestein führt nur geringe Mengen von Granat und ist an vielen Stellen völlig frei davon.

---

[1] Bearbeitet von Dr. M. Schuster.

Die Smirgeleinschaltungen bestehen aus meist stark verwitterten Granatamphiboliten, die durch eine ungewöhnliche Anreicherung von dicht aneinandergedrängten Granatkristallen von Schrotkorn- bis fast Haselnußgröße ausgezeichnet sind. Hiebei ist der Erhaltungszustand bei den größeren Granatkristallen in der Regel besser als bei den kleinen, die häufig zu Eisenoxyd umgewandelt sind.

Die Smirgelgrube läßt zwei Abbaubereiche erkennen, einen äußeren im gänzlich verwitterten Hornblendegneis, der die Gewinnung der gleichfalls bis auf die Granatkörner fast völlig verwitterten Smirgellagen geradezu allein ermöglicht, und eine innere, bergwärts gelegene, im festen, zum Teil massigen Hornblendegestein, dessen schwierige Abräumung die Verfolgung der auch in der frischeren Umgebung ziemlich lockeren Smirgeleinschaltungen bisher nicht mehr gelohnt hat.

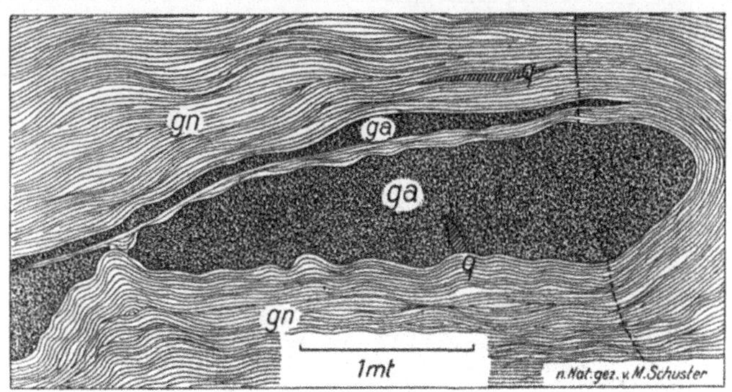

Abbildung 83.

Smirgeleinlagerungen im Hornblendegneis von Wildenreuth i. O.

ga Granatamphibolit (Smirgel), *gn* Hornblendegneis, *q* Quarzgänge, ···· Steinbruchumbiegung.

Die Verbandsverhältnisse zwischen dem Hornblendegneis und den Smirgeleinlagerungen waren im Jahre 1921 an der Südwestwand des nach Südosten gerichteten Bruches sehr gut aufgeschlossen (vgl. Abbildung). In dem hier ganz zu Sand und Lehm verwitterten Hornblendegneis sind eine mehrere Meter lange und fast einen Meter hohe, an beiden Enden rundlich abgeschlossene Linse[1]) und ein schmales, langgestrecktes Band von Granatamphibolit eingelagert, der stellenweise von Quarzschnüren durchzogen, durch die Verwitterung von Schwefelkies[2]) zu Eisenoxyd braunrot und rostbraun geworden und zu locker zusammenbackendem Granatsand zerfallen war.

Der Granatsand bestand hiebei aus frischen, teils oberflächlich rauhen, teils klaren, rotdurchscheinenden Granatkristallen von der durchschnittlichen Größe eines Erbsenkorns. In seiner Anordnung der Kristalle läßt der Sand die ehemalige Schieferung der Gesteine noch gut erkennen. Die Gewinnung des Smirgels

---

[1]) Im festeren Gestein der Grube eingeschlossen wurden Smirgellinsen beobachtet mit einem festen, granatarmen Kern von Amphibolit und zwiebelschalenartig ihn umschließenden Granatlagen.

[2]) Beimengungen von noch frischem Schwefelkies zum Smirgel sind unerwünscht, da er beim Schleifen der Gläser sich mit schwarzer Farbe in diese einfrißt und sogen. Graphitflecken erzeugt.

in den zersetzten Gneispartien konnte seinerzeit mit der Schaufel geschehen und es genügte zur Reinigung des Fördergutes eine geringe Waschung und Schlämmung.

Die sandiglockere Beschaffenheit des überaus granatreichen Smirgelgesteins von Wildenreuth steht in der Oberpfalz vereinzelt da; einem gewinnbringenden Abbau steht freilich die geringe Mächtigkeit der verwitterten Partien gegenüber, die nach der Tiefe zu rasch in das unverwitterte und einen Abbau hemmende Hornblendegestein übergehen.

2. Der Smirgel von Albesrieth.

Gleich am Bahnhof beim Dörfchen Albesrieth (Bahnstrecke Vohenstrauß und Neustadt a. W.) befindet sich der Tagbau auf Smirgel der Zeche „Maximilian"

Abbildung 84.   Phot. Dr. M. Schuster.

Smirgelgrube bei Albesrieth (Oberpfalz).
Das Smirgelgestein (Granatamphibolit) wird im Tagbau mittels
Haspelförderung (rechts der Förderschacht) gewonnen.

in Gestalt von zwei etwa 10 m tiefen Gruben (vgl. Abbildung), der bis zum Einsturz der Decke unterirdisch betrieben worden war. Gegenwärtig wird das granathaltige Gestein von zwei Arbeitern unter Haspelförderung gewonnen. Der

196

Träger des Granats ist ein in polygonale Brocken brechender Granatamphibolit, der in Form einer dicken Linse in einem stark sandig verwitterten, grobkörnigen Granit eingebettet ist. Diese Linse ist an der Grenze zum einschließenden Granit — unter Ausscheidung von Eisenoxyd auf den zahlreichen Kluftflächen und unter Bildung von grünlichem Chlorit aus der Hornblende — so verwittert, daß das Gestein sich ziemlich leicht pochen und schlämmen läßt und so die Gewinnung des Granats aus dem Schlämmrückstand ermöglicht.

Die Granaten treten im Gestein in meist rundlichen, im Mittel schrotkorngroßen und teilweise sehr stark angehäuften Kristallen auf. Der „grüne" Smirgel geht nach der Tiefe in „blauen" Smirgel über, d. h. in unverwittertes Gestein. Dieser besitzt eine durch den rötlichen Granat bewirkte schwärzlichrote Farbe, die durch ein lichtbläuliches Bindemittel der Granatkörner einen Stich ins Blaue erhält. Das frische Gestein ist von großer Zähe und scheint ein Pochen nicht mehr zu lohnen.

Das gleiche Gestein wurde noch vor dem Kriege unweit von Albesrieth, nächst dem Dorfe Erpetzhof, in unterirdischem Betrieb gewonnen. Der Granatgehalt erscheint hier noch größer als bei Albesrieth selbst, das mürbe Gestein ist jedoch ausgebeutet und die Gewinnung des Granats aus dem frischen offenbar nicht rationell.

Außer den Smirgelgesteinen der vorgenannten Fundorte sind in älterer Zeit verschiedene granatführende Gesteine mit meist nur geringem Erfolg gebrochen worden, so bei Woppenried,[1] nördlich von Waldthurn; bei Irchenreuth NW. von Leuchtenberg; SW. von Oberlind am Wolfsbühl, sämtliche Orte in der Nähe von Vohenstrauß gelegen. Auch von der Plärnmühle östlich von Erbendorf ist ein granatführender Hornblendeschiefer als Smirgelgestein bekannt geworden, ohne daß es zu einem nachhaltigen Abbau gekommen wäre.

Speckstein, Topfstein und ihre technische Verwertung.[2]

Der Talk und seine Abarten Speckstein und Topfstein sind ihrer chemischen Zusammensetzung nach wasserhaltige Magnesiasilikate, die bis jetzt in der Natur entweder in blätterigen oder dicht kristallinischen Aggregaten, noch nie aber in deutlichen Kristallen beobachtet wurden. Ihr meist lichter Farbton, die gleichmäßige Weichheit und zum Teil dichte Struktur, die Eigenschaft feuerbeständig zu sein und nach dem Brennen bedeutende Härtegrade anzunehmen, machen sie einerseits zu einem bildsamen und der mechanischen Bearbeitung leicht zugängigen, andererseits zu einem sehr widerstandsfähigen Werkmaterial. So kommt es, daß sowohl der blätterige, weiß oder hellgrün gefärbte Talk, sowie seine gelblich oder graulich gefärbten, weniger reinen Abarten, der dichte feinkristallinische Speckstein und der feinschuppige Topfstein stets vielgesuchte und technisch begehrte Mineralien waren.

---

[1] Ein angeblicher Smirgel von dem Dorfe Woppenried, 7 km SSW. von Vohenstrauß, ist ein völlig granatfreier Biotitgneis.

[2] Bearbeitet von Dr. H. Laubmann.

Sie sind keine ursprünglich gebildeten Mineralien, sondern verdanken ihre
Entstehung vielmehr einem energischen, sekundären, geologischen Prozeß, der
Talkbildung, die in den Kontaktzonen von Graniten diesen selbst, sowie alle
anliegenden Gesteine in das Magnesiasilikat umwandelte oder bei der Serpentinisierung der Olivingesteine nebenher lief. Jedenfalls waren es stark magnesia-
haltige juvenile Thermen, unter deren Einfluß sich diese tiefgreifende Gesteins-
zersetzung vollzog.

Von diesen Talkarten sind es nur der Speckstein und Topfstein, die durch
ihre praktisch bedeutsamen und geologisch hochinteressanten Vorkommen in
Bayern von jeher das Interesse der Technik und Wissenschaft in Anspruch nahm.
Sie sollen daher im Nachstehenden etwas ausführlicher behandelt werden.

Speckstein.

Der Speckstein mit seinen Pseudomorphosen nach Kalkspat, Bitterspat, Quarz
und Tremolit, wie er sich bei Göpfersgrün und Thiersheim unfern Wunsiedel
findet, hat durch die Merkwürdigkeit seines Vorkommens und seiner Entstehung
sicherlich zu einem großen Teil dazu beigetragen, daß das Fichtelgebirge zu den
mineralogisch bekannten und interessanten Gegenden gezählt und von Mineralogen
und Geologen so viel besucht wird. Seit altersher gräbt man ihn an den genannten Orten in kartoffel- bis höchstens kopfgroßen, oft nierenförmig ausgebildeten Knollen, seltener in größeren Blöcken. Das Mineral fühlt sich fettig
an, ist weich, mit dem Messer noch schneidbar und mechanisch leicht zu bearbeiten, aber von dichter kristallinischer Struktur. Das spezifische Gewicht ist
dasjenige des Talkes 2,6—2,8. Der Bruch ist uneben. Seine gewöhnliche Farbe
ist weiß, lichtgrau oder gelblich, durch Eisen- oder Manganoxyde wird er bräunlich oder schwärzlich gefärbt. Durch deren Infiltration entstehen sehr häufig
schön ausgebildete Dendriten, die zu Anfang des 19. Jahrhunderts von ESPER
in Erlangen für organischen Ursprungs, als die Reste von *Fucus Helminthocordos*
angesehen wurden. Das Mineral schmilzt nur an den feinsten Kanten, nimmt
aber durch das Brennen einen bedeutenden Härtegrad, ungefähr Quarzhärte an,
eine Eigenschaft, die für die technische Verwertung von größter Bedeutung ist.

	Berechnete Zusammen-setzung	KLAPROTH	BUCHHOLZ und BRANDES	RICHTER Grünlich-weißer Speckstein v.spez.Gew. 2,79	LUBMANN Gelblicher Speckstein	WEINSCHENK Pseudomorph nach Quarz	WEINSCHENK Pseudomorph. nach Dolomit	WEINSCHENK Gew. grünl. Speckstein
Si O$_2$	63,52	59,50	60,10	62,03	61,27	62,87	63,32	62,98
Mg O	31,72	30,50	30,20	31,44	31,36	31,62	31,49	31,36
Fe$_2$O$_3$	—	2,30	3,20 inkl.0,5%Cu	1,88	1,97	1,31	0,57	1,85
H$_2$O	4,76	5,50	5,50	4,96	5,45	3,93	4,38	4,32
	100,00	97,80	99,00	100,31	100,05	99,73	99,76	100,51

RAMMELSBERG, Handbuch der Mineralchemie 1860, S. 515   GROTHS Zeitschrift XIV, 305

Chemisch ist der Speckstein, wie schon eingangs bemerkt, ein wasserhaltiges Magnesiasilikat, das ungefähr 60 % Kieselsäure, 30 % Magnesia, 5 % Wasser und den Rest gewöhnlich als Eisenoxyd als Verunreinigung enthält. Die Analysen des Minerales, die aus verschiedenen Zeiten stammen, ergaben immer eine übereinstimmende Zusammensetzung.

Das Specksteinvorkommen erstreckt sich längs des Granitkontaktes von Göpfersgrün bis etwas über Thiersheim hinaus in einer ungefähren Ausdehnung von 2 km Breite und 6 km Länge. Es ist einerseits von Granit, andererseits von Dolomit-Kalkgestein und Phyllit eingeschlossen. Das Mineral selbst findet sich entweder in mehr oder weniger großen Knollen im völlig zersetzten Nebengestein, dem sogen. Specksteinmulm, eingebettet, oder ist direkt mit dem harten Dolomit-Kalkgestein verwachsen. Der Granit selbst zeigt eine tiefgehende Veränderung, er ist mürbe und bröckelig geworden und stellenweise kaolinisiert oder ähnlich wie am Strählerberg bei Marktredwitz auch chloritisiert. Er sowohl, wie die übrigen am Kontakt liegenden Gesteine mit ihren Einschlußmineralien sind stellenweise in Speckstein übergeführt. Von den letzteren sind es nur Uranglimmer und Graphit, die aus dem Granit oder Kalk stammend, diesem Umbildungsprozeß widerstanden und sich als Seltenheit ab und zu im Speckstein wiederfinden, während alle übrigen, wie Quarz, Kalkspat, Bitterspat und Tremolit als Pseudomorphosen von Speckstein auftreten. Das Problem der Bildung des Specksteins und seiner Pseudomorphosen nach den eben genannten Mineralien hat daher von jeher das lebhafteste Interesse der Mineralogen und Geologen in Anspruch genommen und alle Theorien, die über Pseudomorphosenbildung aufgestellt wurden, haben auch ihre Anwendung auf die Entstehung des Specksteins gefunden, ist doch das ganze Specksteinlager nichts anderes als eine große Pseudomorphose. Sie alle aufzuzählen ist hier nicht der Platz. Schon frühzeitig erkannte man jedoch die wichtige Rolle des benachbarten Granites bei diesem Prozesse und man nahm an, daß es die aus der Zersetzung des granitischen Feldspates hervorgegangenen kieselsäurehaltigen Wässer sind, welche langsam und auf wässerigem Wege die Umwandlung des Dolomites und Kalkes mit samt ihren Drusenmineralien in Speckstein, sowie die Neubildung von Quarz und Chalzedon, die sich häufig in diesem vorfinden, bewirkt haben. Man hielt also nur den Dolomit resp. dolomitischen Kalk einer Umwandlung in Speckstein fähig. Späterhin aber, als man fand, daß auch der Granit, der anliegende Phyllit, die Schiefer durch diesen energisch wirkenden Talkbildungsprozeß in Speckstein umgewandelt wurden, kam man zu der Ansicht, daß diese radikale Umbildung nur von heißen magnesiareichen Thermen verursacht sein kann, die in der Kontaktzone des Granites als postvulkanischer Prozeß zur Geltung kamen.

Der Speckstein wurde in frühester Zeit im Raubbau gegraben, seit den 50 Jahren des vorigen Jahrhunderts aber wird er sowohl auf den älteren Gruben bei Göpfersgrün, die ca. 1,5 km östlich des Dorfes zu beiden Seiten der Straße nach Thiersheim liegen, als auch in den neueren um Thiersheim liegenden Gruben aus einer Tiefe von 10—50 m bergmännisch gewonnen. Dieser kleine Bergbau hat sich durch das sozusagen konkurrenzlose Vorkommen, durch die Größe der gewinnbaren reinen Specksteinstücke und im Zusammenhang mit der praktischen Verarbeitung und Verwertung des Materials zu einer Monopolindustrie des Fichtelgebirges entwickelt. Dieselbe wurde noch durch den Umstand begünstigt, daß alle bis jetzt aufgetauchten ausländischen Specksteinsorten mit dem Göpfersgrüner Material auf die Dauer als Konkurrenzprodukte nicht in Frage kamen, da sie sich ausnahmslos als Topfstein herausstellten. Ein Teil des chinesischen Speck- oder Bildsteines, der als Schnitzereien auch bei uns im Handel ist, besteht wohl aus Speckstein, ein anderer Teil dagegen ist Agalmatolith, ein dichtes Aggregat von Pyrophyllit. Das Vorkommen des echten Specksteines scheint überhaupt ein sehr beschränktes zu sein, denn auch eine Reihe der nur mineralogisch interessanten, zum Teil als Pseudomorphosen von Speckstein nach Feldspat und mehreren anderen Mineralien in der Literatur aufgeführten Funde, sind nicht Speckstein, sondern nach neueren Untersuchungen wechselnde Gemenge dichter Aggregate von Chlorit und Serizit.

Der Speckstein, oder Schmärstein, Schaberstein, wie er heute noch im Volksmund heißt, fand seine erste technische Verwendung bereits im Mittelalter und zwar als Flintenkugeln, die nach dem Formen hart gebrannt wurden. Dieser Fabrikationszweig war aber nur von kurzer Dauer und bis zur Mitte des vorigen Jahrhunderts, wo die Specksteingruben im Besitze des Staates waren, wußte man mit dem Material eigentlich wenig anzufangen. Man verwandte es und verwendet es heute noch als Federweis, Puder, Schneiderkreide, Füllmaterial in der Papier- und Seifenindustrie, als Schmiermittel, fertigte aus ihm einfache Gebrauchsgegenstände, wie Briefbeschwerer, Schreibzeuge, Dosen, Uhrgewichte, Pfeifenköpfe etc. und vor Einführung des Porzellans vorübergehend wohl auch Apothekenbüchsen, Thee- und Kaffeezeug an, die mehr als Gebrauchsgegenstände für die Bewohner der Gegend wie als begehrte Handelsartikel geeignet waren. Erst als im Jahre 1857 die Specksteingruben aus dem Staatsbesitze auf die Firma J. v. Schwarz in Nürnberg übergingen, gelang es der Initiative dieser Firma aus dem Speckstein das wertvolle Werkmaterial von heute zu prägen, das als Specksteinbrenner in aller Herren Länder anzutreffen ist. Später gingen die Johanniszeche, die Benedikt- und Ludwigszeche an die Firma J. v. Schwarz, die südlich der Straße nach Thiersheim gelegenen Karolinen- und Theresienzeche aus Bauernhänden an die Firma Lauböck & Hilpert in Wunsiedel und die Emilienzeche bei Thiersheim an die Firma Jean Stadelmann & Co. in Nürnberg über. Nachdem um die Wende des Jahrhunderts die Firma Lauböck & Hilpert von den beiden obengenannten Firmen übernommen und weitergeführt wurde, haben im Jahre 1921 sich diese beiden Firmen mit der Steatit-A.G. in Lauf a. P. und der Vereinigte Magnesia Co. und Ernst Hildebrandt A.G. in Berlin-Pankow zu der Steatit-Magnesia A.G. vereinigt, die nunmehr Hauptbesitzerin der ergiebigsten Specksteinfelder ist.

Neben den längst bekannten und bewährten Specksteinbrennern für alle Gassorten, die durch Präzisionsarbeit und nachheriges Brennen aus dem Naturspeckstein von allem Anfang an hergestellt wurden, wurde in neuerer Zeit von den genannten Firmen auch das Problem, die bei der Brennerfabrikation reichlich entstehenden pulverförmigen Abfälle zu verwerten, in glücklicher Weise

gelöst. Durch keramische Zuschläge, Pressen in Stahlmatrizen und Hartbrand
wird daraus ein weiteres, sehr wertvolles Werkmaterial gewonnen, das unter den
Namen „Melalith", „Stecolith" und „Prestolith" Markenschutz genießt. Aus ihm
fertigt die Firma ihre bewährten Isolatoren, Sockel und Platten für Aus- und
Umschalter, Innenteile, Sterne, Rädchen für alle Arten von Schaltern, Isolatoren
von Zündern für Explosionsmotoren etc. und Hochspannungsisolatoren für unsere
hochentwickelte elektrotechnische Industrie an. In mit allen Errungenschaften
des neuzeitlichen Fabrikbaues ausgestalteten Fabrikanlagen der genannten Firma
in Holenbrunn bei Wunsiedel, Nürnberg und Lauf bei Nürnberg kommen neben
der persönlichen Geschicklichkeit eines geschulten Arbeiterpersonales jetzt alle
Hilfsmittel der modernen mechanischen und keramischen Industrie zur Anwendung, um ein auf einen verhältnismäßig kleinen Raum beschränktes Mineral-
vorkommen Bayerns wirtschaftlich auszunutzen, und wenn dies nach harter,
bereits über 70 Jahre anhaltender Arbeit gelang, so ist es nur der Initiative
einer zielbewußten Privatindustrie zu danken, die auf alle neuen Anregungen
unserer technisch so rasch vorwärts schreitenden Zeit verständnisvoll einging.

Topfstein.

Der Topfstein ist ein äußerst feinschuppiges Gemenge von Talk und Chlorit,
das in seinen physikalischen und chemischen Eigenschaften dem Speckstein nahesteht. Er hat eine deutliche schuppige Beschaffenheit, lichtgraue bis grünliche
Farben, fühlt sich fettig an und läßt sich gleich dem Speckstein leicht schneiden
und auf der Drehbank verarbeiten. Er ist äußerst schwer schmelzbar und wird
durch Brennen hart, ähnlich wie Speckstein. Vielfach geht er daher auch unter
diesem Namen.

Topfstein findet sich einesteils unter ähnlichen Verhältnissen wie der Speckstein bei Göpfersgrün. Hieher gehören die bedeutendsten Vorkommnisse des
Gesteins, z. B. jene in Finnland, der Schweiz, den Pyrenäen etc. In Bayern sind
solche Bildungen nicht bekannt. Die wenigen bayerischen Vorkommnisse gehören
einer anderen Gruppe an, welche auch sonst beobachtet wird und die an Serpentin gebunden sind. Er tritt dann in unregelmäßig putzenförmigen Einlagerungen im Serpentin auf und dürfte als Nebenprodukt bei der Serpentinisierung
von Olivingesteinen durch granitische Kontaktmetamorphose entstanden sein,
wobei sein Tonerdegehalt, ähnlich wie in den ihn oft begleitenden Chlorit, aus
den granitischen Agentien stammt. Wir treffen die bayerischen Topfsteinvorkommen in zahlreichen Serpentinen längs des Granitkontaktes einesteils in der
Kontaktzone der sogen. Münchberger Gneisplatte, an deren südwestlichem
Ende bei Pöllitz, unweit Marktschorgast, ein kleineres Vorkommen ausgebeutet
wurde, während am Nordwestrand zwischen Schwarzenbach an der Saale
und Wurlitz bei Rehau mehrere und bedeutendere Massen von Topfstein in
den Serpentinen aufgeschlossen sind. Die andere Reihe schließt sich an den
Steinwaldgranit an und ist zwischen Plärn und Grötschenreuth bei Erbendorf
im Oberpfälzerwald. In beiden Gruppen von Vorkommnissen erfolgt ein ziemlich
wechselnder Abbau, da das Material eine recht mannigfaltige Verwendung zuläßt.

Hauptsächliche Aufschlüsse finden sich bei Pöllitz unweit Marktschorgast, Tannenreuth bei Gefrees, Schwingen bei Schwarzenbach a. d. Saale und Schwarzenbach selbst. Namentlich an dem letzteren Orte scheint nach neueren Unternehmungen im Serpentin auffallend viel Topfstein eingelagert zu sein; er wurde dort auch in drei Gruben abgebaut. Der Topfstein wird hier öfter von ziemlich feinfaserigem Strahlstein begleitet, der stellenweise ganz in Talk umgewandelt ist und nicht selten enthält er auch Kristalle von Schwefelkies, die an der Oberfläche zu Brauneisenstein geworden sind. In dem bekannten Serpentinaufschluß an der Wojaleite bei Wurlitz, der zur Beschaffung von Schottermaterial ausgebeutet wird und durch seine reiche Mineralführung auch den Mineralogen interessiert, findet sich Topfstein nur in verhältnismäßig kleineren Partien eingelagert.

Intensiver wird das Oberpfälzer Topfsteinvorkommen ausgenützt und schon seit längerer Zeit am Naabberg bei Erbendorf und am Föhrenbühl bei Grötschenreuth im Tagbau gewonnen und in Erbendorf verarbeitet. Das Material ist dort von gleichmäßig dichter Beschaffenheit und wird ortsüblich als Speckstein bezeichnet. Auch hier trifft man neben Chlorit häufig Strahlstein und Pseudomorphosen von Talk nach diesem an, selten auch schön krystallisiertes Magneteisen und Magnesit im Topfstein eingewachsen.

Schon frühzeitig hat man den sogen. „Erbendorfer Speckstein“ und auch den Serpentin zu leicht herstellbaren Drechslerarbeiten verwendet und formte daraus Uhrgewichte, kleine Spielsachen, Kruzifixe, Briefbeschwerer, Knöpfe, Modelle für kleine zinnerne Waren u. dergl. Flurl[1]) erwähnt bereits 1792 diesen Industriezweig und bedauerte, daß er nicht ähnlich wie zu Zöblitz in Sachsen mehr betrieben wird. Später, nachdem sich um die Mitte des vorigen Jahrhunderts die Herstellung von Gasbrennern aus Göpfersgrüner Speckstein so gut bewährt hatte, versuchte man auch den Topfstein in ähnlicher Weise zu verwerten und es war ein Techniker Namens Richard Heß der Firma Gg. Magd in Wunsiedel, der bereits im Jahre 1868 diese Industrie nach Erbendorf zu übertragen suchte. Das Unternehmen konnte sich aber wie es scheint durch die Ungunst der internen Verhältnisse seiner Teilnehmer nicht entwickeln und erst die Firma J. Rauber, bezw. ihre Nachfolgerin, die Bayerischen Specksteinwerke, führte die fabrikmäßige Verarbeitung des Topfsteines durch. Ähnlich wie der Speckstein, aber nicht in so großem Umfange, wird er jetzt im modern-maschinellen Betriebe zu Gasbrennern verarbeitet und aus dem gepulverten Topfstein wird unter Zugabe von keramischen Zuschlägen nach ähnlichen Verfahren wie beim Göpfersgrüner Speckstein ein ebenfalls sehr brauchbares Isoliermaterial hergestellt.

Steinkohlen.[2])

Das Kohlenvorkommen von Stockheim.

Der Stockheimer Bergbau ist über 200 Jahre alt, er reicht mit seinen ersten Anfängen noch über den Beginn des 18. Jahrhunderts hinaus. Die Hauptbergbauperiode setzte aber wohl erst mit der zweiten Hälfte des 18. Jahrhunderts ein.

---

[1]) Flurl, Beschreibung der Gebirge von Bayern und der oberen Pfalz. München 1792. S. 503.
[2]) Bearbeitet von Dr. A. Wurm.

Der Stockheimer Bergbau ist an ein Steinkohlenflöz geknüpft, das im Norden bei Traindorf beginnt und sich südlich bis gegen Stockheim hinzieht. Von da biegt es spitzwinklig nach NO. um und legt sich mantelförmig um den Spitzberg herum, wird hier aber nördlich von Stockheim an einer Störung abgeschnitten.

Der Schichtverband, in dem das Flöz auftritt, läßt sich am besten in einem Profil vom Spitzberg nach Westen gegen Neuhaus erläutern. Auf die gefalteten Kulmgrauwacken des Spitzberges legen sich mit südwestlichem Einfallen rotgefärbte porphyrische Trümmergesteine, Brekzien, Konglomerate, Tuffe, Tonsteine. Charakteristisch sind namentlich die weiß. rot, grün gefärbten dichten Tonsteine (verkieselte porphyrische Aschentuffe), die meist das unmittelbar Liegende des Flözes bilden. Darüber folgt die eigentliche Flözregion, zu unterst das Kohlenflöz selbst. Es wechselt außerordentlich in seiner Mächtigkeit, hat häufig 2—4 m, schwillt aber stellenweise bis zu 60 m an, an anderen Stellen keilt es ganz aus und wird durch Gesteinsmasse vertreten. Die Kohle ist zum Teil ziemlich unrein, von größeren und kleineren Lettenkeilen und -Schmitzen durchsetzt oder auch gleichmäßig mit Tonsubstanz durchmischt. Schwefelkies tritt oft in feiner Verteilung in der Kohle auf und gab früher häufig durch seine Zersetzung zu Grubenbränden Anlaß. Im Liegenden oder Hangenden oder auch von der Kohle eingeschlossen und von ihr durchwachsen stellen sich zum Teil kieselige, zum Teil kalkige Lagen oder Konkretionen ein, das sogen. Horn der Bergleute. Im Hangenden treten zur eigentlichen Flözregion dunkle Kohlenschiefer und Kohlensandsteine hinzu, die aber meist nur wenige Meter Mächtigkeit haben. Ihrem Alter nach gehört die ganze Abteilung der liegenden porphyrischen Gesteine und der Flözregion bereits dem Unterrotliegenden an. Über der Flözregion folgen nun in großer Mächtigkeit von etwa 700 m die übrigen Schichten des unteren und oberen Rotliegenden.

Der ganze Westflügel des Kohlenflözes in der Richtung gegen Neuhaus scheint, wie namentlich auch Tiefbohrungen bewiesen haben, durch einfache Lagerung ausgezeichnet. Die Kohlenschichten und das Rotliegende fallen gegen Südwesten ein, das Flöz selbst in den oberen Teufen mit 23—27°, in der Tiefe verflacht es sich etwas. Nach Nordnordwest verliert es sich und nördlich von Traindorf ist es weder über noch unter Tage nachgewiesen. Dagegen setzen sich die roten Porphyrtrümmermassen im Liegenden noch weiter nördlich über Eichitz hinaus fort. Gegen Süden bei Stockheim schwenkt das Kohlenflöz sattelförmig verbogen im Streichen allmählich um und entsendet einen kurzen Ast nach Nordosten. Hier im Nordostflügel werden die Lagerungsverhältnisse durch eine Störung, den sogen. Haslachsprung, erheblich beeinflußt. Der schmale Kulmhöhenrücken des Spitzberges, des Traindorfer-, Mittel- und Glasberges entspricht einer von Süden nach Norden sich heraushebenden Aufsattelung, deren Scheitel durch eine Störung zerbrochen ist. Diese Störung streicht aus der Gegend westlich Heinersdorf von NNW. nach SSO. bis gegen Stockheim, fällt mit 50—55° westlich ein und trägt den Charakter einer Überschiebung. Durch die Störung kommen Kulmgrauwacke und Oberrotliegendes aneinander zu liegen. Sie war auch für den Bergbau von großer Bedeutung, insofern als das Flöz am Verwerfer oft mehrere hundert Meter weit geschleppt, gestaucht, überkippt und in mehrere Flöze zerstückelt war.

Das Stockheimer Kohlenvorkommen zeigt alle Merkmale einer allochthonen Entstehung; d. h. die Pflanzen, aus denen sich die Kohle bildete, sind nicht an Ort und Stelle gewachsen, sondern wohl durch Flüsse vom Lande her eingeschwemmt worden. Daraus erklären sich die großen Mächtigkeitsschwankungen der Kohle. Während es an einzelnen Stellen zu mächtigen Anhäufungen von Pflanzenstoffen kam, wurde gleichzeitig an anderen Stellen nur Schlamm abgesetzt. Auch die unreine Beschaffenheit der Kohle, ihre Durchsetzung mit lettigem Mineral und dementsprechend der hohe Aschengehalt sind auf eben diese Bildungsbedingungen zurückzuführen.

Auf eine genaue Schilderung der Ausbildung des Kohlenflözes in den verschiedenen Bauen muß hier verzichtet werden. Die oberen Teufen des Stockheimer Flözes sind durch jahrhundertelangen Bergbau zum größten Teil abgebaut. Anderseits haben die umfangreichen Erschließungs- und Neuaufgewältigungsarbeiten, die vom bayerischen Staat im ersten Jahrzehnt dieses Jahrhunderts im Sophien- und Maxschacht in Angriff genommen wurden, eine unzweifelhafte Verschlechterung des Flözes in größeren Tiefen ergeben (im Sophienschacht von etwa 210 m ab, im Maxschacht von etwa 230 m ab), so daß hier ein Abbau der Kohle nicht mehr lohnend erscheint. In den Jahren 1908—1910 sind ferner vier Tiefbohrungen auf dem Westflügel abgeteuft worden (I Walzwerk Neuhaus, II halbwegs auf einer Linie Maxschacht—Burggrub, III an der Landesgrenze südlich Buch unfern P. 386,3 Bl. Neukenroth 1 : 25 000, IV halbwegs Neuhaus— Minnaschacht). Zwei Bohrungen haben zwar die Flözregion in Tiefen von 460—471 (II) bzw. 366—367 (III) durchsunken, aber das Flöz in vollkommener Vertaubung angetroffen. Auch die beiden andern Bohrungen (I und IV) haben ein durchaus negatives Ergebnis gehabt. Diese Bohrungen beweisen das Fehlen des Flözes im Westen in größerer Tiefe. Wahrscheinlich ist die Zuführung der Pflanzenmassen von Nordosten her erfolgt und verliert sich gegen Südwesten. 350 m westlich Buch soll allerdings noch das Flöz in einer Tiefbohrung bei 430 m in bauwürdiger Beschaffenheit und in über 6 m Mächtigkeit angetroffen worden sein.

Der jetzige Bergbau muß sich demnach auf einen Resteabbau beschränken, d. h. er gewinnt die von den Alten stehen gelassenen Sicherheitspfeiler und -Strecken und sonstige unverritzte Flözteile zwischen den alten Sohlen. Nach einer überschlägigen Schätzung der wirtschaftlichen Abteilung des Oberbergamts beträgt die aus diesen Vorräten noch gewinnbare Menge ca. 2,3 Millionen Tonnen.

Bei den in früheren Zeiten aus den oberen Teufen gewonnenen Kohlen wurden drei Arten unterschieden, Schmiedekohle mit einem Aschengehalte von 5—7%, Heizkohle mit einem Aschengehalt von 12—15% und Brennberge mit 30% Asche. Nach Gümbel wurden beim Abbau etwa $^3/_{10}$ Schmiedekohle, $^3/_{10}$ Misch- oder Heizkohle und $^4/_{10}$ Brennberge erhalten. Die in den Jahren 1909—1910 aus dem Sophien- und Maxschacht aus größerer Tiefe geförderte Kohle hatte bereits einen Aschengehalt von durchschnittlich 32,86%. Auch der jetzt geförderten Kohle kommt ein Aschengehalt von 30% und darüber zu. Durch geeignetes Waschverfahren kann dieser Aschengehalt auf 10% herabgemindert werden. Die gewaschene Kohle ist brikettierfähig und auch zur Verkokung gut geeignet.

Das Kohlenvorkommen von Reitsch.

Der Reitscher Bergbau geht auch schon auf ältere Zeiten zurück; früher baute hier die sogen. Büttner- oder Reitscher Zeche. Seit 1919 ist der Bergbau von der Gewerkschaft „König Ludwigzeche" neu aufgenommen.

Reitsch liegt Stockheim schräg gegenüber am östlichen Gehänge des Haslachtales. Östlich Reitsch kommen am Gebirgsrand als schmales Band nördlich und südlich des Grünenbachtales kohlenführende Schichten zutage.

Der Schichtverband und die Lagerungsverhältnisse erinnern an Stockheim. Die Kohlenformation liegt diskordant den Kulmgrauwacken und -schiefern auf und beginnt mit einer 25—40 m mächtigen Reihe roter Konglomerate, Letten, Sandsteine, mit Einschaltung von Tonsteinen. Zuweilen aber bilden auch graue Schiefertone das unmittelbare Liegende des Flözes. Das Flöz selbst wechselt in seiner Mächtigkeit ebenso wie das Stockheimer von einigen Zentimetern bis 15 m, im Durchschnitt dürfte es aber 1 m mächtig sein. Darüber folgen etwa 10 m dunkelgraue Schiefer und Konglomerate mit Einschaltung grauer Sandsteine und diese werden von roten Sandsteinen und Konglomeraten des eigentlichen Rotliegenden überlagert. Die Schichten fallen vom Gebirge weg nach W. ein, das Kohlenflöz im Ausgehenden mit 37—45°, in der Tiefe etwas schwächer.

Der Hauptabbau beschränkte sich in früherer Zeit auf ein kleines Feld am Ausgang des Grünenbachtals. Bergbauversuche einige hundert Meter weiter nach Norden haben wenig günstige Ergebnisse gehabt, meist war das Flöz unbauwürdig oder nur durch Schieferton vertreten; bei 1400 m nördlich vom Grünenbachtal wurde noch ein 0,5 m mächtiges unbauwürdiges Flöz in 156 m Tiefe angetroffen; weiter nördlich wurde auch kein Schieferton mehr gefunden. Nach Norden zu keilt sich also das Vorkommen rasch aus. 300—400 m nach Süden hin traf man wohl einige bauwürdige Zonen an, die aber nach der Tiefe zu nicht durchhielten. Noch südlicher wurden keine Kohlenschichten mehr gefunden. Der gegenwärtige Betrieb will hauptsächlich unverritzte Flözteile des Nordfeldes unter der 95 m Sohle neu aufschließen und gleichzeitig das Südfeld nach der Tiefe weiter untersuchen.

Die Kohle ist der Stockheimer Kohle ähnlich, wie diese von Letten durchsetzt. Sie nimmt teilweise die Beschaffenheit der Kannelkohle an, einer derben Kohle mit kleinmuscheligem Bruch, die mit helleuchtender Flamme brennt und einen Aschengehalt von 26,6 % hat.

Nachstehende Analysen und Heizwertbestimmungen geben über die Beschaffenheit der Kohle noch genauere Auskunft:

	I.	II.
Kohlenstoff . . .	68,34 %	51,4 %
Wasserstoff . . .	3,77 %	2,9 %
Sauerstoff	3,19 %	4,1 % (O. + N.)
Schwefel	2,54 %	3,1 %
Asche	19,61 %	37,5 %
Wasser	2,55 %	1,0 %
	100,00	100,00

	I.	II.	III.
Brennbare Substanz	77,84%	61,5%	67,38%
Asche	19,61%	37,5%	24,26%
Wasser	2,55%	1,0%	8,36%
	100,00	100,00	100,00
Heizwert	6515 W. E.	4990 W. E.	5598 W. E.
		(unterer Heizwert)	
Koksausbeute . .	77,73%		72,39%

Ein Destillationsversuch ergab 85,6% Koks, 5,8% Urteer, 2,9% Wasser und 5,7% Gas.

Das Kohlenvorkommen von Erbendorf.

Der Kohlenbergbau von Erbendorf ist schon ziemlich alt, die Hauptbetriebsperiode fällt aber in die fünfziger und sechziger Jahre des 19. Jahrhunderts. Vor einigen Jahren ist der Bergbau von neuem aufgenommen worden. (Vereinigter Kohlen- und Erzbergbau Erbendorf, vergl. S. 8.)

Bei Erbendorf[1]) springt der Rand des alten Gebirges buchtartig nach Nordosten ein. Ausgefüllt ist diese Bucht hauptsächlich von grobklastischen Ablagerungen des Rotliegenden. Das Grundgebirge bei Erbendorf, das aus Gneisen und anderen kristallinen Gesteinen gebildet wird, fällt in einem SW.—NO. verlaufenden Steilabbruch gegen diese Rotliegendbucht ab. Hier am Urgebirgsrand schiebt sich nun auf eine Längserstreckung von etwa 2 km zwischen Gneis und Rotliegendes eine wenig mächtige Schichtfolge von Konglomeraten, Glimmersandsteinen und besonders Arkosen ein. In diesen Schichten ist auch ein Kohlenflöz enthalten, das seinen pflanzlichen Einschlüssen nach wahrscheinlich dem Unterrotliegenden angehört. Die Lagerungsform geht aus beistehender Profilskizze von Osswald hervor. Der Gneisrand fällt mit unregelmäßig ausgebuchteter Oberfläche steil zur Tiefe und ihm legen sich die Kohlenschichten an, gegen NW. nach der Mitte der Mulde zu in flaches Einfallen übergehend.

Bei dem Erbendorfer Vorkommen handelt es sich ebenso wie bei dem Stockheimer um ein allochthones Flöz. Merkmale autochthoner Entstehung, wie sogen. Wurzelbette fehlen. Dagegen sprechen die Schwankungen in der Mächtigkeit, die zum Teil sicher primär sind, die gelegentliche Vertaubung und Zerspaltung in Teilflöze und die Zwischenschaltung von Letten und Schieferton in der Kohle durchaus für allochthone Entstehung.

Ein gewisser Anteil an den Mächtigkeitsschwankungen und Verdrückungen kommt aber sicher auch den gebirgsbildenden Bewegungen zu. Das von Letten durchsetzte Kohlenflöz bildete bei der tektonischen Einmuldung der mächtigen Beckenfüllung eine besonders begünstigte Bewegungsfläche gewissermaßen eine Scherfläche zwischen dem starren Block der Gneismasse und der mächtigen Beckenfüllung des Rotliegenden. Durch diese Bewegungen im Kohlenflöz selbst wurde die Kohle zu einer kleinstückigen, blättrigen Masse oder zu Mulm zerdrückt.

---

[1]) Vgl. Osswald, K., Geologie der Umgebung von Erbendorf und die dortigen Steinkohlenlager. Geogn. Jahresh. 1921, XXXIV. Jahrg., S. 113.

Die Beurteilung des Kohlenflözes stützt sich hauptsächlich auf die Beobachtung im Bergbau und auf einzelne Bohrungen.

Am ungünstigsten erwies sich die Ausbildung des Flözes im SW., wo durch eine Bohrung zwar ein 1,5 m mächtiges Flöz durchteuft wurde, aber durch einen Versuchsschacht zum Teil sehr starke tektonische Zertrümmerung und Verdrückung festgestellt wurde. Weiter im NO., an der Stelle der staatlichen Steinkohlengrube des 19. Jahrhunderts war die Ausbildung des Flözes durch tektonische Ausquetschungen auch recht schwankend, auch war das Flöz in 2, stellenweise sogar 3 Teilflöze zerspalten; die durchschnittliche Mächtigkeit betrug aber immerhin 1,80 m.

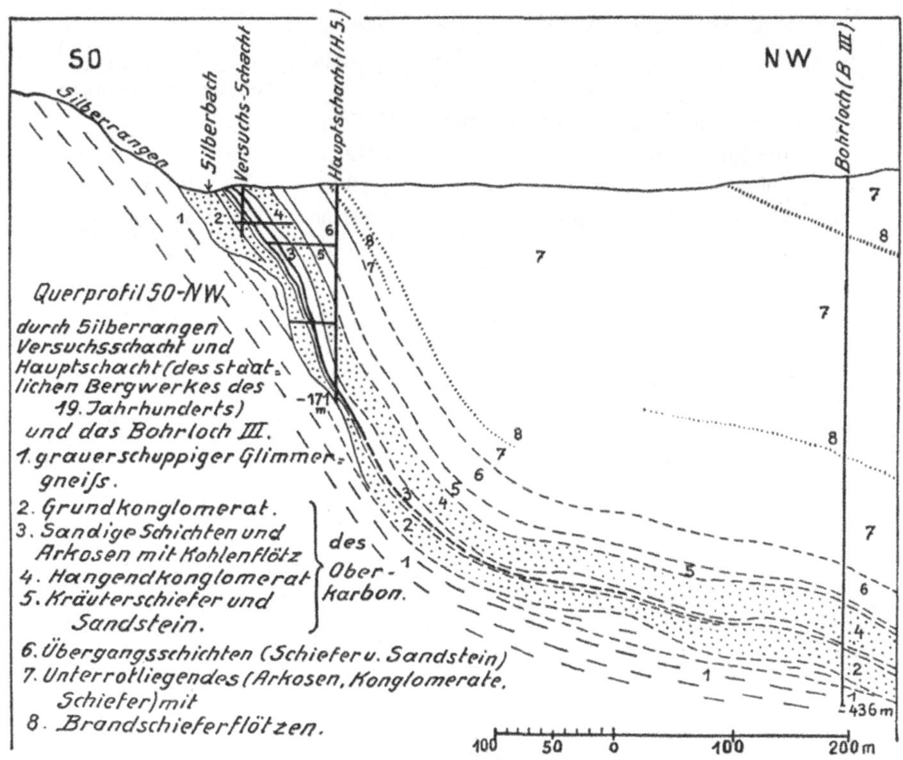

Weitaus am regelmäßigsten und ruhigsten ist die Lagerung im NO. in dem Flözteil, der durch die frühere Steinkohlengrube Hanns und den jetzigen Vereinigten Erbendorfer Steinkohlen- und Erzbergbau aufgeschlossen ist. Die Durchschnittsmächtigkeit ist hier 2 m, doch steigt sie stellenweise auf 7—9 m, in einzelnen Kohlenbänken bis auf 13 m. Im Jahre 1921 war die Erschließung bis in eine Tiefe von etwa 120 m vorgeschritten, ohne daß eine Abnahme der Kohlenmächtigkeit zu beobachten war.

Nur wenig unterrichtet ist man über das Fortstreichen des Kohlenflözes in der Tiefe im Innern der Bucht nach NW. zu. Eine Bohrung südlich Schadenreuth wurde vor Erreichung der Kohlenschichten eingestellt. Eine andere nordwestlich von dem Hauptschacht des früheren staatlichen Bergwerks, stellte wohl Kohlenschichten fest, aber kein Flöz. Damit ist allerdings noch kein sicherer Beweis erbracht, daß sich das Kohlenflöz in der Mitte der Bucht überhaupt auskeilt. Wichtige Aufschlüsse könnten Bohrungen bringen, die in der Nordostecke der Bucht im Vorfeld des jetzigen Steinkohlenbergbaus niedergebracht werden.

Die Erbendorfer Steinkohle hat sich in größerer Tiefe als besser herausgestellt wie in oberen Horizonten; auch innerhalb des Flözes machen sich Unterschiede bemerkbar. Die Hangendkohle ist meist stärker verunreinigt als die Liegendkohle und bedarf einer besonderen Wäsche.

Nach Osswald ergab eine Analyse der Rohkohle:

	Rohkohle	Reinkohle
		(nach Abzug des Aschengehalts)
Asche der lufttrockenen Kohle	23,95 %	—
Wasser	0,42 %	—
Reinkoks	60,13 %	79,60 %
Flüchtige Bestandteile . . .	15,50 %	20,40 %
C	64,83 %	85,73 %
H	3,95 %	5,23 %
O + N	4,82 %	6,37 %
Unterer Horizont	6103 Kal.	8070 Kal.
Oberer Horizont	6319 Kal.	8350 Kal.

Die Koksausbeute beträgt nach Osswald 84,08 %. Dem Gasgehalt nach gehören die Kohlen zu den geringeren Fettkohlen, der Backfähigkeit nach zu den Backkohlen.

Torf.

Im eigentlichen Frankenwald, dem Schiefergebirge, fehlen Torfmoore fast ganz; reich an Versumpfungen und deshalb an Torfmooren ist das Münchberger Gneisgebiet; doch handelt es sich meist um räumlich beschränkte Vorkommen. Größere Torflager finden sich im zentralen und östlichen Fichtelgebirge. Wohl die ausgedehntesten Torflager bergen die breite Senke, die von Gefrees gegen Weissenstadt herüberzieht und die Wunsiedler Bucht (Zeidelmoos). Auch der vielgenannte Fichtelsee ist nichts anderes als eine von Torf erfüllte Fläche in der Senke zwischen Schneeberg und Ochsenkopf. Im Osten weist das Granitgebirge südlich von Selb größere Torfgründe auf. Alle die genannten Torflager haben eine mittlere Mächtigkeit von ca. 2 m. Dr. A. Wurm.

Wetzschiefer (im untersten Silur).

Das tiefste Silur ist in der Gegend von Lauenstein im Loquitztal aus feinsandigen, glimmerigen, grünlichgrauen Tonschiefern und aus Quarziten zusammengesetzt. In bestimmten Lagen werden diese feinsandigen Schiefer hornartig dicht, bestehen aus mikroskopisch feinsten Quarzkörnchen und kaolinigem Zwischen-

mittel und haben dann die Eigenschaften eines guten Wetzschiefers. Nordöstlich
und westlich von Lauenstein in den Gemarkungen Bärenbrunn, Pechleite, Kohlstatt, im Kirchbachtal und an andern Stellen werden solche Wetzschiefer in
Steinbrüchen und Stollen abgebaut. Im Wagner'schen Stollen, nicht ganz einen
Kilometer nordöstlich vom Springelhof, beobachtet man folgendes Profil (vgl. Abb.).

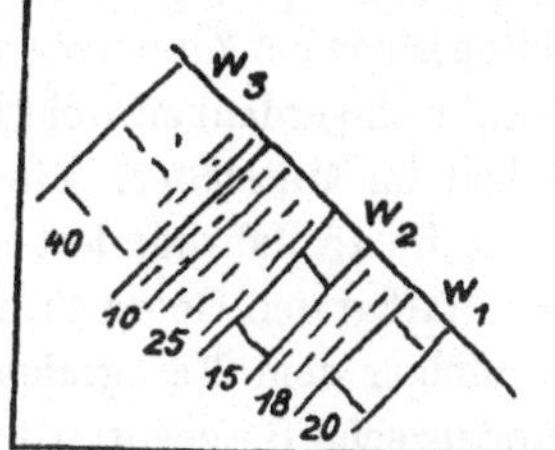

Zu unterst liegt der sogen. „grüne Stein" (w_1), der,
etwas rauh, eine billigere Wetzsteinsorte liefert
(20 cm), darüber folgt durch eine unbrauchbare
Zwischenlage getrennt der „gelbe Stein", genannt
Ersatz für Belgien (w_2), ein sehr feinkörniger weißer
oder weißlichgelber Quarzitschiefer (15 cm), darüber
legen sich wieder unbrauchbare Lagen, in deren
Hangenden das Hauptlager, der „gelbgrüne Horn-
stein" (w_3), folgt, eine 40 cm mächtige Bank eines sehr dichten Schiefers, von
der nur die oberen 30 cm technisch verwendbar sind. $1^1/_2$ m über dem Hauptlager tritt nochmals eine minderwertige Wetzsteinlage auf, der sogen. ordinäre
Stein, ein grauer etwas schilfriger Quarzitschiefer. Das Gebirge streicht in dem
Stollen N. 70 O. und fällt steil nach NW. ein. Ähnliche Profile beobachtet man
an den anderen Abbaustellen (Heß'scher Stollen Bärenbrunn, Kirchbachtal etc.).
Unterhalb des Stollenmundes des Eisenerzganges am Geheg liegt ein Bruch,
der einen grauen Quarzitschiefer, den sogen. scharfen Stein, zum Wetzen von
Sensen und groben Hacken liefert. Das eigentlich gute Wetzsteinmaterial, das
zum Schleifen feiner Instrumente verwendet wird, ist meist nur auf vereinzelte
Bänke inmitten der mächtigen Schiefer- und Quarzitformation beschränkt. Dadurch gestaltet sich die Gewinnung etwas kostspielig. In der Qualität dürfte der
Lauensteiner Wetzstein dem Thüringischen nicht nachstehen.

Zur Zeit befassen sich in Lauenstein zwei kleine Betriebe mit der Gewinnung
und Verarbeitung von Wetzschiefer (Wagner und Heß). Am Springelhof ist ein
kleines elektrisch betriebenes Werk eingerichtet, in dem der Schiefer mit Stahl-
bändern geschnitten wird. Im Kriege, wo vorübergehend ein Mangel an ausländischen Wetzsteinen sich geltend machte, war die Nachfrage nach Lauensteiner
Wetzstein sehr groß.

Im Jahre 1913 war die Förderung an Wetzsteinen nach der bayerischen
Landesmontanstatistik 25 t. Dr. A. Wurm.

Wetzsteine (im Kulm).

Brauchbares Material für Wetzsteine liefern ferner Kulmsandsteine oder dichte
quarzitische meist blaßgrünlichgraue Tonschiefer der Kulmformation. Während
die eigentlichen Sandsteine auch in ihren feinerkörnigen Varietäten nur zu groben
Wetzsteinen (für Sensen, Sicheln) benutzt werden können, stellen sich in der
eigentlichen Dachschieferregion als Zwischenlagen sehr dichte ölgrüne oder weiß-
liche tonsteinartige Gesteine ein, die sich auch zum Schärfen von feineren In-
strumenten eignen (Gegend von Nordhalben, Ködelgrund bei Tschirn).

Dr. A. Wurm.

Zinnerzvorkommen im Fichtelgebirge.[1]

Zu den ältesten Bergbauen des Fichtelgebirges gehören unstreitig diejenigen auf Zinnerz, da sie höchst wahrscheinlich die Veranlassung zur Besiedelung seiner zentralverlaufenden Täler waren. Die ältesten aktenmäßigen Verleihungen auf sogen. Zwittergänge gehen auf die Jahre 1402, 1411 und 1423 zurück und dieser ersten Blüteperiode der Zinnerzgewinnung und namentlich der Herstellung von verzinntem Eisenblech verdanken wohl auch die Städte Wunsiedel und Weißenstadt ihr Emporblühen im Mittelalter. Die Gruben und Wäschereien rentierten nachweisbar am besten im 15. Jahrhundert und besonders waren im 16. und 17. Jahrhundert unter dem Markgrafen Georg Friedrich von Ansbach-Bayreuth (1556—1603) und dessen Nachfolger dem Markgrafen Christian von Bayreuth-Kulmbach (1603—1655) die Fürstenzeche, Bescheert Glück und die Grafenzeche am Zechenhaus zwischen Schönlind und Weißenhaid bei Weißenstadt im lebhaften Betrieb. Sie erlagen aber später dem Sturm des 30jährigen Krieges, wo sie durch die Einfälle der Kroaten 1632 und 1634 zerstört wurden. Alle späteren Versuche, die man verschiedentlich zur Wiederbelebung dieses niedergehenden Bergbaues unternahm, namentlich auch diejenigen, welche die preussische Regierung durch Alexander von Humboldt gegen Ende des 18. Jahrhunderts durchführen ließ, blieben erfolglos. Die letzteren führten schließlich nur dahin, daß die Zinnwäschen „Glückauf" und „Friedrich Karls Glück" an der Farnleite im schläferigen Betriebe bis 1826 gingen. Der letzte Rest des erschmolzenen Fichtelgebirgszinnes wurde 1827 verkauft.

Erst die allerneueste Zeit rief durch die Not des Weltkrieges die Erinnerung an den Zinnbergbau im Fichtelgebirge wieder wach und die Gesellschaft „Zinnbergbau im Fichtelgebirge" hat sowohl die alten Zinnseifen am Seehaus wie die Zinnerzgänge am Zechenhaus bei Weißenhaid wieder in Abbau genommen.

Alles was man bis jetzt über diesen alten Bergbau wußte, war rein historischer Natur. Eine, auch nur einigermaßen ausreichende Kenntnis der Lagerstätte, war nicht zu gewinnen, da Belegmaterial aus den alten Gruben weder vorhanden noch zu beschaffen war. Erst die Wiederbelebung des Bergbaues brachte darüber Klarheit. Die Zinnerzvorkommen, die in erster Linie hier in Betracht kommen, finden sich durchwegs im Bereiche des Schneebergmassivs, wo sie in dessen Granit entweder gangförmig einbrechen oder im Gehängeschutt als Seifen abgelagert sind und sich am Süd-, Nord- und Westabhange des Schneeberges und seiner Ausläufer weithin verfolgen lassen. Der Granit ist ein zweiglimmeriger Lithionitgranit, der stellenweise, so am Gipfel des Nußhardt, am Nordabhange des Rudolfsteines und bei Vordorf scharf gegen den Gneis grenzt. An verschiedenen Stellen, wo er durch den Bruchbetrieb aufgeschlossen ist, wie am Fuchsbau bei Leupoldsdorf und am Rudolfstein, zeigt es sich, daß er analog dem Granit des Epprecht- und Waldsteines, reich ist an pegmatitischen Ausscheidungen, in denen neben den üblichen Begleitmineralien des Zinnerzes, wie Gilbertit, Zinnwaldit, Topas, Flußspat etc. Zinnstein selbst nachgewiesen wurde. In einem derartigen pneumatolitisch stark verändertem Granit finden sich nun die Zinnerzvorkommen des Fichtelgebirges,

---

[1] Bearbeitet von Dr. H. LAUBMANN.

sie stehen also in direkter Beziehung zu den Pegmatiten und sollen nun, je nachdem sie auf primärer Lagerstätte gangförmig auftreten oder sekundär als Seifenzinn abgelagert sind, gesondert behandelt werden.

Zinnerzgänge. Die alten Zinnerzgänge am Zechenhaus zwischen Schönlind und Weißenhaid bei Weißenstadt, wo man im 16. Jahrhundert auf sechs Gängen baute, wurden während der Kriegsjahre durch die Gewerkschaften Konstantin I. und II. wieder angefahren. Die Aufschlußarbeiten führten durch Stollenvortriebe und Gesenke zur Auffindung eines ca. 50 cm mächtigen Zinnerzganges, der im Granit aufsitzt.

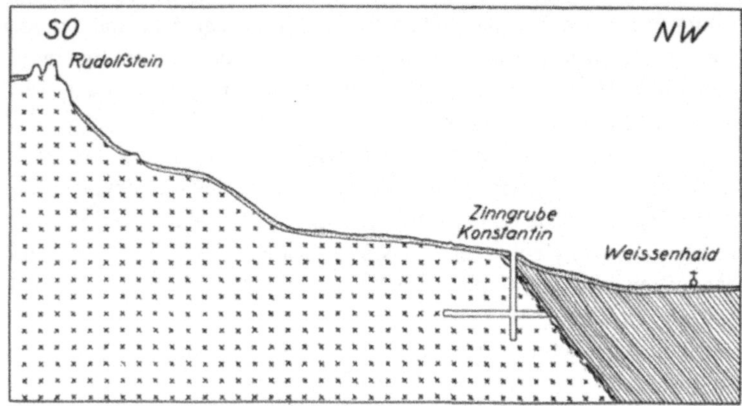

Bei den linsenförmigen Erzanreicherungen hat sich der Zinnstein entweder in derben, schlecht kristallisierten Massen von nelkenbrauner bis schwarzer Farbe oder in kleinen Körnern und Kriställchen, die im Gilbertit sitzen, ausgeschieden. In der Nähe der Zinnerzgänge zeigt der Granit die hiefür charakteristischen Erscheinungen: Anreicherung bestimmter Mineralien, wie Flußspat, Topas, Gilbertit etc. und eine reichliche Imprägnation von Schwefel- und besonders Arsenkies. Das gangförmige Zinnerzvorkommen des Fichtelgebirges ist also ein Analogon der bekannten Zinnerzlagerstätten des sächsischen Erzgebirges, speziell derjenigen am Sauberg bei Ehrenfriedersdorf sowie diejenigen von Camborne in Cornwall.

Das Seifenzinnerz findet sich weit verbreitet im Gehängeschutt des zentralen Fichtelgebirges und seine ursprüngliche Lagerstätte ist jetzt durch die Zinnerzgänge zweifellos erwiesen. Naturgemäß hatten sich die Zinnseifen am Ost- und Westabhange des Schneeberges und seiner Ausläufer, des Rudolfsteines, der Farnleite bis hinüber nach der Platte und dem Silberrangen abgelagert und durch Flur- und Waldbezeichnungen wie Zinngräben, Zinnschützweiher, dürre Seife, Zinnleite, Zinnbach etc. lassen sich heute noch die Stellen dieser ehemaligen bergmännischen Tätigkeit auffinden. Am ausgiebigsten waren wohl die Zinnwäschen an der Farnleite und in der sogen. Schöffellohe, von den vorigen in weiterer Entfernung gegen den Karges und Schneeberg gelegen, benützt worden und sie sind es wahrscheinlich, die Flurl in seiner Beschreibung des oberpfälzischen Fichtelgebirges [1]) erwähnt und die später auf Veranlassung von Alexander

---

[1]) FLURL, Beschreibung der Gebirge von Bayern und der oberen Pfalz. München 1792. S. 457.

von Humboldt durch die preußische Regierung weiterbetrieben wurden, bis sie im Jahre 1826 eingingen. Außerdem gingen diese Zinnwäschen bis weit herunter in die Flußtäler. So lassen sich die Halden im Tale der Röslau von den Dörfern Vordorf, Leupoldsdorf, Tröstau, Eulenlohe, Furthammer, Schönbrunn bis vor die Tore von Wunsiedel und im Egertal vom Rudolfstein und Maierhof bis nach Brücklas und Dürenberg südöstlich und nördlich von Röslau verfolgen. Auch zwischen Kirchenlamitz und dem Epprechtstein, in dessen Granit von v. Sandberger Nadelzinnerz nachgewiesen wurde, sind sie aufgefunden.

Während der Kriegsjahre wurden durch die Gewerkschaften Wilhelmglück I und II die alten Zinnseifen am Seehaus angefahren und in einer Breite ca. 60 m, Länge von 80 m und einer Durchschnittsmächtigkeit von ca. 2,5 m festgestellt. Das Seifenzinn, wie es dadurch zutage gefördert wurde, besteht vorwiegend aus kleinen Zinnzwittern, auffallend viel Topas, Bruchstücke von Rutil und Turmalin, Magneteisen, Eisenglanz, Wolframit und Psilomelan.

Etwas abseits von den Zinnerzvorkommen des zentralen Fichtelgebirges ist schon seit langer Zeit ein weiteres gangförmiges Zinnerzvorkommen vom Büchig bei Hirschberg a. d. Saale im Vogtland bekannt. Der bewaldete Bergrücken liegt im Bereiche der sogen. Hirschberger Gneisinsel und sein Gestein ist ein gneisartiger Granit, der auf seinen Klüften und Spaltrissen sehr häufig Eisenglimmer führt. Heute noch lassen sich am Büchig eine ziemliche Anzahl parallel verlaufender alter Pingenzüge feststellen, die jedenfalls aus der kurzen Bauperiode nach 1560 stammen, denn schon um diese Zeit galt der Bergort als ein altes verlassenes Bergwerk, von dem zuverlässige Nachrichten nicht existieren. 1560 fanden Bergknappen in der Neujahrszeche plötzlich wieder reichlich Zinnerz und es setzte sofort ein wahres Zinnfieber ein, daß schon im Jahre 1561 nicht weniger als 27 Zechen auf Zwitter und Eisenstein entstanden waren und 7 Pochwerke gingen. Markgraf Georg Friedrich von Ansbach-Bayreuth (1556—1603) ließ eine Schmelzhütte in Hof und auf dem Büchig eine Bergstadt erbauen. Aber so schnell der Bergbau emporblühte, so kurz war merkwürdiger Weise auch sein Bestand, denn schon die Anschnittzettel von 1563 meldeten bereits nur Zubussen und eine handschriftliche Chronik der Stadt Hof aus dem Jahre 1592 berichtet darüber: „Es war das Bergwerk bald ein Endt und wurde unser gnädiger Herrschaft mit dem Ump-Bau der Schmelzhütte und andere Unkosten sowohl die Bürgerschaft in Schaden geführt." Ob daran die Streitigkeiten der Gewerken mit den angrenzenden Grundeigentümern oder das Auslassen des Bergsegens schuld war, ist nicht festgestellt. Wahrscheinlich aber war es der letztere Umstand, denn 1586 und 1593 wurden die verlassenen Gruben auf's Neue belegt, aber beide Male wegen geringen Erfolgen der Betrieb rasch wieder eingestellt.

Merkwürdig bleibt es aber immer, daß der Bergbau jedesmal von so kurzer Dauer war und daß man bis jetzt alte Belege dieses Zinnerzvorkommens von Büchig in keiner Sammlung vorfand. Auch auf den jetzigen Halden war noch nichts davon zu finden, so daß uns jede Kenntnis über den Charakter der Lagerstätte fehlt.

Der Vollständigkeit halber, sei noch das Vorkommen von Zinnstein als Einsprengling im Magnetkies des Silberberges bei Bodenmais erwähnt. Dasselbe besitzt jedoch nur mineralogisches Interesse.

Pingenkarte
des Goldbergbaus im Zoppatental bei Brandholz
Bergbau A.G. Fichtelgold
Aufgenommen Sept. 1922 G. Otto, Topograph
Erklärung
St. Stollen
Scht. Schacht
Ll. Lichtloch
Schurf
Felsen
Pingen
Waldgrenze
Jm Gelände festgelegte Punkte
Kotenpunkt
148 m Sohle
193 " "
Fürstenstollen-Sohle
Mittel-Sohle
Schmidtenstollen-Sohle
St.
St. Schickung Gottes
489.5
Ll.
465.7
Zoppaten-Bach
460.7
Unt.Scheiben Scht.
473.7
Alter St.
478.8
Teich
481.3
Mühle
Gemarkung
Brandholz
Altes Pochwerk
Weiberfeind
497.0
Schmidten St.
Schmidten Scht.
509.0
Nasses Ll.
512.4
Schule
527.2
529
Ludwig Wittmann Schacht
Tannen Scht.
560
580
Scht.
598.0

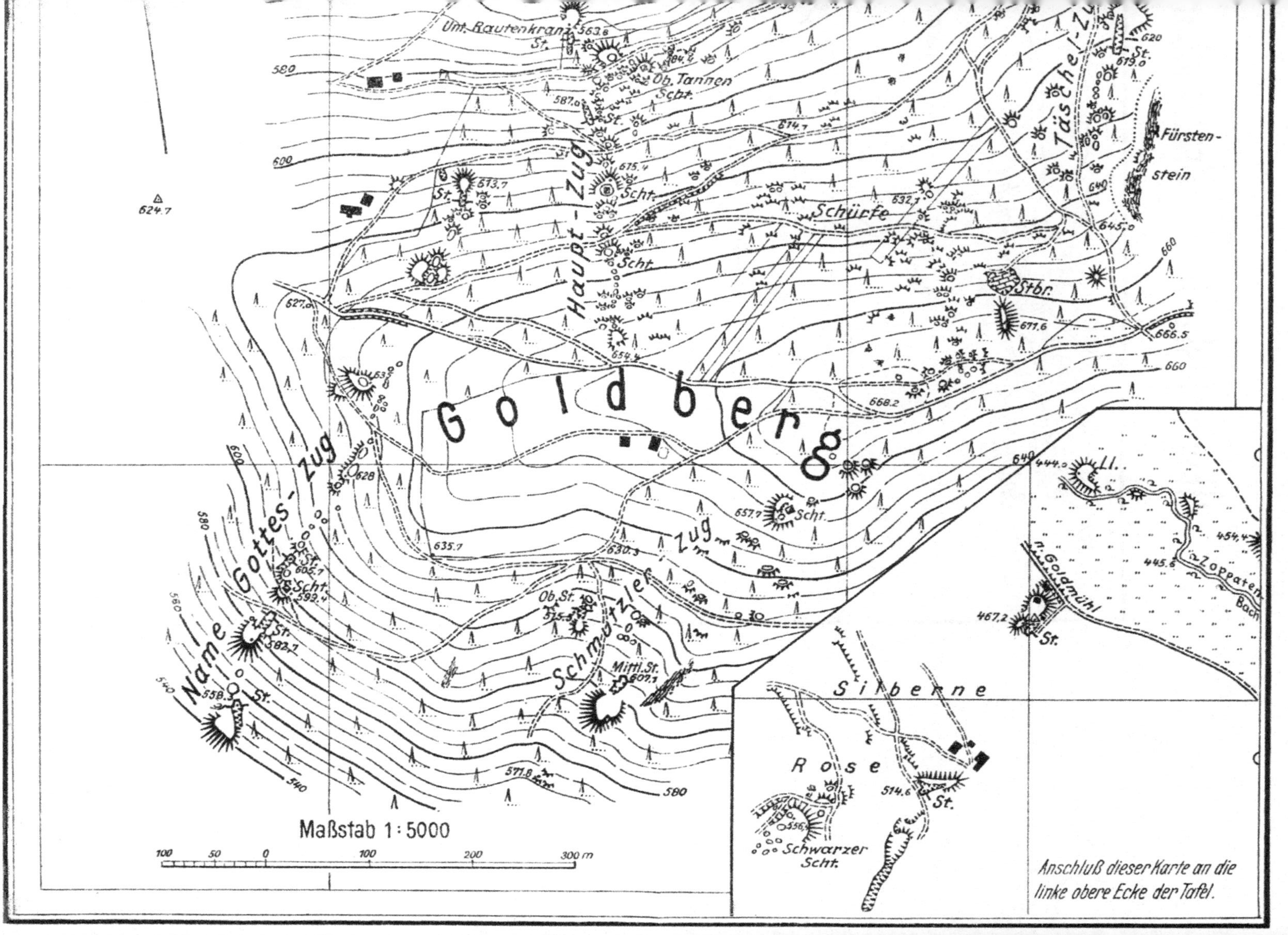

Goldberg
Haupt-Zug
Täschel-Zug
Name Gottes-Zug
Schmützler Zug
Schürfe
Fürsten-stein
Unt. Rautenkranz
Ob. Tannen Scht.
n. Goldmühl
Zoppaten-Bach
Silberne
Rose
Schwarzer Scht.
Maßstab 1 : 5000
100 50 0 100 200 300 m
Anschluß dieser Karte an die
linke obere Ecke der Tafel.

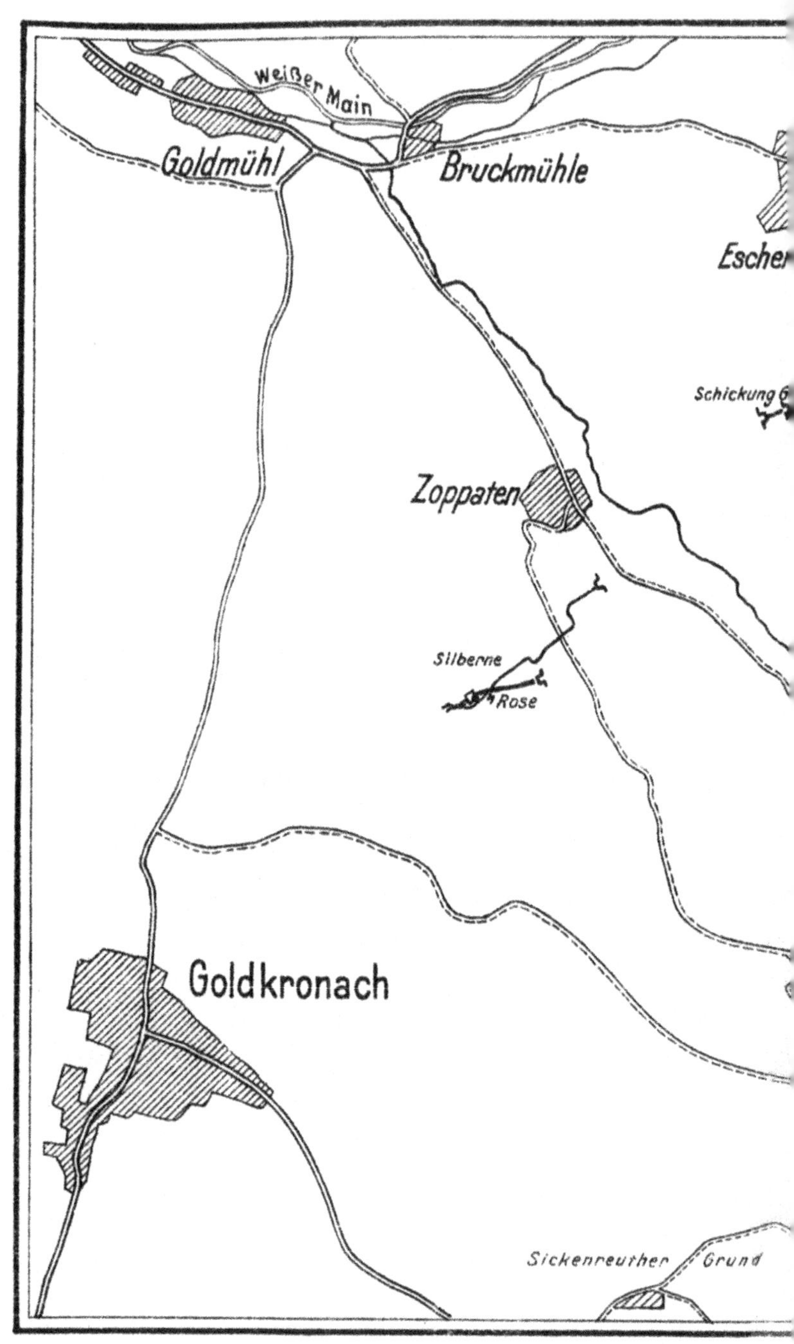

Weißer Main
Goldmühl
Bruckmühle
Escher
Schickung 6
Zoppaten
Silberne
Rose
Goldkronach
Sickenreuther Grund

ergbaus Bergbau A.G.Fichtelgold

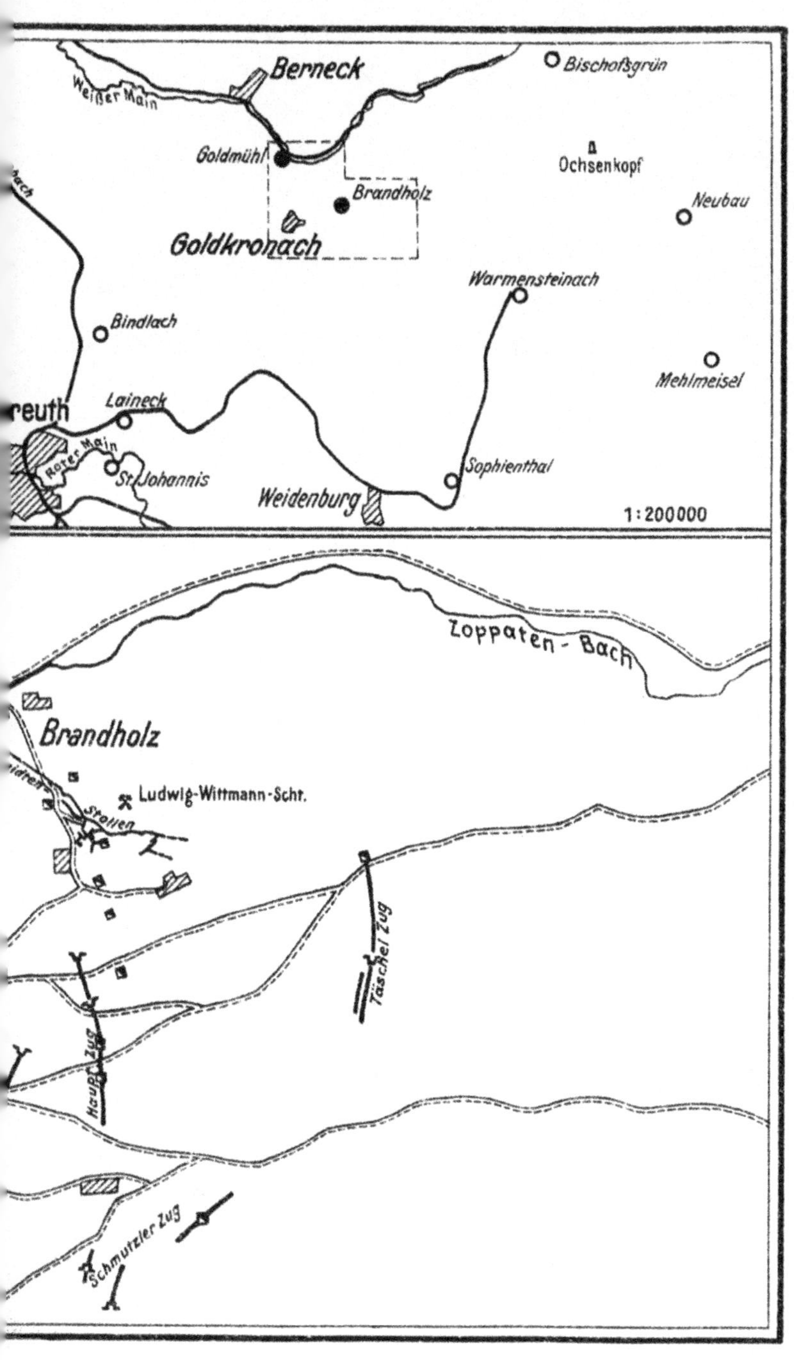

Hohenrad 57.
Hohenreuth 89.
Hohenwand 131.
Holenbrunn 48, 126, 128, 143.
Holz, im heiligen 66.
Holz, im wilden 24.
Holzmühlbach 27.
Hub 14.
Hubing 147.
Hühnergrund 67.
Hühnerkobel 81, 82, 166, 175, 190.
Hühner-(Hammer-)loch 82.
Hütting 14.
Hunding 13.
Hundsrück 120.
Hunsrück 65.

Iggensbach 169.
Immenreuth 171.
Ingolstadt 170.
Irchenreuth 197.
Irchenrieth 83.
Isaar 59, 60.
Issigau 37.

Jägerreuth 14.
Jahrdorf 29.
Jandelsbrunn 29, 116.
Joachimstal 174, 177.
Jochenstein 121.
Joditz 52, 60.
Jossenbach 98.

Kaaghof 191.
Kading 131, 134.
Kafering 28.
Kailling 146.
Kaiserhammer 172.
Kalkberg 132.
Kalkhäusel 171.
Kalkofen bei Naila 147.
Kalmreuth 98.
Kaltenbrunn 171.
Kalteneck 113, 114.
Kalvarienberg bei Neustadt
   a. Waldnaab 29.
Kalvarienberg/Winklarn 130.
Karges 211.
Karlstein 107.
Kastl 2.
Katzenwich 1, 20.
Keilender Stein 58.
Keindlmühle 134.
Kellberg, Bad 29, 75, 156, 157.
Kemlas 53, 54, 58.
Kemnath 2.
Kinsing 28.
Kinzesberg 146.
Kirchbachtal 209.
Kirchberg 107.
Kirchenlamitz 100, 102, 175, 178, 212.
Kirchenpingarten 51.
Kirchgattendorf 73, 74, 137.
Kittenrain 88.

Klausen 16.
Klautzenbach 82.
Klein-Büchelberg 143.
Kleinsterz 79.
Klötzlamühle 140.
Ködelbachtal 148.
Ködelgrund 183, 209.
Köditz 24, 76, 140.
Königshütte 180.
Köslar 151, 152.
Kössain 5.
Kösseine 48, 100, 105, 143, 144.
Köstenbachtal 5, 7, 31.
Köstenberg 136, 141, 142, 160, 161.
Köstenhof 139.
Köstenschrot, großer 7.
Kötzting 81, 83, 113.
Kohlbachtal 135.
Kohlheim 131.
Kohlstatt 209.
Kollberg 27.
Kolmberg 88.
Konnersreuth 142, 153.
Konradsreuth 98.
Koppenberg 75.
Kornberg 1, 101, 102, 103, 104, 105.
Kornthann 144, 145.
Kothigenbiebersbach 16, 48, 142, 143.
Kothmeisling 100, 106, 107, 113.
Kothmühle 113.
Koth, roter 183, 190.
Krandorf 13, 83, 86, 87, 176.
Kremnitztal 99.
Kreuzberg/Pleystein 167.
Kreuzweiher 48, 143.
Krötenbruck 153.
Krötenmühle 2.
Kronawitthof 146.
Kropfmühl 120, 122, 124, 125, 126, 135.
Kühleite, an der 20, 134.
Kührangen 31.
Kühschmitz 153.
Kühstein 116.
Künzing 157.
Kugelholz 120, 147.
Kulchberg 12, 13.
Kulmain 2, 60, 143.
Kunreuth 7, 44.
Kupferberg 25, 26, 127, 150, 151, 192, 193.

Labyrinth (Hof) 23.
Labyrinthberg 137.
Lämmersdorf 146, 147.
Lallinger Winkel 13.
Lam 81, 82, 83, 85, 190.
Lamerberg 13.
Lamitz 60.
Lamitzgrund 7, 61, 62.
Lamitzmühle 17, 35, 60.
Lamitztal 5.
Langdobel 109.

Langdorf 82, 119.
Langenau 66, 139, 163.
Langenbach 37, 38, 39, 41.
Langenbachtal 24.
Langenbühl 39.
Langentheilen 143.
Langholz 2, 13.
Lapferding 14.
Laubbühl 84.
Lauenheimertal 99.
Lauenstein 19, 52, 54, 55, 148, 208, 209
Lauterbach 84.
Leherbühl 87.
Lehesten 19.
Lehestenmühle 89.
Leichau 83.
Leimitz 71, 137, 150.
Leimitztal 153.
Leite, an der hohen 67.
Leizesberg 120.
Lemnitzhammer 53.
Lengfelden 131, 134.
Lenkermühle 83.
Leonberg 75.
Leopoldsdorf 120, 147.
Lettenbachtal 153.
Leuchtenberg 30, 118, 197.
Leuchtholz 18, 35, 53, 59.
Leugas 108.
Leupoldsberg 7.
Leupoldsdorf 50, 144, 175, 178, 210, 212.
Leupoldsgrün 192.
Leutnitztal 148.
Leutnitz, wilde 65.
Lichtenberg 56, 57.
Liebenberg 192.
Liebenstein 106, 107.
Liesenthan 86, 87, 176, 191.
Lindberg 82, 189.
Linden, bei der 84.
Lindenberg 58.
Lindig 49.
Lippertsgrün 69, 140.
Lochhäusel 98.
Löwmühl 121, 134.
Löwenwand 131, 134.
Lohbachtal 56.
Lohwiese 52, 58.
Lockwitztal 18, 25, 208.
Lorenzreuth 118.
Losau 60.
Lotharheil 20, 65.
Ludwigschorgast 25.
Ludwigstadt 1, 19, 21, 25, 37, 80, 99, 136, 170.
Lube 22, 91, 107, 171.
Luisenburg 101, 102, 157, 178.
Lusen 109.

Mähring 30, 84, 98, 152, 153.
Mäuselgasse 49.
Maierhof 131, 134, 212.
Mais 190.
Maisried 82, 183, 190.

216

Universitäts-Buchdruckerei Dr. C. Wolf & Sohn in München.

Druckfehler:

Gleichgestellt mit „Thuringiteisenerze" sind zu denken: **S. 64,** mitte: „Oberflächenvererzungen, Hunsrücktypus zum Teil." — **S. 75,** unten: „Rollerzvorkommen." — **S. 79,** oben· „Brauneisenerze in tertiären Ablagerungen". — **S. 79,** unten: „Farberde" ist der Titel eines eigenen Absatzes. — **S. 126,** unten: Vor „Alte Marmore im Fichtelgebirge" ist die Überschrift „Kalke" von S. 136 gesetzt zu denken — **S. 178,** oben, statt: „2. Fichtelgebirge" lies „1 Fichtelgebirge". — **S. 179,** mitte, statt: „3. Wölsenberg" lies „2 Wölsenberg".

Geologie und Mineralogie.

Die mineralischen Rohstoffe Bayerns und ihre Wirtschaft.
Herausgegeben vom Bayer. Oberbergamt.
Band 1: Die jüngeren Braunkohlen. 133 Seiten, 29 Tafeln.
gr. 8°. 1922. Grundpreis geb. Mk. 4.—.
Deutsche Bergwerkszeitung: Der Geologe, der Techniker, vor allem der Wirt-
schaftler, sie alle werden das Buch mit Nutzen lesen und daraus über die
bayerischen Braunkohlenverhältnisse sich trefflich unterrichten können.

Elemente der physikalischen und chemischen Krystallographie.
Von PAUL GROTH. 368 Seiten. gr. 8°. 1921. Grundpreis ge-
bunden Mk. 16.—.
Neue Preußische Kreuzzeitung: Endlich einmal eine reine Krystallographie!
Dieses Buch ist ein Ereignis für den Physiker und noch mehr vielleicht
für den Chemiker. Täglich vermißte man ein Buch, in welchem die
Kristallformen der wichtigsten chemischen Stoffe nicht nur beschrieben,
sondern vor allem richtig abgebildet waren.

Mineralogische Tabellen. Von P. GROTH und K. MIELEITNER.
176 Seiten. gr. 8°. 1921. Grundpreis broschiert Mk. 5.50, gebunden Mk. 7.20.

Die technisch wichtigen Mineralstoffe. Von K. MIELEITNER.
200 Seiten. gr. 8°. 1919. Grundpreis broschiert Mk. 4.80.
Prof. D. Berndt in der Frankfurter Zeitung: Das Werk wird sicher bald in
Industriekreisen ein unentbehrliches Nachschlagewerk werden.

Das Vorkommen der „seltenen Erden" im Mineralreiche. Von
JOHANNES SCHILLING. 123 Seiten. gr. 4°. 1904. Grundpreis
broschiert Mk. 12.—.

**Flüssiger Sauerstoff und seine Verwendung als Sprengstoff im
Bergbau.** Von RICHARD PABST. 106 Seiten. gr. 8°. 1917.
Grundpreis broschiert Mk. 3.40, gebunden Mk. 5.20.

Grundpreis × Teuerungszahl des Buchhandels = Verkaufspreis.

R. Oldenbourg / München und Berlin

Printed and bound by CPI Group (UK) Ltd, Croydon, CR0 4YY

06/07/2026

02159982-0009